或種子醬

U0049098

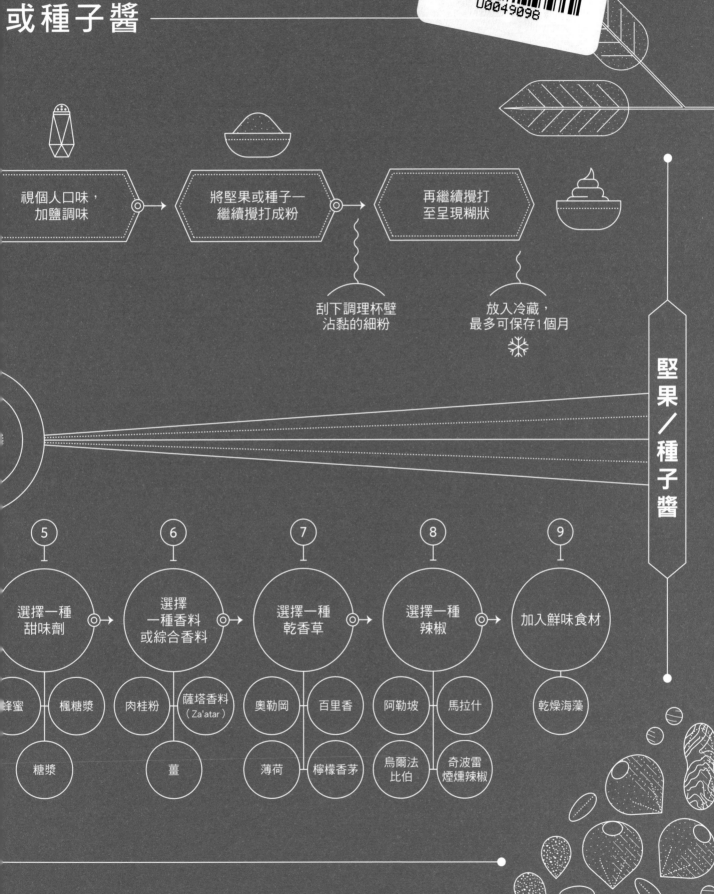

視個人口味，
加鹽調味 ◎→ 將堅果或種子一
繼續攪打成粉 ◎→ 再繼續攪打
至呈現糊狀

刮下調理杯壁
沾黏的細粉

放入冷藏，
最多可保存1個月
❄

堅果／種子醬

5	6	7	8	9
選擇一種 甜味劑	選擇 一種香料 或綜合香料	選擇一種 乾香草	選擇一種 辣椒	加入鮮味食材

蜂蜜　楓糖漿　肉桂粉　薩塔香料
（Za'atar）　奧勒岡　百里香　阿勒坡　馬拉什　乾燥海藻

糖漿　薑　薄荷　檸檬香茅　烏爾法
比伯　奇波雷
煙燻辣椒

在這本深具開創性的新書中，尼克·夏馬提出了一個嶄新的方式，引導我們成為更優秀的料理人：從風味科學和感官感受著手。他是一名分子生物學家、廣受喜愛的美食部落客，也是《舊金山紀事報》（San Francisco Chronicle）和「認真吃」（Serious Eats）網站的專欄作家，同時也是引發熱論之料理書《季節》的作者。《食物風味聖經》結合了科學與美感，用超過 100 道，以料理為中心主軸的美食食譜來探索風味——醇厚的咖哩、層次豐富的沙拉、以及香濃滑口的燉物，再加上 150 張以上，有著尼克個人特色，讓人看了會感動不已的照片。

尼克以能創作出深具風味又獨特的食譜聞名，他的食譜包含了故鄉印度傳承給他的特色、他在美國南部待過的時光，以及他對烹飪的熱愛。尼克在家做飯，做的是些家常菜，所以他的食譜就是給想要把好吃食物端上家裡餐桌的人看的。

每當您做菜時，您都想會敲下七個音符：清亮酸爽、苦、甜、鹹、鮮、火辣和脂腴油潤。這些就是能讓食物譜出美味樂曲的風味。在您把食物送進口中時，您會依靠各種不同的感官和感覺——味道、視覺、香氣、聽覺、口感和情感來感受食物。從書中的食譜、簡介，以及超過 40 幅的插圖中，我們學習如何用最簡單的方法，在烹飪時加入這些感受，進而煮出風味最豐富的美食。

尼克同時也示範了如何利用易取得的香料、新鮮香草以及廚房常備品，成功轉換一道簡單菜色的風味。在這本平易近人的食品化學入門裡，包含了尼克自己親身做過的十幾個「食驗」，如「怎樣能做出最脆的焦糖洋蔥」等。

最後向您呈上這本，從科學出發，並以自然不造作的方式融入美感，再以生動的插圖與尼克精美的攝影作品畫龍點睛的料理書。

「如果您對『風味』感興趣（其實每位料理人都是，這就是我們不斷在腦中反覆思考的東西）那您絕對不能錯過這本書。本書用了相當引人入勝的角度來看風味的作用，以及記憶與情感等人生經歷，如何影響我們的烹調方式和飲食選擇。我有好久沒有從一本單書裡學到這麼多東西了。我現在做菜，已經離不開這本書的內容。」

——黛安娜·亨利
（DIANA HENRY）
美食作家並著有 A Bird in the Hand（本書獲頒「詹姆斯比爾德獎」）

「尼克·夏馬創作了一本令人難以抗拒的好書，看完之後會讓人想馬上跳進廚房做菜。書中的每一道食譜，都讓我想試做看看；我超想把它們全部都煮過一輪！這本書能幫您了解和食物相關的深奧複雜原理，以及這些理論對我們的影響有多深。」

——帕蒂·吉尼奇
（PATI JINICH）
主廚、食譜作家和美國公共電視台（PBS）節目「Pati's Mexican Table」主持人

「迷人、具啟發性且優美，尼克的書是傑作。書中的每一道食譜都絕美。」

——奈傑爾·斯萊特
（NIGEL SLATER）
Greenfeast 作者

「尼克·夏馬用科學的觀點，以及一位料理人的豐富經驗回答了關於『味道』的諸多『如何』與『為什麼』。書中來自多重文化的風味，確確實實地誘惑了每個人的味蕾，讓人巴不得馬上試做（我的眼睛離不開『巧克力味噌麵包布丁』和『咖啡香料牛排』。）任何想要深入研究提升食物味道之方法的人，都會沉醉在尼克對此主題的透徹研究與論述（以及精美的攝影作品）。」

——大衛·萊博維茲
（DAVID LEBOVITZ）
My Paris Kitchen 和 Drinking French 作者

「在《食物風味聖經》一書中，尼克結合了藝術和烹飪科學，他的食譜說明了料理成功所需要的技術，並納入難處理的蔬菜和香草，也充分地解釋主要食材的使用方法和原因，但更重要的是，尼克在食譜裡，用他的經驗來說明料理如何成功？麵團在手中應該要有什麼感覺？蘆筍要怎麼靠加熱變得更翠綠？又或是，烤架上的玉米，怎麼靠滋滋聲偷偷告訴您『該是時候翻面了』。這不是一本教您如何控制所有變數的書，也不是一本教您隨心所欲做料理的書。這是一本提供了通盤解決方案，讓您可以成功在家下廚的書；一本同時頌揚科學與情感，能看到每日餐食之創意與歡愉的書。」

——史黛拉·帕克斯
（STELLA PARKS）
西式糕點主廚，並著有 BraveTart: Iconic American Desserts

「尼克·夏馬用科學和食品化學來解釋風味，以及我們對風味的感知，另外還說明了我們如何用感覺、記憶與情感做菜。讀這本書時，會發現許多讓料理變美味的小技巧、眾多列表，和各種有著科技宅男創意的「解析地圖」，其中包含幫食物做造型的美學藝術、澱粉在進行稠化時的各種行為特性、食物裡的色素，以及全世界各國料理的食材搭配差異等。《食物風味聖經》這本書不僅是用更新、更大（也更有趣）的角度來思考風味，同時也是一座寶庫，收藏了許多實用資訊與想法、美味小故事和多道讓人食指大動的佳餚——隨意翻開書中任何一頁便能體會——這些內容都能讓我們成為更好、更與時俱進、更有趣，以及更樂在其中的料理人與饕客。」

——愛麗絲·麥德里奇
（ALICE MEDRICH）
料理書作者及甜點主廚

$$\frac{\begin{array}{c}情感\\視覺\\聽覺\\口感\\香氣\\味道\end{array}}{風味}+$$

食物
風味聖經

運用科學原理全面剖析食材，100+道料理設計
案例 × 風味搭配 × 感官體驗

尼克·夏馬（Nik Sharma）著

序：克里斯多福·金伯（Christopher Kimball）
插圖：馬特奧·里發（Matteo Riva）

翻譯：方玥雯
審訂：徐仲

本書獻給

讓果阿料理發光發熱的大廚——

弗洛伊德・卡多茲
（Floyd Cardoz）。

及

讓我每日笑開懷的麥可。

食物風味聖經：運用科學原理全面剖析食材，100＋道料理設計案例×風味搭配×感官體驗

THE FLAVOR EQUATION: THE SCIENCE OF GREAT COOKING EXPLAINED + MORE THAN 100 ESSENTIAL RECIPES

作者　　　　尼克 夏馬（Nik Sharma）
插圖　　　　馬特奧・里發（Matteo Riva）
翻譯　　　　方玥雯
審訂　　　　徐仲
校對　　　　薛詩俞
責任編輯　　謝惠怡
內文排版　　唯翔工作室
封面設計　　郭家振
行銷企劃　　謝宜瑾

發行人　　　何飛鵬
事業群總經理　李淑霞
副社長　　　林佳育
圖書主編　　葉承享

出版　　　　城邦文化事業股份有限公司 麥浩斯出版
E-mail　　　cs@myhomelife.com.tw
地址　　　　104台北市中山區民生東路二段141號6樓
電話　　　　02-2500-7578

發行　　　　英屬蓋曼群島商家庭傳媒股份有限公司城邦分公司
地址　　　　104台北市中山區民生東路二段141號6樓
讀者服務專線　0800-020-299（09:30～12:00；13:30～17:00）
讀者服務傳真　02-2517-0999
讀者服務信箱　Email: csc@cite.com.tw
劃撥帳號　　1983-3516
劃撥戶名　　英屬蓋曼群島商家庭傳媒股份有限公司城邦分公司

香港發行　　城邦（香港）出版集團有限公司
地址　　　　香港灣仔駱克道193號東超商業中心1樓
電話　　　　852-2508-6231
傳真　　　　852-2578-9337

馬新發行　　城邦（馬新）出版集團Cite（M）Sdn. Bhd.
地址　　　　41, Jalan Radin Anum, Bandar Baru Sri Petaling, 57000
　　　　　　Kuala Lumpur, Malaysia.
電話　　　　603-90578822
傳真　　　　603-90576622

總經銷　　　聯合發行股份有限公司
電話　　　　02-29178022
傳真　　　　02-29156275

製版印刷　　凱林彩印股份有限公司
定價　　　　新台幣1280元／港幣427元
2022年5月初版一刷・Printed In Taiwan
ISBN：978-986-408-811-9（精裝）
版權所有・翻印必究（缺頁或破損請寄回更換）

國家圖書館出版品預行編目資料

食物風味聖經：運用科學原理全面剖析食材，100＋道料理設計案例
×風味搭配×感官體驗 / 尼克・夏馬（Nik Sharma）作；方玥雯翻譯.
-- 初版. -- 臺北市：城邦文化事業股份有限公司麥浩斯出版：英屬蓋曼
群島商家庭傳媒股份有限公司城邦分公司發行, 2022.05
　　面；　公分
　　譯自：The flavor equation : the science of great cooking
　　　　　explained+more than 100 essential recipes.
　　ISBN　978-986-408-811-9（精裝）
　　1.CST: 烹飪 2.CST: 食譜 3.CST: 食品分析
427　　　　　　　　　　　　　　　　　　111005110

序

克里斯多福・金伯（Christopher Kimball）
美食烹飪節目「牛奶街」（Milk Street）創辦人

我花了超過 40 年的時間，試圖參透食物的科學，從哈洛德・馬基（Harold McGee）的經典名作《食物與廚藝》（On Food and Cooking）開始，這套書今日再讀，內容依舊是雋永精彩、堅不可摧。接著，我讀了雪莉・蔻瑞荷（Shirley Corriher）的《烹調巧手》（CookWise）和《烘焙巧手》（BakeWise），這兩本書皆巧妙地接起了烹飪和科學。而後，我又有機會和風趣又會講故事的鮑伯・沃克（Bob Wolke）共事，他是《愛因斯坦的廚房：新世紀廚房的科學解答》（What Einstein Told His Cook）的作者。最後，我和蓋・克羅斯比（Guy Crosby）博士一起工作好多年，他是「牛奶街」的駐點食物科學家，負責回答我們每天的問題，例如「雷雨天為什麼不可以打美乃滋？還是可以？」和「為什麼用紅酒燉鴨肉會在烤箱裡爆炸？」等。

克羅斯比承認他給我的答案僅限縮於他覺得我能夠理解的。這些年來，他對「麩質」的解釋越來越複雜，從麩質的內容開始，到小麥穀蛋白（glutenin）和麥膠蛋白（gliadin），最後再討論醇溶蛋白（prolamin）。這讓我想到我小學六年級的自然老師，當我問他「分子」（molecules）是否真的看起來像那些彩色的木球和木釘時，他回答我「不是」。我接著問他：「為什麼？」，他說：「因為你說的那些是你能掌控的東西。」老師的回答清楚地說出了一個事實：簾子背後藏了一些深不可測，以一個平凡家庭煮夫（婦）的認知，絕對無法了解的東西。

讓我們來聊聊尼克・夏馬，我第一次訪問他，是在幾年前「牛奶街」的廣播節目中。夏馬是一位在（印度）孟買長大，後來搬到美國的料理人，在訪談中，我對他以無比的熱忱與專業，全心投入，成功結合美印兩國烹飪傳統，深深感到佩服。他的父親來自印度北部，而母親則是果阿邦（Goa）人，這兩地的料理和美國「低地地區」（Lowcountry）的海鮮與佛蒙特州（Vermont）的燉肉很相似，所以夏馬搬到美國時，很快就能適應。夏馬做的食物中一定包含他童年吃過的風味，這是無論他身在何處、做的是什麼菜，都會刻意加入、妥善利用的特點。

《食物風味聖經》的作者，尼克・夏馬，深知風味是所有美食的第一步。這本書不是給想要深究胺基酸（amino acids）、各種凝膠和滲透作用（osmosis）的宅宅看的，書裡敘述的是如何讓食物完美呈現其風味。對於夏馬而言，「風味」是要用心體會且複雜的，混合了情感、視覺、聲音、口感、香氣和味道；同時也是清亮酸爽、苦、鹹、甜和鮮的集合。印度菜統括包含了來自數十個邦的地區性和當地料理，完美詮釋了「風味」的複雜度。

在北歐料理中，食器可算是自家烹飪的重頭戲。但在世界其他大多數地區，家庭煮夫（婦）們則在不同風味間游移，就像彈奏音樂裡的半音（階），或有時甚至是無調性音符一樣，他們常坐下來問自己：「剛剛吃到的到底是什麼味道？」在一（又）匙的食物中，同時有微妙隱約又大膽奔放的風味。

尼克・夏馬以及其他相關人士想告訴我們，好吃的食物與技巧本身無關，無論您站在爐火前煮了幾年，刀工有多好或做西點的技巧有多高超。美食與您是否真的瞭解風味的內涵，及能否熟練地搭配運用有關。這樣的烹飪方式不需要樣樣力求精準，也不需要絕佳的廚藝，但需要用心思考。夏馬將教我們，在琢磨食材質地和風味後，如何用新的方式做出番茄湯、羊排、雞肉沙拉、水果脆片和豬肋排。這將是一種全新的體驗、徹底改變您的思維，不用進正統法國烹飪學校，就能成功從會做飯的人精進成大廚。

前言

讓自家廚房煮的家常菜或餐廳裡的大菜味道如此驚人又美妙的原因，究竟是什麼？是什麼讓這些佳餚看起來這麼特別、令人食指大動呢？為什麼我們會特別偏愛某些食物？答案全都指向我們對風味的感知。

每個人對「風味」下的定義皆不相同。可能是父母或祖父母之愛心料理的香氣和味道，也可能是傳承到下一代的飲食文化。對於某些人而言，可能會喚起他們在難過時所吃過，能撫慰人心和胃袋的食物，抑或是能夠連接一個異鄉遊子的故鄉和第二個家之間的味道。

「風味」的涵義比單一氣味或味道來的深廣，它包含了情感，有時是回憶，並鉤織著我們對於食物的聲音、形狀、顏色與質地的感受。把這些元素集合在一起，我稱之為「風味方程式」：

$$\frac{情感 + 視覺 + 聽覺 + 口感 + 香氣 + 味道}{風味}$$

一個新鮮爽脆的蘋果，光是聞或單吃就很棒：甜中帶點酸，再加上果香。把蘋果切片，蘸點杏仁醬，放進嘴裡咀嚼，口中會形成一個全新的風味檔案。再拿一片蘋果換蘸焦糖醬，則又是另一種嶄新的食用體驗。這就是「風味」，結合了香氣與味道，讓吃東西成為一種奇妙又令人興奮的經驗。

「風味」的傳統定義僅限香氣和味道，但事實上我們的視覺、嗅覺、聽覺、口感（質地），再加上情感與回憶，全都有助於形成這一段精彩絕倫的歷程。

我以前沒錢上正統的烹飪學校，所以我的廚藝大多是從出現在我生命中的料理人身上學來的：我外婆、我母親，和我在「Sugar, Butter, Flour bakery」工作時，所遇到的多位西點大師。此外，我也會閱讀食譜書和報紙。身為一個求知若渴的年輕料理人，我的腦中充滿了各式各樣的問題，所以一有機會，我就會趕緊把握，向我身邊的老師們請益。我想要知道造成事情成功與失敗的原因是什麼。也想知道為什麼每個人對食物的反應都不同。

身為一名廚師和飲食作家，我用食物來連接我的過去、現在與未來——串起我在印度和美國度過的日子，以及我在人生旅途中所遇到的每個人和走過的每個地方。某些特定的香氣與味道，隨著日子一久，變得越來越特別。但我以前沒辦法完全體會與了解究竟形塑風味的因素有多少種，也不知道這些因素會如何影響我對「一頓飯」的感受。

我發現食譜是一個很棒的學習工具。除了提供烹飪教學架構外，食譜還能反應作者的觀點，以及窺見過去。在食譜的步驟中，隱藏的是為什麼這些食材要搭配在一起的邏輯。能讓我一讀再讀的食譜，往往是會解釋所有事物基本組成的那些。

這些資訊片段讓我能夠了解料理成功的原因，並提供修正失敗的線索與想法，對於我自己在研發食譜時，也多有助益。

當我們說某樣東西「好吃」時，其實是把多種元素結合在一起，形成一個整體的經驗。知道食材在烹飪過程中會發生什麼事和其背後的原因，以及這些反應會怎麼影響成品的風味，讓我能成為一名更好的廚師，而這些知識，同樣也能推您一把，讓您成為更棒的料理人。在這本書中，我會慢慢梳理每個元素——情感、回憶、視覺、聽覺、口感（質地）、香氣與味道，一一解釋它們在日常烹飪中，所扮演的角色。讀完《食物風味聖經》後，您在廚房會更有信心，因為您終於知道風味如何運作，以及如何妥善運用，讓它成為您的神兵利器了。

如果您想要用澱粉讓已充滿大量酸性物質的醬汁變濃稠，那您就必須學學，為何這樣會失敗。多年來，我不斷地試驗，想做出像現在我在美國超級市場能買到的，和以前在印度吃過的「印度家常起司」（paneer，印度版的茅屋起司）。最後我發現影響成敗的原因是，我用的牛奶種類——因為每種牛奶裡的蛋白質結構和所產生的蛋白質變性都不同。熬鮮高湯時，如果知道如何引出食材裡最鮮的風味分子，就能讓我不加任何肉，也能煮出一鍋美味濃郁、勁道十足的高湯。以上只是部分書中內容，看完整本書，您將學到更多。

我們在廚房與餐桌上做的事，最核心的本質就是「實驗」，不單單只有香氣和味道，還有我們所看到和聽到的東西，以及這些所見所聞如何觸動我們的心弦。我的一些行為和我的回憶有關，而其他的則可能是演化與基因所造成的。我刻意避開烹煮或書寫有關印度絲瓜（印度文為doodhi）、苦瓜（karela）或蕪菁的食譜，也不喜歡吃太多成熟的香蕉，不只是因為我超級不喜歡這些食物的口感、氣味和味道，還因為我小的時候，父母曾逼我吃前兩種蔬菜，造成我終生都有陰影。現在我長大了，我擁有充分的自由，可以向這些食物說「不」！

我們跟食物的關係是複雜，且受到基因和環境影響的。有些人喜歡甜食勝於苦味的程度，比其他人高許多；而我們的基因組成能解釋一些背後的緣由。我們的成長地、文化背景，以及所接觸的人，也都會影響我們對食物的反應和喜好。比如說，我很喜歡麥芽醋和萊姆的香氣，以及果阿臘腸的辛香，這些食材對我而言很親切，因為是我從小吃到大的。長大後靠著科技和旅行，認識了世界其他地方的文化，讓我們有機會學習、體驗並熟悉新事物。國家或甚至是地區限定的食材與食物，現在不只會出現在料理書中，也變成我們當地市場的熱門商品。例如，源於滿洲的發酵飲料——「康普茶」（kombucha），現在在美國各大超級市場都買得到，在餐廳的飲料單和調酒酒單裡，也都能看見其蹤跡，有五花八門、各式各樣的顏色、風味和調配方式。

讓我們稍微倒帶一下，這樣我才能和您談談我的烹飪歷程，和我對風味的執著。和許多廚師一樣，我對烹飪及風味的愛，始於我家、在父母的廚房裡。我人生的前二十幾年都待在印度孟買（對我而言，「孟買」這個我出生和成長的城市，英文名應該為 Bombay，即使現在它已被稱為Mumbai）。一開始，我是出於需求和好奇才下廚。因為我父母都要工作，而他們兩人也都沒有特別愛煮飯，他們總是用能快速做好的食物餵飽全家人。所以我常常是無聊地吃著不斷重複的菜色，也因為這樣，我開始研究起我母親收集的料理書，以及她從雜誌和報紙上剪下來的食譜。

我的外婆，露西・卡瓦略（Lucy Carvalho），很會做飯，所以去看她就等於可以吃到她做的美食。我會邊吃邊試著猜猜看，她到底做了什麼，才能煮出這麼好吃的東西。當我年紀大到可以單獨待在家時，我便開始鼓足勇氣，在廚房裡摸索。從我母親和外婆身上，我學到在烘炒乾香料時，要留意香氣的變化，以及煎印度抓餅（paratha；一種充滿奶油香、層次分明的麵餅）時，怎麼聽熱鍋發出的滋滋聲，辨別翻面的時機。學會在這些感官小線索上多費心，能滋養我成為一名更棒的廚師。

我從很小的時候，就開始對生物學和化學感興趣，但高中時第一次進實驗室做化學實驗，讓我更清楚地確定食物和化學之間是息息相關的。在一場了解酸鹼值、酸性物質和鹼基的實驗裡，我的老師把一張沾有薑黃的試紙放進肥皂溶液中。試紙很快就從橘黃色變成深紅色。老師接著把同一張試紙放進一管醋裡，試紙立刻變回黃色。下課後，我偷拿了幾張薑黃試紙，想自己在家試試看。做出來的結果和課堂上的一模一樣。

隨著年紀增長，我也變得更大膽和滑頭些，我把更多的實驗帶回家做。我父母很樂於滿足我對科學的興趣：有一年聖誕節，母親送我一小組做實驗會用到的物品。那真的超棒的。箱子裡有六根玻璃試管、一個架子、還有一些化學製品，像是泡打粉和鐵銼屑等。

但不出幾個禮拜，這些玻璃試管就因為我把它們放在瓦斯爐上直火加熱而破光光了，但也激起我想要做更多實驗、找尋更多樂趣的慾望。我父親於是帶我到孟買南邊的

「王子街」（Princess Street），那裡能買到許多實驗室等級的器材，我選了一些用強化硼矽玻璃做的試管和燒杯。每個週末，我就會搬出木板，組起我的「實驗室」。我最早做過的實驗包括，把芒果和菠菜葉打碎後，在裡頭偷偷加點威士忌，看看能不能把裡頭的色素分離出來。還有一次我把熱燒杯放在床上，然後就不小心把床單燒破一個洞，結果當然是被罵到臭頭。

再說回我在孟買的生活，我報名了生物科學和微生物學的課程。在課堂中我們學會如何萃取柳丁和蘋果皮裡的果膠、怎麼用冰鎮過的酒精洗從玉米粒和馬鈴薯中收集而來的澱粉、怎麼讓出現在扁豆米煎餅「都沙」（dosa）和米豆蒸糕（idli）麵糊裡，以及發酵果汁中的酵母菌和細菌染上顏色。食物同樣出現在我其他的課程中：上免疫學時，我們學了「抗體」，而我唯一能夠全神貫注的就是在說明抗體結構時，木瓜所扮演的角色。青木瓜帶有一種稱為「木瓜蛋白」（protease）的酶，可以把抗體的蛋白切成塊，讓科學家得以研究抗體的結構。在印度，有時會把青木瓜加進醃肉的醬料中，而現在我知道為什麼了，因為它能分解蛋白質，所以肉就會變嫩。這些課程告訴我，要用什麼樣的觀點看待我在家裡烹調的食物，並且更重視與珍惜這些食材交互作用的結果。

料理書中標準食譜格式和我們在課堂中匆匆記下的實驗，其實有很驚人的相似度，即使是用於實驗的緩衝液和培養基（growth media），都是有配方食譜的。所需的材料會依照操作中出現的順序列出，當另一大群材料要在單一步驟中加入時，這些材料會依其數量，由多到少排列，這和料理人寫食譜的順序一模一樣。實驗必須反覆操作，才能確保得到的結果都是相同的，有時我們也會用不同的方法來尋求解答，以證明我們的實驗成果是千真萬確的。所以之後，當我開始寫我的部落格 A Brown Table 時，我感受到過往的科學背景，在某方面對於我在飲食寫作和食譜開發方面，助益良多，因為我把所有我在廚房做的事都視為發揮靈感與學習的機會，然後我會反覆操演一些想法，精益求精。

當我到美國唸研究所時，我發現了一個嶄新的世界。我遇到的人和我吃飯的餐廳，就像萬花筒一樣，是各種不同文化的縮影。我盡量增加外食的機會，想要嘗試和體驗不同的風味和口感。我開始注意我在美國吃到的食物，以及我在印度所認識的食物之間，有著哪些相似處和不同點。有些東西無論到了哪裡，都是最愛：肉類和馬鈴薯是

讓人舒心的食物，而香草在歐洲甜點中所扮演的角色就像大多數印度甜點裡的綠荳蔻一樣。然而，也可發現相當顯著的差異，許多我在美國吃到和試著自己做的歐式菜色，其中都有同樣的重點，就是同一料理中的所有食材，都是為了襯托和強化主要元素的風味；這和我在印度看到的很不一樣，印度人強調同一道菜裡，要有對比性很強烈的多種食材。墨西哥菜和美國紐奧良的「肯瓊料理」（Cajun food）中大膽、充滿對比性的各種風味，吸引了我的目光，它們讓我想起了印度菜。

不久之前，我讀到一篇很有趣的研究，也證實我的一些觀察，能夠解釋我和朋友與家人，為什麼在食物調味上會有所差異。科學家們從北美和韓國的資料庫中幾千則食譜，篩選出適合用來比較國家來源背景完全不同的人，在烹飪時如何調味的案例。（但我要先澄清一點，在這個研究中，關於北美和東亞的料理內容定義，有點過度簡化，其數據資料也有不足之處；在我們快速栽入這個研究帶給我們的意象之前，認清不同地區在料理上有明顯差異的事實是很重要的。）

科學家藉由從幾個線上食譜資料庫中找到最常見的食材，並比較其中不同風味物質的種類和其數量，而能更深入了解世界各地如何運用風味。在北美，奶油是最普遍的食材（41%），但在東亞，最常見的則是醬油（47%）。科學家接著試圖想要確定，一個地區的料理是不是能夠用一些資料庫食譜中常提到的招牌食材來界定。有著共通風味物質的食材被用線連在一起，每條線的粗細代表著共同物質的數目多寡。圓圈大小則透露這些食材在食譜中的普及率，圈圈越大，代表當中的食材越常出現。在北美的烹調中，常出現牛奶、奶油、香草、蛋、蔗糖蜜和小麥，這些當中有許多共享多個相同的風味複合物，如奶油和香草至少有二十種相同的風味分子。

而在東亞，食譜中則常出現醬油、青蔥、芝麻油、米、黃豆和薑，這些食材之間的風味分子相似度較低，甚至很難配對（如芝麻油和青蔥之間就有將近五種不同的風味分子）。第 13 頁的圖表將說明這些結果，顯現世界各地人們在烹飪方式與調味模式上的顯著不同。

研究人員接著用了一點數學界定和選出六個最明顯以及最正統的食材，另外再加上五大區（北美、西歐、南歐、拉美和東亞）料理的食材配對。他們觀察到北美和西歐的料理很接近；而相較於和西歐料理，南歐的料理反而和拉

文化和區域差異將影響烹飪中的食材組合與風味配對

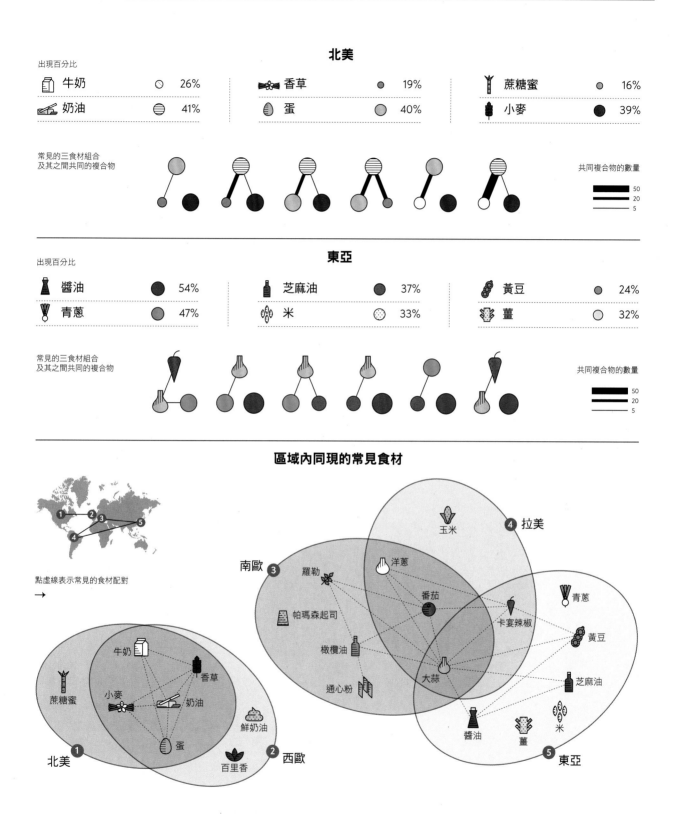

資料來源：Ahn, Y., Ahnert, S., Bagrow, J. et al. "Flavor network and the principles of food pairing." Scientifi c Reports 1, 196 (2011)。

美的料理有更多的相似處，這也許可用歷史和殖民來解釋。我覺得這些研究成果真的很有趣，因為他們對過往我們在烹飪中，看待及搭配各種風味的原則提出質疑。

這些圖表數字全都顯示我們做菜調味的模式、烹飪時的選擇和反應，深受個人成長背景文化的影響。隨著有越來越多的網路資料和料理書被彙整解析，人們想必能用更細微和獨特的角度觀察不同地區的料理之間，在風味選擇的偏好和彼此間關係為何。此外，因為人會遷徙，會帶著原本出生地的飲食風味到落腳處，漸漸地原生地和新環境之間的料理風味，就會開始交融，彼此同化，就像墨西哥辣肉醬（chillies）透過殖民主義，從墨西哥傳到世界各地，現在已經融入包括印度、中國和韓國多地的料理中。時間一久，這些風味分子之間的界線也會越來越模糊。如果您快速看一眼我食譜中的材料，就會發現我很常用萊姆、洋蔥、香菜、辣椒、紅糖或石蜜（jaggery）、番茄，以及橄欖油或葡萄籽油。這些食材大部分在風味檔案上互不相似，但還是可以放在一起入菜。

風味不只是一組規則或指引。在美國生活讓我必須將我過去所知道的，調整套用到我現在所經歷的。我第一次吃到中菜是在印度（我們稱為印式中菜 [Indo-Chinese food]，發源地是加爾各答，那裡住著一些多年前從中國搬到印度的客家人），但在美國，中餐館裡的菜色變得完全不同。在印度的中國移民將印度料理中常見的香料用於中菜，創作出富含風味的獨特佳餚。我自己則是開始改變烹飪方式和調味手法。有時我會在羽衣甘藍沙拉裡加點煎印度家常起司，或用羅望子代替巴薩米克醋，來做我的卡布里番茄起司沙拉（caprese）。這些替代更換讓我們熟悉的組合，變得特別又不同。

因為我學會玩味各種風味的方法，也很重視不同風味間的細微差異及其對烹飪的影響，所以我想寫下我的觀點，並與您分享食物和風味如何隨著時間與經驗產生變化。這也是我成立部落格 A Brown Table，和開始在多處（特別是我在《舊金山紀事報》裡的專欄）從事料理寫作的契機。我辭掉研究工作，到加州一間名為「Sugar, Butter, Flour」的小法式糕餅店擔任西點師傅。在那裡我必須學會風味如何融入糕點，以及食物造型與呈現的各個層面。店裡的大廚教我一個重點：脂肪、麵粉和奶油以不同的比例混合在一起，就能創造出不同的質地與西點。

我開始把注意力放在食材和食物，思考為什麼剛從梗上摘下來的草莓，吃起來就是比店裡買的多汁。我也觀察食譜中不同食材之間如何互相反應；乾辣椒片為什麼能讓熱油變成亮紅色且充滿辣味，但加到冷水裡，就不會出現同樣的結果。把香氣馥郁的香料（如綠荳蔻）加進蛋糕麵糊時，我發現到在不同階段放入香料，所散出的香氣濃度也會有所不同；一開始就加到奶油裡，香氣最濃最持久，如果最後再加，增香效果就不好。關於這些問題，我會向一起工作的大廚請益，也會詢問邀請我去他們家吃飯的家庭煮夫（婦）們。一有機會旅行，我就會問農夫和食品生產者：為什麼某些品種的高麗菜特別適合燉滷和烤，還有為什麼不同的花種和蜜蜂種類，所採集出來的蜂蜜味道會差別這麼大？

當我和我丈夫搬到奧克蘭時，我就辭掉糕餅店的工作，並轉換工作跑道。我到一間新創公司裡當食物攝影師，這間公司的業務是烹煮及配送餐點給城裡的客戶。在那裡我學到許多；以前我靠的是直接從客人或部落格閱覽者身上收集來的資訊，但現在新創公司裡的資料工程師則是靠著APP收集到的資訊，分析什麼樣的菜色點擊率最高。我直接看到顏色、形狀和描述對一道菜的影響有多大。過了大概一年半，我離開那間新創公司，成為自由接案的飲食作家，開發我自己的食譜也攝影。另外還寫了一本料理專書《季節》（Season）。

風味的組成分子眾多

這些風味分子有一部分是我們的情感和回憶,另外則是我們的感覺:視覺、聽覺、口感(質地)、香氣和味道。想想您最近一次下廚;我們以卡布里番茄起司沙拉為例好了。您挑了顏色鮮豔、形狀完整和香氣上乘的番茄,切片時感受到果肉被利刃分離。接著放入一大球奶腴柔滑的馬茲瑞拉起司、撒上一小撮粗鹽、磨點黑胡椒、淋上少許甜甜酸酸的巴薩米克醋和氣味濃烈、刺激辛香的橄欖油。最後還可以再撕幾片羅勒葉丟進來。在這個準備流程中發生了許多事,您的感官加速運作,在您做菜的同時指引您方向,然後在您享用時,再次發揮效用。您嚐到了沙拉裡的酸甜鹹鮮,香草的清新香氣,還有油脂天生具備的潤澤。這些元素,齊力加承,就是造成人們熱愛卡布里沙拉的原因。

香氣和味道是風味中最常被提到的兩個成分。一道簡單、外觀不起眼的餐點,如果聞起來超香,味道也很棒,同樣可以讓賓客連聲讚嘆。以「棕色的肉汁」為例,它的顏色也許看起來不太吸引人,但有九成的機會味道超級棒,因為各式各樣不同的香氣和味道分子都融合在一起了。往裡頭擠些萊姆汁,撒點新鮮香草,就能把它的美味帶到新高峰。

當我很想吃某些特定的食物時,第一個跳入腦海的就是這些食物的香氣。一想到果阿椰子蛋糕(印度文為baath)裡椰子和玫瑰花水的甜香,就會讓我因太開心而心跳加速。在我學習烹飪的過程中,我注意到洋蔥如何透過加熱,從讓人流淚的嗆味,轉變成柔醇的甜味。這些洋蔥如果再加一小撮糖,就可以用來緩解文達盧酸辣咖哩(vindaloo)豬肉裡的重磅辣度。我外婆家瓦斯爐邊上的鹽罐旁,有一大瓶琥珀色的醋。她做菜時會先加醋,試了味道後再加鹽,以前看她做飯時,我沒特別留意這點。但後來我自己在家煮飯時,我才發現她都是先加酸味的食材,然後才加鹽。這樣的順序其實是充滿智慧,且符合科學原理的。酸味食材能讓鹽的用量減到最少,因為酸味會讓我們感到有一點鹹。她用這樣的方法,就可以不用加太多鹽到菜裡。

脂肪的味道對於科學家而言眾說紛紜,但不容否認的是,我們可以把脂肪視為一種能夠增進風味的食材,而且我強烈支持脂肪在本書裡應該要有自己的特別篇幅。「火

辣」(fieriness)是最奇怪的現象,雖然辣椒和胡椒等食材會刺激我們的神經,但我們學會愛上它們。「火辣」這個成分在本書中同樣佔有一席之位,有許多人認為這些食材能夠讓人興奮、胃口大開,所以紛紛費盡心思,試著將其納入料理中。

在本書中,您將學到在日常烹飪中,我們該如何結合視覺、聽覺、口感、味覺,還有情感與回憶。在接下來的文章中,我將會詳細說明每一個概念,並加入幾個實用的「案例分析」和食譜,讓您可以更重視烹飪時所發生的所有事。除此之外,我也會告訴您科學在烹飪過程中是如何合力發揮效用的。

在這些食譜中,每個動作與反應背後的科學理論都將引導您了解接下來會發生什麼事與其原因,日子一久,就能讓您變成一個更厲害、更有自信、更具創造力,和能夠彈性活用的料理人。本書每個食譜裡都包含了「風味探討」(Flavor Approach),我在裡頭大聲疾呼或建立一些重要的概念。有了這些背景知識後,您就能秉持大原則,在您做的菜裡,調配出專屬的風味。

另外,我也針對某些想深究食物分子運作的科學原理、想要對食材生物科學有初步認識,或想要探索人體生物學與攝入膳食風味之間關係的讀者,加進了一些入門的短文。

《食物風味聖經》綜合了我長期累積而來,對煮出風味滿載的美食,有所助益的各種知識與養分。我們所有人都可以做出令人難忘的可口佳餚,讓我們一起踏上尋找風味的旅程吧。

第一部分

風味方程式

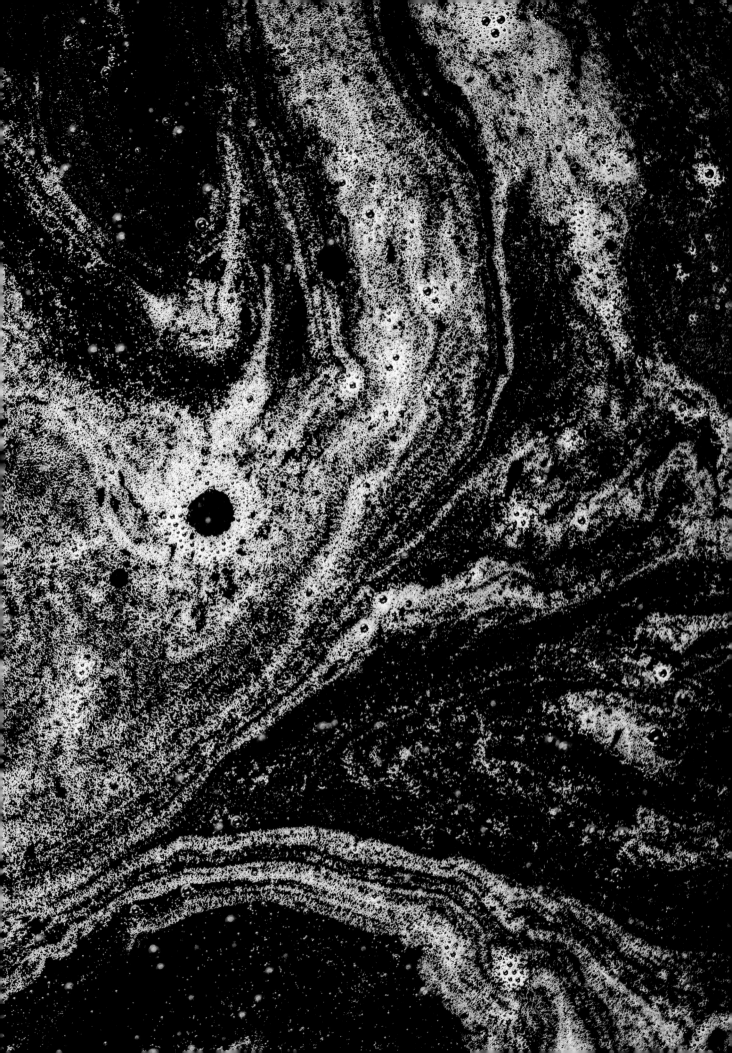

情感

情感
視覺
聽覺
口感
香氣
＋　味道
─────
風味

在我寫這本書時，有幾件彼此間不具關聯性的事情發生了；現在當我回頭翻閱書中文章，或想起書中某個食譜時，寫作當時所發生的事就會馬上跳進我的腦海裡。

我第一次撰寫和試做書中第 324 頁的「椰棗糖漿」時（當時我住在奧克蘭），看到有小偷正打算在大白天破門進入鄰居家盜竊，當時我馬上打電話報警（還好警察及時趕到，阻止竊案發生）。在這本書出版時，我們已經搬到洛杉磯；在搬家的日子裡，我做了好幾大包「黑胡椒雞」（食譜詳見第 260 頁）冷凍起來，交給我丈夫，讓他先開車拿到新家去。這些回憶如今都緊密地和這些菜餚交織在一起——現在我只要做「椰棗糖漿」，就會想到那場竊案，而「黑胡椒雞」則會快速與我們搬到洛杉磯這件事相連接。

我們膳食中的風味和個人情感是互相關聯的，並且有足夠的力量可以彼此影響。有時，一匙又酸又甜的檸檬凝乳（lemon curd）能馬上在我腦海中產生極大的快樂；當我因感冒而心情低落時，一碗熱雞湯就像及時雨一樣，能撫慰我的心；而我一旦焦慮緊張，就會吃不下飯。

我們常寫到和提及「愛」是烹飪中最重要的食材之一。我最喜歡的回憶片段是看著我外婆在她家廚房用她的巨大瓦斯爐做飯，以及向她學習怎麼在麵包片上抹奶油再配著薄片鹽牛舌一起吃的時光。當我們把食物吃下肚時，在那刻所感受到的風味，會隨著時間進入腦中儲存風味的資料庫，喚起多重的情感反應，從純粹的快樂到絕對的厭惡都有可能。我們的大腦會謹慎以待，並將這些反應都存檔起來。風味和情感之間的學習過程是不間斷的。當然，我對某些特定食材的風味還是敬謝不敏，比如說蕪菁的氣味，因為某些難解的理由，就讓我感到噁心。

在我十幾歲的時候，我會耍點小手段以躲過責罰：當我父母下班時，我會泡杯熱茶給他們喝。這個方法通常很管用，無論我那天犯了什麼錯，這杯充滿生薑和綠荳蔻香氣的甜熱茶，都能緩解他們的反應，讓我不至於受到太重的懲罰。如果當天我真的夠幸運，就能獲得「無罪釋放」。食物嚐起來的味道，也會影響我們的判斷力，在一個研究中，喝甜飲的人，會用善意的角度看待一些道德倫理行為，但喝苦味飲料的人，就會用負面的角度來評判。

您在麵包店看到一些好吃的，腦中會馬上浮現很想咬一口的念頭；比如說，咬下巧克力蛋糕的那一刻實在太美妙了。剛出爐麵包的暖香，著實令人難以抗拒。在我們把食物送進口中時，食物的風味成分會和我們鼻子和嘴巴表層的受體相互作用（詳見第 41 頁的「香氣」和第 48 頁的「味道」），接著神經就會發出一連串的化學與電信號到大腦。然後大腦會針對不同風味使用「酬賞與嫌惡機制」（mechanism of reward and aversion）。糖帶來的甜味會引出「酬賞」，而苦的食物則為造成「嫌惡」。

但我們的選擇是有彈性空間的。我們的大腦具有很強的能力，可以克服某些味道。比如說，第一口飲下咖啡時，可能會覺得苦，沒那麼喜歡，但多喝幾口之後，就會慢慢愛上它。

有的時候，某種本來您很喜歡的食物或味道也會突然變得不討喜、令人生厭。回想某次吃完之後，曾造成您不適

情感和味覺

情感和味覺會互相影響。

的餐食，即使它曾經是您最愛的食物，但有了那次不舒服的經驗，下次您再看到它時，一定連一口都不想吃。

這種食物和情感之間的關係，在社交場合尤其明顯。在慶典活動上的食物，看起來都相當精緻誘人，它們有著各種風味（及顏色與口感），會產生一種獨特感，讓看到的人產生正面的情緒。在一些特別的場合，我在印度的親友會端出一盤盤香氣四溢的印度香飯（biryanis）、油香的炸麵包、細緻柔滑的燉菜、或用閃亮亮的銀箔（印地文 [Hindi] 為 varak）裝飾過的精美甜點。而在喪禮出現的食物，就灰暗許多，通常就是一些能起安撫作用的簡單食物，像是馬鈴薯泥或飯。我們有時還會刻意準備一些死者生前喜歡的食物，讓來的人能夠懷念他，憶起過去的美好時光。用食物來表達內心最深處的想法和情感這件事，在全世界都一樣。

食物裡的風味會影響我們的情緒，而情感也會影響我們對風味的感受與認知。當我們在體會和認識食物時，我們的大腦會集中注意力，在「記憶」中留下一筆。在風味方程式中的不同組成分子裡，「香氣」是與大腦記憶最密切相關的一個。我在加州住的地方，一年裡絕大部分的天氣都是乾燥舒爽且溫暖的，但有時我會懷念印度雨季的大雨和華盛頓特區夏天的陣雨。下雨時，我馬上就會開始想像，當第一滴雨打到土壤時，空氣中會揚起的氣味（那種初雨的新鮮芬芳 [petrichor]，事實上是由幾種成分混合而成的：植物的精油、臭氧和土壤細菌「放線菌」[actinomycete] 在下雨天釋放孢子時，所分泌的的複合物——土臭素 [geosmin]。

有的時候我會很想念小時候吃過，但現在找不到的甜食或餐點；在那個時候，我就會開始想像和回憶那些食物的香味，而這些情感在我發現自己費盡心思，無論如何一定要吃到，或決定自己在家裡做做看時，會達到最高點。我們的嗅覺被醫生當作是一個檢測與診斷疾病的指標：失去嗅覺被認為是漸進式失憶「阿茲海默症」的早期癥兆。下次您又想到某個食物或某段回憶時，試著注意腦海中閃過的第一個念頭，答案很有可能就是「香氣」。

餐廳裡的大廚致力於研發讓人印象深刻的餐點，並且想提供客人豐富的用餐體驗。而家庭煮夫（婦）下廚的目標可能略有不同，可能是為了餵飽家人或好玩，但不變的是，我們都想吃好料。有時在烹調中，我們會操控自己的情感記憶：例如某些族群的印度人，因為他們的規條，不能吃大蒜和洋蔥等蔥屬植物，所以料理人就會用阿魏膠（resin asafetida）來模仿這類食材的味道。阿魏含有一種稱為二甲基三硫（dimethyl trisulfide）的化學物質，及其他蔥屬植物也有的含硫物質，所以可以用來重現大蒜和洋蔥的香氣。我爺爺死後，我奶奶就因為一些古老的迷信而不吃洋蔥與大蒜了，她說這些東西會產生「不潔的思想」，所以她在煮飯時，就改用阿魏。當阿魏遇到熱油，會釋放出陣陣香氣，可以讓她聯想到記憶中大蒜和洋蔥的風味。

印度的純素料理廚師會使用印度黑鹽（印地文為 kala namak，詳見第 139 頁），它裡頭的含硫物質，會產生類似雞蛋的香味。當蛋白加熱到 70℃～100℃（158 ℉～212 ℉）時，卵白蛋白會打開，胺基酸裡的含硫物質會接觸到空氣並氧化，而產生名為硫化氫（hydrogen sulfide）的氣體，就是我們所形容像硫磺或雞蛋的味道。

煮全蛋時，蛋黃裡的鐵會和卵白蛋白裡的硫產生作用，釋放出更濃的蛋香味（濃度低的話，這種氣體的味道是很討喜的，但如果濃度太高的話，例如壞掉的蛋所發出的味道，就會變成有害的氣體。）印度黑鹽含有大量的硫和鐵（另外還有氯化鈉 [sodium chloride]），所以這種鹽巴如果溶解於水中，就會釋放出和蛋味很像的「硫化氫」，這就是許多料理人利用的特性（可參考第 312 頁「鹽醃蛋黃」，了解印度黑鹽如何增進蛋的風味。）在上述每個例子中，擁有類似香氣，即含有「硫」分子的各種食材，都被用來撥弄我們過往人生中對香氣的記憶。

視覺

情感
視覺
聽覺
口感
香氣
＋　味道
─────
風味

我們吃東西時其實是眼睛先「視吃」。

這是我開始寫部落格 *A Brown Table* 時就領悟到的學問。讀者在真正開始動手操作我的食譜前，會先瀏覽食物和食材的照片。食物的顏色和形狀是很重要的因素，會決定這道菜能不能激起我們的食慾，要不要選這道菜：這些視覺效果會幫助我們建立對攝入膳食的感受。在當地的農夫市場裡，可看到各式各樣不同顏色和形狀的蔬菜；豔橘色的南瓜、一把把新鮮的青蔥、還有攤頭上成堆的血紅色櫻桃，市場裡的每一個角落都讓人目不轉睛。現在在網路社群平台上，有越來越多關於食物的相片以及烹飪教學影片，這些大概是見證視覺如何影響飲食的最有力例子之一。

但諺語「不要以貌取人」依舊沒錯，特別是對於棕色的食物而言，不是所有好吃的食物看起來都很美味。事實上，我在幫料理做造型和攝影時，常遇到的挑戰之一就是，要如何讓咖哩、燉菜和肉汁等有許多棕色陰影的菜餚，在拍照時能看起來美味一點，讓觀賞者產生興趣，進而想動手做。這時，就該派「裝飾配菜」上場了；幾根新鮮的香菜、巴西利或薄荷，就能用它們蔥鬱的青翠柔化整個畫面，讓整道菜產生吸引人的視覺對比。

食物中的顏色來自名為「染劑」（dyes）或「色素」（pigments）的分子，而身為廚師，我們會不斷地想要利用食材裡的天然色澤。白色的水煮蛋放進紅甜菜醋汁裡醃漬，就能染成淡淡的粉紅色。印度人烹煮抓飯和香飯時，常會用番紅花、薑黃或甜菜根汁，加水或牛奶調和，做為米粒的染劑，讓成品呈現繽紛的色彩。

大學做化學實驗時，我們會把新鮮菠菜葉加上有機溶劑（一種以碳為基底的液體）一起搗成泥。再把這些菜泥弄成小圓點，放在白色的吸墨紙上晾乾，然後將這些紙放進其他的有機溶劑裡測試。當紙沾濕時，綠色小圓點上就會出現其他顏色，並分離出來。會出現黃色、紅色或其他色調的綠色：這些不同顏色的斑點就是綠色菠菜葉裡隱藏的其他色素。當我們繼續用煮熟的菠菜葉做實驗時，又出現了另一批不同組合的顏色。

許多存在於食物裡的色素會因為環境改變，如遇酸或遇熱，而改變顏色，這樣的特性會影響菜餚最後呈現的效果。罐頭菠菜的綠色和新鮮菠菜的綠色不同，這是因為烹調時的溫度在色素上產生影響。

綠色蔬菜裡含有一組稱為「葉綠素」（chlorophylls）的色素。青花菜、青豆或四季豆經短時間烹調（如汆燙和炒）後，您會看到這些蔬菜變得更翠綠。蔬菜在加熱時，困在組織細胞壁間的氣體會受熱膨脹，造成細胞壁瓦解，所以我們就能看到更多的葉綠素。熱能同時也扮演第二個角色——有助於摧毀葉綠素酶（chlorophyllase），這種植物酶負責瓦解葉綠素，讓它變成棕色色素。

如果綠色蔬菜加熱過久，它們的顏色就會開始轉為暗暗的橄欖綠。持續加熱會造成細胞釋出酸，把鎂原子（magnesium atom）推到葉綠素分子的中央，造成蔬菜轉為暗淡的綠色。廚師在燙青菜時，應該要避免在水裡加檸檬或醋等酸性物質，但一點點的小蘇打粉有助於保住翠綠，因為鹼性的小蘇打粉會抵消一些植物酸性物質所造成的結果，能把鎂鎖在色素裡。

綠色蔬菜一煮好，準備上桌時，再擠一點檸檬汁，這樣就不會造成顏色改變。然而，有些果膠含量比較高的蔬菜，如果接觸到小蘇打粉，會有軟化糊爛的可能性，所以小蘇打粉的用量和烹煮時間都要小心調整。

熱能會改變一些蔬菜的顏色，特別是花青素（anthocyanin）含量高的種類。花青素是一種高水溶性的色素，所以用熱水煮會溶出蔬菜儲存空間（稱為「液泡」

菠菜氧化

烹調時的熱能會改變菠菜葉裡的色素顏色。

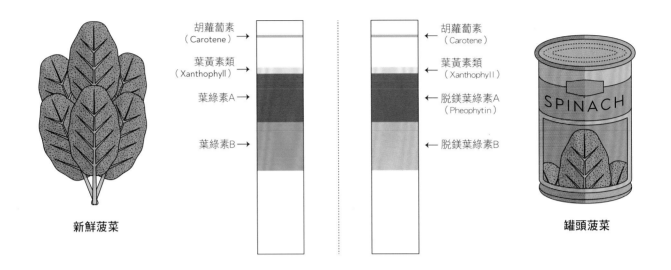

胡蘿蔔素（Carotene）

葉黃素類（Xanthophyll）

葉綠素A

葉綠素B

新鮮菠菜

胡蘿蔔素（Carotene）

葉黃素類（Xanthophyll）

脫鎂葉綠素A（Pheophytin）

脫鎂葉綠素B

SPINACH

罐頭菠菜

[vacuoles]）裡的色素。熱能同時也會破壞花青素，造成紫色消失，而本來躲起來的綠色葉綠素就會顯現出來。像皇家葡萄酒豆（Royal Burgundy）之類的紫色豆子，還有紫蘆筍，在經過加熱烹調後，都會變成綠色；紫高麗菜如果煮太久，也會失去色澤。然而，在做派餡時，藍莓（內含大量不同種類的花青素）經加熱後，卻不會失去顏色，這是因為檸檬汁（做藍莓派餡時，通常會加檸檬汁）屬酸性，還有藍莓本身所包含的酸，讓派餡維持在低 pH 值的狀態。讓藍莓汁維持在 pH 值 2.1 的狀態下加熱，就能保住花青素，而且加入的大量砂糖，也有助於維持花青素穩定，盡量減少色澤流失。此外，藍莓含有多種、份量各不同的多醣（polysaccharide）果膠，這種果膠會和一些花青素形成複合物，能維持花青素的色澤（可參考第 125 頁的「烤水果佐咖啡味噌芝麻醬」）。

有些色素，如藍莓裡的藍色花青素，對 pH 值的改變很敏感。如果您用一點水把新鮮或冷凍的藍莓壓碎，您會發現變成液體變成暗紅色。拌進一小匙小蘇打粉，又會變回藍色。當藍莓被壓碎時，皮上的花青素會釋放出來，碰到果肉裡的酸，就會變成紅色。如果用大量水稀釋或加入一點點小蘇打粉，就能夠中和酸和抵銷游離氫離子（free hydrogen ions）的數量，讓花青素轉回藍色。

我做的辣油（食譜詳見第 283 頁）或印度風四川醬（食譜詳見第 318 頁），成品的油會呈現赤紅色。這兩個食譜用的辣椒和番茄，都含有一種屬於類胡蘿蔔素（carotenoid）家族的脂溶性色素（請參考第 335 頁的「脂質」[Lipid]），這種色素在烹調時會溶到熱油中，讓油變成深紅色。類胡蘿蔔素家族包含番茄和辣椒裡的紅色茄紅素（lycopenes）和葉黃素類，如玉米的玉米黃素（zeaxanthin）。在綠色植物中，類胡蘿蔔素會躲在葉綠素後頭，只有在葉綠素降解時，才會顯現出來。如成熟的青椒會慢慢從綠色轉為紅色。有些色素，像是柳橙和地瓜裡的橘色 β-胡蘿蔔素是形成維生素 A 的基礎。這些色素中，有些也會產生風味複合物：綠茶茶葉裡的 β-胡蘿蔔素會形成茶內某些關鍵的風味複合物。

食物產生反應時也會改變其顏色。新鮮蔬果因切片或撞傷時，破掉的細胞會釋出酶，造成不討喜的褐色。廚師會把切好的蔬果片放進加了檸檬汁的冷水中，防止變色。糖的焦糖化以及食物加熱後產生的梅納反應（Maillard reaction；本章之後會繼續討論），都會產生褐色色素，讓許多甜點和鹹食看起來很美味。

常見的天然食物色素表

蔬菜、水果和肉類裡的天然色素，能讓這些食物呈現各種不同的顏色，這些色素根據其可溶於水或油，分為兩類。

水溶性色素	色素子類型	顏色		可見於				
花青素 （Anthocyanins）			酸性：紅～粉紅 中性：紫色 鹼性：藍、綠、黃， 甚至是無色（如果pH值一直升高）	藍莓	石榴	葡萄	紫色豆類	
花黃素 （Anthoxanthins）			無色～淡黃色	白花菜	菠菜	洋蔥	綠葉蔬菜	
甜菜素 （Betalains）	甜菜青素（Betaxanthin）		紅色	甜菜	莧菜	大黃	瑞士甜菜	仙人掌果 （Prickly pear cactus）
	甜菜黃素（Betacyanin）		黃色	紅和黃甜菜	黃色瑞士甜菜	橘黃色仙人掌果		
肌紅蛋白 （Myoglobin）			在肉裡為紫紅色，一接觸到氧氣，就會因肉品的種類不同，而變成不同程度的紅色：牛肉為櫻桃紅、羊肉為暗櫻桃紅、豬肉是帶點灰的粉紅、小牛肉是淡粉紅色。肌紅蛋白若暴露在空氣中太久，會轉換為「變性肌紅蛋白」（或稱「高鐵肌紅蛋白」）（metmyoglobin），顏色會變成棕紅色。	肉類				
血紅蛋白 （Hemoglobin）			有氧氣時是紅色，移除氧氣就會變成綠色	血	接觸到血的肉類			
多酚和單寧 （Polyphenols and tannins）			棕色	榲桲（Quince）	紅酒	鹽膚木（Sumac）		

脂溶性色素	色素子類型		顏色		可見於				
葉綠素 （Chlorophylls）	葉綠素-a			藍～綠	綠葉蔬菜	青椒	豆類	青豆	青辣椒
	葉綠素-b			暗黃色～綠色	菊苣（chicory）				
類胡蘿蔔素 （Carotenoids）	胡蘿蔔素	α-胡蘿蔔素		黃色	胡蘿蔔	地瓜	綠葉蔬菜	芒果	
		β-胡蘿蔔素		橘色	胡蘿蔔	柳橙	綠葉蔬菜	杏桃	
	葉黃素類 （Xanthophylls）	茄紅素		紅色	番茄	西瓜			
		葉黃素 （Lutein）		黃色	蛋黃				
		辣椒紅素 （Capsanthin）		紅色	紅甜椒	紅辣椒			
		藏花酸 （Crocetin）		黃色	番紅花				
		胭脂素 （Bixin）		紅色	胭脂樹紅（Annatto）				
薑黃素 （Curcumin）				橘色～黃色，碰到鹼性物質（如小蘇打）會變成紅色	薑黃				

長期以來，我們已經習慣把某些顏色和既定的食物風味連接在一起。例如，看到橘色的水果，我們就會期待甜味；看到不同色調的紅辣椒，就會想起像被火燒到一樣的辛辣感。我在自己撰寫的《舊金山紀實報》專欄裡，曾在一道食譜中為各種不同顏色的小番茄（從紅、黃到橘色都有）做造型和拍攝，而這系列照片引來了一些騷動。有讀者寫信問道：「那些黃色和橘色的小球是不是蒜球？（食譜裡沒有這個食材）」；有些讀者則以為我不小心漏掉某些食材，沒寫進食譜裡。其實番茄的形狀、大小和顏色，比許多人所認識的還要多更多。而上面這個故事也告訴我，讀者倚重照片的程度，他們不只是看成品照，同時還可能把某種特定顏色與食材聯想在一起。

一些運用食物色素的小技巧

+ 酸鹼值會影響花青素的顏色，所以加點檸檬汁等酸性物質，或小蘇打粉等鹼性物質就能讓顏色改變，變成不同色調的藍紫色，也可變成紅色。

+ 市售的甜菜粉，包含甜菜裡的紅色色素：甜菜青素，可以把食物染成粉紅色。加一點水或牛奶調勻，就可以讓印度香飯和抓飯（pulao）等米飯料理，或甜點（請參考第 200 頁的「免攪法魯達印度冰淇淋」和第 196 頁的「薄荷棉花糖」）的顏色變得粉嫩。

+ 烘焙含有紅甜菜根的蛋糕或甜點時，我會使用從 Sweet: Desserts from London's Ottolenghi 學到的小技巧。把維生素 C（又稱「抗壞血酸」[ascorbic acid]）錠壓成細粉，撒在刨成絲的甜菜根上，再攪拌均勻（每 250 克 [8¾ 盎司] 甜菜根絲配一顆 1500 毫克的維生素 C 錠）。準備要烘烤時，再把這些甜菜根絲加到麵糊裡。維生素 C 會保持甜菜素（betalain）的顏色，免於酶的影響而導致褐化。檸檬汁也是很棒的維生素 C 來源，但除非食譜要求，否則我通常不會把它加進蛋糕麵糊裡，因為太多的檸檬酸會影響蛋糕的質地。甜菜素對於鹼性物質也很敏感，若接觸到這類食材，

如小蘇打粉，就會轉為暗沉的褐色，所以製作時務必遠離這類食材。（使用維生素 C 錠方法，並在烘烤前最後一刻再加到麵糊裡，就能避免褐化產生。）

+ 薑黃可以讓鹹食染上明亮的橘黃色，可參考第 301 頁的「果阿黃咖哩魚」。薑黃同樣對酸鹼值很敏感，只要混到一點點小蘇打粉，就會變成紅色。

+ 如果要發揮番紅花等昂貴香料的最大效益，我會把花絲和一點鹽（用於鹹食）或糖（甜點）放在杵臼裡磨成粉，再把這些香料鹽 / 糖用於烹調。鹽和糖會增加摩擦力，有著於瓦解番紅花。記得要留一些完整的花絲當裝飾（請參考第 185 頁的「印度口味牛奶玉米布丁」和第 193 頁的「果乾番紅花渦紋麵包 」）。

+ 如果您擔心在烹調途中會讓廚房流理台或雙手染到顏色，可先查閱第 23 頁的表格，看看色素的溶解性。水溶性的色素通常無法溶解在油裡，所以如果最後的成品不會受到油紋影響，那就可以先在廚房流理台或手上抹一點油，再繼續照著食譜操作。這樣色素就不會在流理台和皮膚上留下痕跡。

+ 處理黃色胡蘿蔔之類的食材時，我會加幾滴檸檬汁，以防止多酚氧化酶（polyphenol oxidase enzyme） 讓食材變成咖啡色。

+ 紫色胡蘿蔔和莓果等蔬果裡的花青素，可以靠加入幾小匙乳清蛋白（浮在優格和凝乳類表層的液體就是乳清蛋白）變穩定。

幾何形狀與構圖

我為拍攝構圖時，常會利用各種形狀。在圖一裡，我用一組不同大小的圓形大盤，
讓觀看者的目光聚集在碗裡的美乃滋，而旁邊交叉擺放的刀子則是增加一些微小的細節。
圖二出現了許多種四邊形，能製造出迷宮的效果，並讓人產生蛋糕是被托高呈現的錯覺。
在兩張照片中，皆採用中性色的背景，讓擁有各種色彩的食物成為主角。

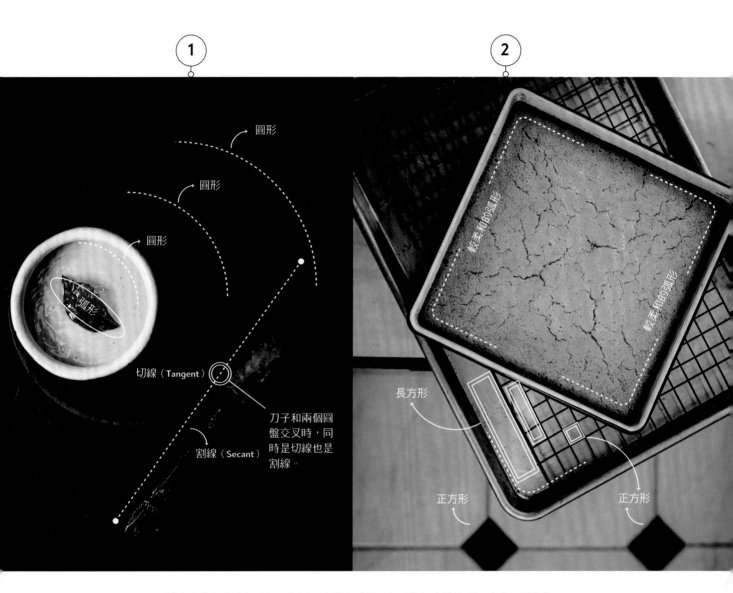

請注意黃色和綠色（圖一）以及金黃色（圖二）是如何在這兩張照片中凸顯出來，
以及其他所有能夠讓您把注意力放在食物上的細節。

我在餐點外送新創公司當攝影師時，資料工程師和分析師會就顧客對於 app 上照片的反應，來判斷什麼因素會造成菜色受歡迎。分析師研究了許多變數：食物的造型與擺盤（這就是我工作內容的重點）、主廚所用的食材類型與季節性，以及費用等等。從觀察 app 使用者在某道特定菜餚停留的時間，以及他們最後是否購入，分析師就可以建立一個轉換率（conversion rate），可用來了解顧客的行為和根據消費者的喜好，提供菜單選擇。主廚也可以根據重複的顧客行為、他們喜歡的呈現方式以及顧客的反饋來開發菜色。視覺效果也會影響顧客的期待與行為；顧客通常希望他們拿到的菜餚，和網路上的照片一模一樣。這些行為數據不只能幫忙主廚設計出符合顧客期望的菜色，同時也讓我對如何利用食物造型和擺盤讓餐點賣相更佳，有了更深刻的瞭解。

當我學著如何幫食物做適合拍攝的造型時，我開始仔細注意到食材的顏色和形狀，並會搭配一些小道具，讓觀看者的目光能集中在食物上，也讓食物看起來更具吸引力。我從居家設計型錄中，找到顏色搭配的要領，也注意到建築雜誌中，攝影師如何利用形狀構圖。如果您瀏覽過我的作品，您就會發現我很喜歡用圓形，以及無論是攝影造型工作或是私下的照片，我都盡量避免用長方形的盤子。

我挑了兩張我為這本書拍的照片為例，讓您知道在幫食物做造型和攝影時，是如何配置各種幾何形狀和顏色的（請參考第 25 頁的照片）。在圖一，我用了圓形，藉由不同尺寸的圓形餐盤，做出偏心環（eccentric rings）的效果（每個圓形之間不交錯，但會在同一點相碰），接著在黑盤上放了白色小鍋，讓焦點留在美乃滋上，而刀子則斜斜地放在兩個盤子之間（從不同盤子的角度看，這把刀同時是切線，也是割線。）在第二張照片中，我用長方形和正方形交織出一個圖案，並且以一些不同的角度斜著放，讓看的人有蛋糕越來越靠近的錯覺。在我所有的作品中，我比較喜歡使用中性色調的道具，這樣食物的顏色才能馬上吸引觀眾的目光。

我對某些幾何形狀的偏好是可以用科學角度來解釋的。在一篇關於人類對形狀之反應的研究中發現，受試者較喜歡有弧度的形狀，而非死硬的角度。其中一個原因可能是銳利的角度，例如鋒利鋸齒刀的鋸齒部分和破掉的玻璃，會讓人聯想到「威脅與危險」。在另一個研究中，研究者讓受試者觀看一些情感中立（emotionally neutral）的

弧形與有銳利角度的物體（如看著圓形和長方形錶面的手錶），並記錄他們大腦的成像。儘管這些圖像本身都不會造成情緒高低起伏，但大腦中的杏仁核（amygdala）——大腦中處理和引發恐懼反應的部分，在受試者看到有銳利角度的物體時，會被啟動；研究結果發現，受試者比較喜歡有弧度的東西，比如說，圓形蛋糕模就比方形模具獲得青睞。

但也有些例外，特別是那些長期以來，已被人們根深蒂固地認定有特定味道的形狀。當巧克力製造商吉百利（Cadbury）推出一款有圓角的巧克力磚，而非經典的直角巧克力磚時，消費者是憤怒的；儘管廠商聲稱新舊兩款的配方是一樣的，但他們還是認為新的圓角巧克力磚太甜了。這背後的原因是，甜味常常和有弧度的形狀聯想在一起，而有角度的形狀，則會讓人想到苦味。在這個巧克力的例子裡，帶一點苦的巧克力受到許多消費者的喜愛，所以長期下來，我們已經學會把長方形視為巧克力磚該有的原始形狀，認為這樣的巧克力才具有高品質的味道。因此，消費者會認為新的圓角巧克力磚味道太甜，少了一點苦味。

食物工程師同樣也會利用形狀來增進我們對食物風味的感知。讓我們繼續談談巧克力。雀巢研究中心的工程師透過研究人們嘴巴的形狀，做出了不同形狀的巧克力，讓消費者能感受到更多風味，不同形狀的巧克力，在嘴裡融化的速度也會不一樣，所以就會用不同的速率釋出風味分子，這樣就會影響我們對巧克力香氣、甜味和苦味的感受度。

視覺和風味感知之間的關係是很複雜的，但透過玩味各種食物呈現的方式，我們能有令人興奮的嶄新機會，來創造出更能讓人激動與滿意的飲食體驗。

案例分析：顏色和形狀的味道

除了顏色外，時間一久，我們也漸漸開始把形狀和吃下肚的食物連接在一起。英國牛津大學交叉模型研究實驗室（Crossmodal Research Laboratory）的實驗心理學家查爾斯·斯彭斯（Charles Spence），曾做了一個「人類在不同環境下，會如何感受風味」的實驗。受到他的啟發，我做了一個非正式的科學民調。我訪問了一些人，問他們看到問題中不同的顏色和形狀時，會聯想到什麼味道。結果非常有趣。在某些例子中，答案特別明顯，因為我們的許多感受都來自於我們對環境的觀察。比如說，他們覺得綠色會讓人想到「苦的」（因為大部分的綠葉蔬菜都帶點苦味），而有銳利角度的形狀（如三角形），則會讓人聯想到「鹹的」（鹽晶）。

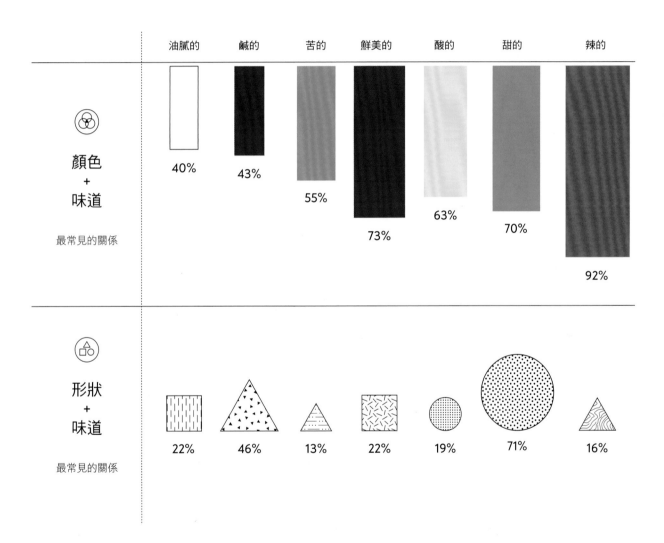

聽覺

廣播與電視製作人、食物科學家，和產品設計者，為了了解聲音如何用來讓食物感覺更誘人，都投入了大量金錢與時間。

在家裡廚房，我們仰賴相當多種聲音：吃東西的時候，會尋求某些特定的聲音；煮飯的時候，也會留意一些聲音。

如果您看過實境秀《大英烤焗大賽》（The Great British Bake Off），裡頭的評審常用聲音來判斷參賽者的烘焙技巧。他們會敲敲可頌或聆聽切開酥皮派點時的酥脆聲。聲音可以表明品質：青菜如果能發出清脆的聲音，表示很新鮮，如折斷芹菜莖時的聲音、搖晃洋芋片或印度炸薄餅（pappadums）時所發出的嘎吱聲，或拍拍完熟西瓜所傳回的空心聲等。聲音也可以讓吃東西變得更享受與更愉悅，想像一下外面裹上酥脆碎米屑的胡蘿蔔（食譜詳見第 178 頁），或熱茶從茶壺倒進茶杯的聲音。有些時候，聲音越大聲越好。用剛開的蘇打水調製葡萄柚氣泡飲（食譜詳見第 120 頁），裡頭氣泡所發出的啵啵聲，一定比開了一陣子的來得大聲且急促。

有些在烹調過程中所產生的聲音，可以成為我們判斷的依據。例如在製作香料油時（印地文為 tadka，是能增加菜餚風味的綜合香料油，做法是將香料放進高溫熱脂肪或熱油中爆香），如果聽到芥末籽在熱油鍋裡彈跳所發出的連續爆裂聲，表示油溫已經夠高，能夠引出香料的風味了；再過幾秒鐘，聲音會停止，就是到了該把鍋子離火的時刻了。晚上在家看電影準備爆米花時，玉米粒遇熱爆開的嗶啵聲，就是判斷烹調時間的工具。光是聽燒水壺裡的水滾聲大不大，我就大概可以知道水溫是否到達可以沖茶的高溫了。有些人，特別是視力受損的人，會把聲音當成烹調時的必要工具。鬧鐘、碼表和會發出聲音的溫度計，都是做飯時監測終止時機的幫手。今日我們生活周遭有更多功能完備的高科技人工智慧輔助工具可供選擇，這些智慧廚房用具是一股新浪潮，會告訴我們什麼時候該把食物起鍋或自烤箱取出。

聲音也會影響我們對風味的感知。有些餐廳會精心安排能夠增進用餐體驗氣氛的音樂，有些則是會帶領賓客到達另一個境界。在英國名廚赫斯頓・布魯門索（Heston Blumenthal）的「肥鴨」（Fat Duck）餐廳中，您在品嚐「海之聲」（Sound of the Sea）這道菜時（由海藻和海鮮組成的一道菜），會聽到破浪的聲音，讓賓客可以把海鮮和岸邊浪串連在一起；這樣的搭配是為了讓用餐體驗升級到更高的層次。

我們靠存在於內耳「耳蝸」（cochlea）裡一種纖毛細胞（不是真的毛，但看起來像有毛）來收集聲音。這種毛細胞，也就是聽覺受體，有許多頂纖毛（stereocilia），可以收集聲音。聲波從外耳進入後，會通過耳道進入耳膜，然後耳膜會開始震動。震動的頻率高低會隨聲音強度而改變。

這些震動會傳到耳蝸，耳蝸是一個蝸牛狀的構造，裡頭充滿液體，會隨著聲波震動而流動。排列在耳蝸表面的毛細胞會收集聲波震動，並將這些震動轉換為約十微秒（microseconds）的電化學信號，最後再透過神經傳達到大腦。大腦收到信號後，會加以處理，告訴我們聲音的來源與特質，然後我們就可以採取相對應的行動。

有時一頓飯的開始會是一場短演說、一首歌、一段吟誦或是鑼響、敲鐘等樂器的聲音。這些開場的目的是要營造一個用餐的氛圍，而這些聲音通常可以讓賓客了解這餐飯背後的故事：為了紀念某個（些）人、感佩食物的來源地或其他特殊原因。在大廚格蘭特·艾查茲（Grant Achatz）位於芝加哥的「愛麗尼亞」（Alinea）餐廳裡，聲音是整個用餐體驗中很重要的部分，先是一片寂靜，然後再重新導入。在食用十分酥脆的食物，如由英式豌豆湯凍結成的珍珠狀分子顆粒前，會先發卡片給場內所有的賓客，請他們噤聲。在一點聲音也沒有的空間裡，好戲上場：先是凍湯珍珠有節奏地掉落在碗裡，接著是賓客咬碎這些顆粒的聲音，由此創造出一場絕妙又具戲劇性的聲音風味饗宴。

曾有人研究過飛機機艙裡的氣壓改變或噪音，會不會影響乘客對於飲料和餐食的喜好。研究中模擬一般商用客機在巡航高度（cruising altitude）時的機艙氣壓和／或聲音。這兩個因素加在一起似乎會減少人類嗅覺和味覺感受度，加壓機艙裡的低濕度會讓鼻子以及嗅覺受體表面的細胞變乾燥，所以會比較感覺不到加在食物裡的鹽、糖和鮮（鮮味 [umami] 或麩胺酸鹽 [glutamate]）。聲音與其強度也會影響人類對於味道的感知。如果您被要求要嚐一組由味道分子（如鹽巴）調成的溶液，我們所期待的結果應該是隨著鹽巴增加，您會覺得越來越鹹。但在一個研究中，科學家想知道乘客搭機時在機艙裡所聽到的引擎聲等噪音，會不會影響他們對味道的感知。為了找出答案，他們要求受試者品嚐由五種基本味道分子（酸甜苦鹹鮮）調製而成的溶液，並且紀錄這些受試者在出現／未出現模擬機艙噪音時的反應。而在五種基本味道中，只有甜味和鮮味明顯受到影響。詳細地說，在噪音之下，人們對於鮮味的感知力提高了，但對甜味的感受度則開始下降。

聲音也有可能在用餐時造成負面影響：太大的聲音會讓人分心，無法把專注力放在食物上。我曾經遇過一個人，她憎恨吃洋芋片之類食物的聲音，厭惡的程度大到每次只要一聽到，她就必須離開那個空間。她的情況是「恐音症」（misophonia）——某種特定的聲音會激起強烈的情緒或生理反應，不斷傳來的洋芋片嘎吱嘎吱聲，或咀嚼食物的聲音，都會讓她感到越來越不安。

在討論聲音如何影響我們對味道的感知時，我們把食物本身所發出的聲音和音樂與環境噪音都包含在內。不同字的發音同樣也會影響我們對味道的感知。例如，在一個研究中，在受試者吃由焦糖製成、苦中帶甜的零嘴「椪糖」（食譜詳見第 199 頁）時，分別播放兩種不同的背景音，一個是帶著「苦」這個字，另一個則是有著「甜」這個字。聽「苦」的人，明顯覺得嘴裡的椪糖味道比聽到「甜」的人苦。

下次您在用餐或煮飯時，請多留意周遭的聲音，以及食材和食物所發出的聲音，並記下心得。這些聲音是否會放大感覺呢？還是能夠成為協助您烹調的指標呢？

口感

情感
視覺
聽覺
口感
香氣
＋　味道
風味

當我們把食物實體放入口腔時，就是味覺感受的開始。

食物入口後，舌頭和牙齒就會開始探索和研究食物表面及其物理特性，同時開始回答很多問題。烤過的胡蘿蔔嚐起來有多軟？這塊巧克力脆片餅乾是有點嚼勁的，還是酥脆的？這塊花生糖是牙齒一咬即碎的嗎？這些由食物質地帶來的物理感受就是「口感」。

當您吃第一口食物時，舌頭便會開始幫忙把食物推向齒間，啟動咀嚼的過程。牙齒會開始把送進嘴裡的每一口食物分成小塊、咬碎和磨成粉。如果您吃的是一碗客家麵（食譜詳見第 216 頁），請留意舌頭一開始是如何探究麵條絲滑質地的。當牙齒開始分解食物時，您將會注意到炒高麗菜的爽脆和碎雞肉的軟嫩。這些不同的物理感受會開始合作，建立一段愉悅的用餐經驗。

我們的嘴巴之所以能夠感覺到食物的質地，要感謝名為「體感受體」（somatosensory receptors）的高度專化細胞。在這些體感受體中，力學受體（mechanoreceptor）能感覺到食物碰觸到嘴巴、油脂等濃稠液體或一塊食物壓在舌頭上的重量、波浪狀洋芋片或鬆餅的質地、麵包的彈性，以及啤酒或香檳裡的二氧化碳氣泡在嘴裡跳動。痛覺受體（nociceptors）會感覺到疼痛、溫度受體（thermoreceptors）則會偵測溫度，讓人體免於燙傷或凍傷，而這些受體也漸漸被用來強化用餐體驗。在後面的文章中，您將會看到痛覺受體如何在體驗食物中辣椒和黑胡椒帶來的辛辣感時派上用場，而這個感覺將在我們品味食物時，建構一個全新的風味面向。冷天裡的熱湯嚐起來味道特別好；炎炎夏日，來上一杯冰鎮檸檬水（lemonade），實在是太舒爽了。溫度在我們感受食物風味時，扮演很重要的角色。

之後我將提到不同的外在溫度（溫暖或涼爽），如何影響味道的感知：甜食在溫暖的地方嚐起來更甜。體感受體會出現在一種稱為「物質感覺」（chemesthesis）的現象：我們吃東西的時候，會產生大量的感覺，包含疼痛、溫度、震動、壓力和碰觸。吃到新鮮檸檬時，嘴唇感覺到的麻刺；吃到鳥眼辣椒，所感覺到的燒灼感、沙拉裡的薄荷碎所帶來的清涼感，以及喝蘇打水時，氣泡在嘴裡破掉的感覺，以上全都是「物質感覺」。

食物或飲料一接觸到人體的受體，力學受體便會開始工作，感覺食物的不同物理層面，判定其特質。受體收集的資訊會以電化學信號的模式，通過神經直接傳到大腦，大腦接著就會翻譯這些資訊，並告訴您正在體驗的東西為何。如果是討喜的，大腦會獎賞您；如果是令人不悅的，大腦會告訴您盡量不要食用。

我們每個人都有自己偏好的口感，有科學家將這些口感歸類為四種（請見下頁的表格）。

烹調有兩個目的，其一是讓菜餚充滿香氣與味道，另一個就是達到正確的質地。

試著想像一下少了應有柔軟質地的巧克力冰淇淋，或過熟的糊爛四季豆，有多麼令人討厭。

讓我們以兩種常見的食物質地——酥脆度以及醬汁的濃稠度來做測試，看看該如何成功地征服它們。

口感的種類

科學家把我們對不同食物質地的偏好分成下列四類：

種類	特性	實例食物
Q 彈 耐 嚼	可以咬很久的食物	小熊軟糖　蘋果　起司條　燕麥軟餅乾　布朗尼
酥 脆	酥脆的食物	洋芋片　清脆的蘋果和西洋梨　堅果巧克力磚　芹菜棒
耐 吸	溶解速度很慢的食物	硬糖　薄荷糖　棒棒糖
綿 密	很滑順的食物	冰淇淋　希臘優格　香蕉　卡士達和布丁

讓食物酥脆

「熱能」是常被用來使食物變酥脆的媒介。烤或油炸（請參考第 144 頁的「火藥香料烤薯條」）則是眾人所知、能創造出酥脆質地的技巧。無論是烤或炸，都是除去食物表面的水分，以達到酥脆的效果。

讓老麵包重生的方法之一，就是烤成麵包丁。烤麵包丁是很適合用來講解熱能如何影響食物質地的實例。從已經放了一兩天的老酸種麵包開始，這種麵包基本上含水量已經比較低。把麵包切成適口大小，裹上一點鹽和您喜歡的香料，以及大量的橄欖油。接著將它們平鋪在墊了烘焙紙的烤盤中，放入烤箱以 177℃（350℉）烘烤 8～10 分鐘，直到麵包丁轉為金黃酥脆。

「油炸」背後的原理也相同：食物放在超過水沸點（100℃）的油或脂肪中加熱一段時間（請參考下頁表格）。熱能扮演兩個角色：逼出食物內的水分，並透過糖的焦糖化和梅納反應建立風味。在焦糖化和梅納反應中，糖和蛋白質會產生反應，新增大批豐富的風味分子，且食物表面也會變成金黃色。

在一些例子中，雞或火雞等禽類可以藉由放入烤箱高溫烤，融化其皮表脂肪和讓水分蒸發，而帶到脆皮的效果。烤雞用「乾烤」或「濕烤」兩種方法皆可，我個人是「濕烤」派的：首先，這種方法能讓外皮酥脆，但肉質仍鮮嫩多汁、不乾柴；此外，把烤盤中濃縮了各種風味的雞汁澆淋在雞身上，會增添更多風味。

「乾烤」雞要準備 1.6～1.8 公斤（3.5～4 磅）的雞，用 218℃（425℉）烤 45～55 分鐘。「濕烤」則要先在深烤盤裡準備兩杯（480 毫升）的高湯或酒，然後放入全雞，用 232℃（450℉）烤 1 個小時～1 個小時又 10 分鐘，過程中每隔 15 分鐘，舀取盤中的汁水澆淋到雞身上。無論是乾烤或濕烤，最後用探針式溫度計插入雞肉中心最厚的部分時，溫度都要達到 74℃（165℉），且表皮已經轉為金黃酥脆才算完成。

如果想讓雞翅（請參考第 95 頁）和烤雞（全雞或部分，請參考第 263 頁和 225 頁）的皮更脆，或想讓牛排結出焦脆的表層，肉類在烹調前是否先「風乾」，會在烹煮後的肉類表皮上，形成顯著差異。把肉類用乾淨的廚房紙巾拍乾，撒上一些細海鹽調味後，不要加蓋，直接放入冰箱冷藏過夜風乾，盡量放大肉品接觸到空氣的面積，從

而加快水分蒸發的速度。在風乾的過程會發生幾件事：因為組織內的水分外移，所以肉表面的鹽會因為擴散作用，滲透到肉裡。這是因為肉類表面和內層的水和鹽巴濃度不同，所以它們會相互作用以達到平衡。一些浮到肉表面的水分會蒸發，而鹽也會同時開始改變肉類蛋白質的組織（請參考第 334 頁會提到的「蛋白質變性」[protein denaturation]），讓肉更可口。這樣就能造就外皮酥脆，肉質鮮嫩多汁的烤雞。這種手法又稱為「乾式鹽漬」（dry brining）。

至於「濕式鹽漬」，則是將肉類、禽類和魚浸泡到加了香草和香料的大量鹽水中，時間從幾個小時到一兩天都有可能。用這個方法處理後，肉類即使經過烹調，仍能保住比較多的水分，蛋白質也會變得比較柔軟（請參考第 34 頁「鹽漬的基礎技巧」，了解這種方法如何增進風味）。

薯條、蔬菜或雞翅在油炸前先裹上麵粉或玉米澱粉等乾料，也可以創造酥脆的質地。乾料裡的澱粉分子會吸收食物的水分，形成膠狀物。當澱粉遇到熱油時，膠狀物的水分會流失，緊縮成一層酥脆的外皮。蔬菜先裹上麵糊或乾粉後再油炸，都能形成一層吃了會開心的脆皮外衣。

稠化醬汁

製作卡士達醬和多種醬汁時，都有「稠化」的步驟。經稠化過的液體流動性沒那麼高，在盤子上可以停留久一點，進而讓您有更多時間可以細細品嚐所有的風味。能讓液體變濃稠的澱粉和蛋白質有許多種。

澱粉

回印度旅行時，我特別堅持要吃很多印度中式料理（Indo-Chinese food），這種料理在美國大部分的印度餐廳都吃不到。

「印度中式料理」一開始是由定居在加爾各答的中國客家人發明的，在這些食物裡能看到中國傳入的單品香料或罕見的綜合香料及乳製品。中菜會用玉米澱粉來稠化（勾芡）多種醬汁，還有滿州湯（Manchow Soup，食譜詳見第 255 頁）。用玉米澱粉和一點點水調成芡汁後，倒入熱的湯汁中攪拌均勻即完成勾芡。澱粉遇熱後，就會形成網狀組織，能抓住水分，產生柔亮、如絲絨般的質地。

湯一旦勾好芡後，就要避免過度攪拌，否則會破壞澱粉形成的網狀組織，使抓住的水分流出來，反而讓湯變稀。

用油炸的方法讓食物變酥脆

食物的特性會影響成效

+ 蛋白質、脂肪或糖——依據食物中固有的含量。含糖量高的食物（如地瓜）很容易就會焦掉；有些脂肪含量高的食物遇到高溫會液化散開。

+ 尺寸——越小塊的食物，越快能炸到酥脆。所以把每樣食材都切成同樣的大小，才能受熱均勻。

+ 結構——柔軟孔洞多的蔬菜，如茄子、蕈菇和櫛瓜，油炸時會吸很多油。在炸之前，先在切好的蔬菜上撒點鹽，靜置30分鐘。把蔬菜釋出的水分倒掉，然後用冷水快速洗淨，再用廚房紙巾拍乾。

+ 顏色——顏色越深的食物，吸熱的速度越快，所以更容易燒焦。所以一開始炸的時候，盡量不要太高溫，或縮短油炸時間。

+ 復熱——炸物現炸現吃最美味，但如果需要，可以用烤箱以177℃（350℉）復熱。

油/脂肪

+ 許多食譜都會要求在油炸時使用沒有特殊味道的油。味道比較重的油，如芥菜籽油和橄欖油，容易在炸好的食物上留下味道，可能會與食物本身的味道不搭。

+ 要了解所用油/脂肪的冒煙點。通常我們油炸食物的溫度都是介於165℃和190℃之間（325℉～375℉），所以所用的油加熱到這個溫度時要仍保持穩定，不發煙。

+ 避免用太低的溫度油炸。一次放入太多食物會快速把油溫拉低，這樣外層的酥皮就要花比較久的時間才能形成，食物就會變得比較油膩。

+ 要用新鮮的油。用回鍋油油炸的食物，會比用新鮮油油炸的吸更多油。

+ 避免用太高的溫度油炸。如果油溫太高，很可能會造成食材外面已經焦掉，但裡面還沒有熟的情況。

+ 油量視食材大小和厚薄而定。如果是很細小的東西，如堅果，就只需要一點點油；雞翅就相對需要比較多的油。

烹調用具

+ 小的平底鍋或湯鍋需要的油量較少。

+ 用漏勺或撈網取出油鍋中的食物。勺子上的洞可以把多餘的油瀝掉。

+ 用探針式溫度計來判斷和維持油溫。

+ 食物炸好後，放到鋪有廚房紙巾或乾淨廚房擦巾的盤子裡吸一下油，也可以放到墊高的網架上，讓多餘的油滴下。

+ 把炸好的食物放在金屬網架上（下面墊個烤盤），或放在烘焙冷卻架上，可以保持炸物的酥脆。（這樣可以讓底部的熱氣散掉，避免炸物變得濕濕軟軟的。）

把澱粉當成增稠劑的用法不僅限於中菜，在法國菜中，也會用油脂混合麵粉，再經過加熱炒成麵糊。炒麵糊（roux）做好後，同樣可以用來讓稠化醬汁或湯。

澱粉是一種碳水化合物，由數種糖分子組成，植物會自然生成澱粉，以儲存生長時所需的養分。每個澱粉粒裡都含有兩種糖鏈（sugar chain）——直鏈澱粉（amylose）和支鏈澱粉（amylopectin），裡面有許多同樣的葡萄糖分子。當植物需要能量時，就會切斷這些糖鏈，讓裡頭的葡萄糖分子釋出，加以燃燒。

澱粉和水調勻，再經過加熱後，葡萄糖會經歷一連串的改變，有助於醬汁稠化。澱粉粒裡面的成分會先游離，再依新的次序重組為膠狀結構。

當澱粉一開始遇到冷水時，澱粉粒會膨脹。直鏈澱粉和支鏈澱粉的分子靠氫鍵（hydrogen bonds）結合在一起。當芡汁經過加熱後，澱粉粒會吸入更多水份，直鏈澱粉和支鏈澱粉分子間的連結就會斷裂，以這樣的方式「水合」（hydrate）。直鏈澱粉分子因為比支鏈澱粉分子小很多，所以會從澱粉粒中漂出來，溶解於水中，讓液體變得黏稠。這個作用發生的溫度稱為稠化或糊化溫度，不同的澱粉稠化／糊化溫度也不同。（直鏈澱粉和支鏈澱粉相比，需要在比較高的溫度下才會稠化，請參考第339頁的「稠化表格」）。（糊化 [gelatinization，亦可譯為膠化] 這

個字比較容易讓人產生誤解，以為和膠原蛋白有關，所以我比較喜歡用稠化 [thickening] 這個字，和哈洛德·馬基 [Harold McGee] 在他的書《食物與廚藝》[On Food and Cooking] 中的用字一樣）。勾芡過的液體放涼後，直鏈澱粉和支鏈澱粉會依照一種新次序重組為膠狀結構，這個過程稱為（澱粉）回凝（retrogradation）。當這個膠狀物放了一陣子後，就會開始收縮，接著釋出水分，這個現象稱為（膠體）脫水收縮（syneresis）或「滲出液體」（weeping）。

澱粉的回凝現象，可能是料理人的夢魘，但也可能是件可喜可賀的事。烹調時，如果富含澱粉的食材經過冷凍後再解凍，或當水分流進澱粉食材裡時，就會發生回凝現象。這會造成成品的口感不佳，營養價值也會降低。麵包之所以老化，也是回凝現象造成的，因為它會讓麵包體變硬、降低酥脆度，也會改變香氣和風味。然而，在在製作以澱粉為主的麵條、麵包塊和麵包粉（請參考第310頁的「碎米」），或甚至是炒飯時，「回凝」現象卻是料理人所期待的。製作麵包塊時，如果產生回凝現象，就能讓麵包塊外層硬脆，裡層柔軟。麵包剛烤好時，我們需等到放涼後才能切片，就是在等待回凝現象產生，否則熱麵包的中心會粘粘糊糊的。當麵包還是熱的時候，水分會進入澱粉分子，使其柔軟；放涼後，水分移出，所以麵包就會變得挺實。

鹽漬的基礎技巧

+ 肉需接觸到鹽，可以浸在鹽水裡（濕式鹽漬）或是表面全抹上鹽巴（乾式鹽漬）。

+ 鹽會改變皮表和肉，以及一些水溶性蛋白質的蛋白質結構。

+ 因保水性增加，肌肉裡的毛孔會擴張，讓體積很小的風味分子可以進到肌肉組織裡。

+ 根據肉的厚度以及鹽的用量，鹽進入肉裡所需的時間也不同。

+ 鹽擴散到肉裡的速度視鹽水的濃度而定，可能一開始會很快，但最後終將減緩（例如濃度10%的鹽水，大概過了三個小時之後，鹽擴散的速度就會減慢）。

+ 泡在鹽水裡濕式鹽漬的肉，就鹹度和保水性而言，都比乾式鹽漬過的肉高。

關於雞蛋的蛋白質

雞蛋在加熱時會產生的物理和化學變化。

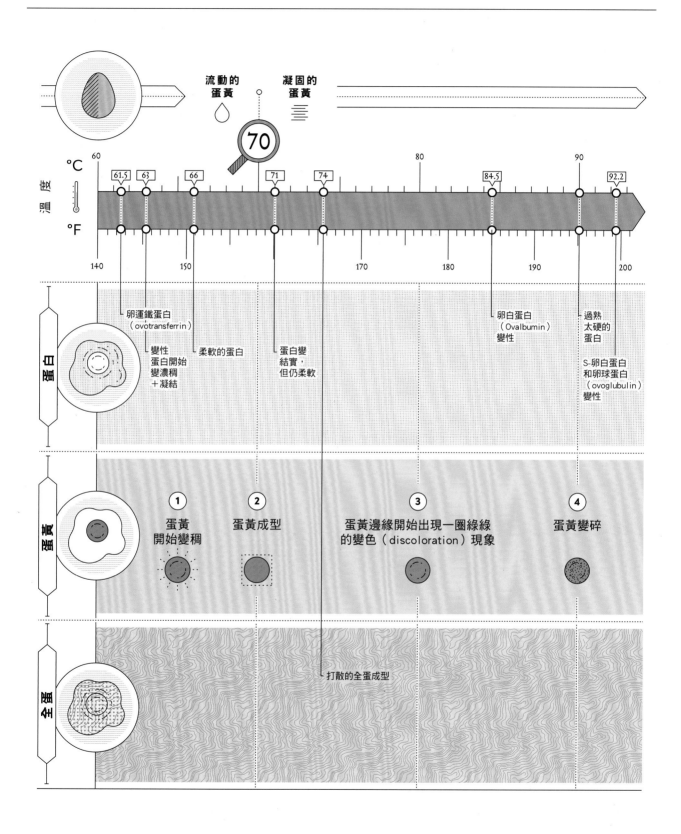

麵包放太久，就會發生（膠體）脫水收縮，此時麵包因膠狀組織裡的水分流失，就會變得又老又硬。

不是所有的澱粉都是一樣的，根據所屬的植物來源，澱粉裡的直鏈澱粉和支鏈澱粉含量也不同，而這會影響它們在烹調時所產生的反應（請參考第 340 頁的「澱粉種類及其特性」表格），且可歸類為糯性澱粉（waxy starch）或粉質澱粉（floury starch）兩種。糯性澱粉只有極少或甚至沒有直鏈澱粉，而粉質澱粉則含有較高比例的支鏈澱粉。

依照需求選擇適合的澱粉；了解直鏈澱粉和支鏈澱粉的含量，能幫助您預測澱粉遇熱和冷卻之後的狀況，而稠化溫度則有助於預估醬汁會開始變濃稠的時機。例如，木薯澱粉（tapioca starch）滿適合用來稠化做為冰淇淋基底的蛋奶醬，因為即使冰淇淋置於室溫，受熱開始變軟，木薯澱粉的澱粉粒也不會釋出水分。如果您希望得到澄清透明的醬汁或派餡，請用支鏈澱粉含量高的澱粉。根據食譜需要和用途，您也可以混用穀類澱粉（如玉米澱粉）和根莖類澱粉（如木薯澱粉）。要快速稠化稀薄的醬汁、燉菜或咖哩，可在烹煮的時候加入馬鈴薯或麵包粉，這兩種東西都會吸收水分，創造出較濃稠的質地。

為了省一兩塊美金，我曾買了相當大一罐的玉米澱粉，而不出所料地，它在我的廚房待了很長一段時間。雖然我把它收在密封容器中，也沒有受潮，但最後我發現它不再具有讓液體變濃稠的功能。即使我增加用量，結果也不盡理想。這是因為澱粉會隨時間和氧氣產生作用，特別是放在有陽光的地方的話，澱粉就會逐漸失去稠化液體的能力。如果您在烹調中，發現澱粉漸漸失去其稠化的功能，請試著增加澱粉的用量，以達到想要的濃稠度，或是趕快去買一包新的。

其他的澱粉來源還包括鷹嘴豆粉，這是把乾的鷹嘴豆磨成粉，是個很棒的增稠劑，也可以用於製作「炒麵糊」（roux），如第 83 頁的「烤白花椰拌薑黃克菲爾發酵乳」中所示。只是要記住，和其他沒有特別味道的純澱粉不同，鷹嘴豆粉本身帶有很獨特的風味。若想知道更多資訊，請參考第 339 頁和第 340 頁的澱粉表格，以選出最適合需求的澱粉。

蛋白質

蛋白質也可以用來當成稠化醬汁的媒介：如以蛋為主的蛋奶卡士達醬（請參考第 129 頁的「地瓜蜂蜜啤酒派」和第 126 頁的「榛果烤布丁」）。所有的蛋白質，包括蛋裡的蛋白質，都是由胺基酸連結在一起構成的長鏈（long chains）所組成。

經過加熱或攪拌後，蛋白質會經歷一個稱為「變性」（denaturation）的過程，在這個過程中，胺基酸長鏈會自己重新排列，最後造成蛋白質分子形狀的改變。一旦發生變性，蛋白質的分子就會在一個稱為「凝固」（coagulation）的過程中結成一團，如煎蛋時，本來稀稀水水的清蛋白（albumin）會變成不透明的固體。蛋白質「凝固」一定是接在蛋白質「變性」後發生。

製作以蛋為主要原料的蛋奶醬（卡士達）時，蛋白和蛋黃裡的蛋白質會開始發生變化。蛋白質裡頭的長鏈會形成新的串連，並彼此靠近，產生一張大的網絡，可以鎖住水分，讓醬汁變濃稠。但是操作時，要隨時留意，因為溫度不斷升高，蛋白質會繼續變性和改變形狀，超過 85℃（185 °F）時就有可能會凝固或結塊（請參考第 35 頁「關於雞蛋的蛋白質」圖表）。要避免結塊，可用厚底的醬汁鍋煮，以確保熱能均勻傳導，並用探針式溫度計監控溫度。也可以使用「隔水燉鍋」（bain-marie），這是一種特殊的雙層鍋，下面的鍋裝微滾的水，醬汁則放在上層鍋裡，加熱稠化。

烤布丁和卡士達派都是烤過的卡士達醬。要製作烤布丁，需先在爐火上低溫烹煮蛋奶醬，再倒進糕餅烤盤裡。接著在糕餅烤盤外倒水，以水浴法烘烤（烤箱溫度為177℃ [350 °F]），即可完成烤布丁。整個過程中，溫度不超過水的沸點，雞蛋裡的蛋白質會開始變性凝固。要做出美味烤布丁的要訣是，在烤布丁還軟嫩的時候（邊緣已經變硬，可以觸碰，但中央還有些流動），就自烤箱取出。南瓜派和地瓜派等的卡士達餡，也可用這個方法製作，但不同的是，這些派餡是放在酥皮塔殼內烤，而不是用水浴法。

脂肪和油

我在學校學法文的時候，做為「沈浸式學習體驗」的一部分，每個人都要煮一道法國菜。我的法文課本裡花了整整兩頁的篇幅解釋美乃滋的作法，但這篇課文真正的目的其實並不是教法國菜的正統烹調方法，而是正確的動詞時態變化。所以結果您應該可以猜到，我並沒有成功做出美乃滋，它怎麼樣都無法變濃稠（還好後來我母親出手搭

救）。幾年之後，我在一個神奇的地方，學會了製作美乃滋的基礎——我的化學教室。

脂肪和水互不相容，它們之間毫無愛意可言（請參考第335頁的「脂質」）。

即使曾一起放進油醋罐裡大力搖晃，最後終將回歸為兩層。油醋醬是一種「膠體」（colloid）：混合了兩種物理性質上互不相容的液體。在「哄勸」之下，它們兩者才願意玩在一起，就像父母對待自己的兩個孩子一樣。一點點芥末醬或蛋黃有助於油和醋（水分）結合在一起。這個建立油與水友誼的「哄勸者」，就是「乳化劑」（讓油和水融合在一起的過程是「乳化作用」，做出來的結果是「乳濁液」[emulsion]）。蛋黃（含有名為「卵磷酯」的脂質）和芥末醬（含有名為「黏質/黏漿劑」[mucilage]的碳水化合物）、存在於番茄或大蒜細胞裡的果膠（屬碳水化合物），以及牛乳蛋白（酪蛋白 [casein]）是一些烹飪時最常用的乳化劑。要讓分散的兩種液體融合在一起，除了極少數的例外以外，否則一定需要外力介入，如放在密封罐裡搖晃，或放進碗裡攪打。

乳化劑藉由包覆小液滴，形成一層保護膜，而能讓一種液體相（phase）分散到另一種裡頭（至於是水流向油，或是油流向水，則要視這兩種液體的量而定），達到均質狀態。包容液滴的液體，稱為「連續相」（the continuous phase），量通常會比變成液滴（分離相[the discrete phase]）的液體多。乳化劑能將油相與水相緊緊抓住，建立兩者之間之間的連結，讓乳化過的醬汁保持穩定。

在廚房裡，有兩種簡單常見的乳濁液：「水入油」（油多水少），如奶油和黎巴嫩傳統蒜蓉蘸醬「土穆」（toum，油和檸檬汁調製而成，食譜詳見第315頁），以及「油入水」（水多油少），如鮮奶油。用橄欖油做的「油醋醬」就是一種「水入油」的乳濁液，在此當中小醋滴分散到大量的油中。至於美乃滋，則是藉由蛋黃等乳化劑，讓油分散到水（醋、檸檬汁）裡，形成水包油的狀態。

沙拉嫩葉洗後會有水分，此時需要用乾淨的布輕輕拍乾或用蔬菜脫水器除去多餘水分，否則任何留在沙拉葉表面的水分都會造成油醋醬巴不上蔬菜，無法均勻沾裹的情況。

油和水乳化

細看一些常在廚房發生的乳化

🥄 美乃滋	油 ＋ 醋		油入水	蛋黃（蛋白質＋卵磷脂）；有些食譜會用芥末粉（黏質物）
🥄 大蒜蛋黃醬（Aioli）	油 ＋ 醋		油入水	蛋黃（蛋白質＋卵磷脂）、芥末粉（黏質物）和大蒜（果膠）
🥄 黎巴嫩蒜蓉蘸醬	油 ＋ 檸檬汁		水入油	大蒜（果膠）
🥄 番茄油醋醬	油 ＋ 醋		水入油	番茄（果膠）和大蒜（果膠）

⬤ 油
⬤ 水

油入水乳化 →   ← 水入油乳化

影響乳化作用的因素

+ **外力** —— 搖晃和攪拌都會形成液滴，有助於油（或水）分散開來。蛋白質能藉由蛋白質分子變性和改變形狀，幫助乳化作用。

+ **高溫** —— 如果溫度太高，乳化好的醬汁就會離散，因為裡頭的分子得到更多能量，移動得更快速。此外，如果在醬汁中有蛋白質，可能會因過度變性，而有凝結的風險，讓醬汁結塊。

+ **低溫** —— 太低的溫度會讓分子得不到足夠能量，所以互不相容的兩個液體會繼續留在原本互不相容的屬相裡。將乳化好的醬汁凍存，並不是每次都管用，因為重新加熱時，脂肪相又會和水相分離。

+ **蒸發** —— 若乳化好的醬汁長時間接觸到空氣，會造成水分蒸發，改變脂肪和水的比例。所以記得要把乳化好的醬汁放進密封容器裡。

烹調時常用來增進口感的食材

做飯同時包括品味和創造食物質地。

這裡是一些可加進食物裡，增加不同口感的的食材。

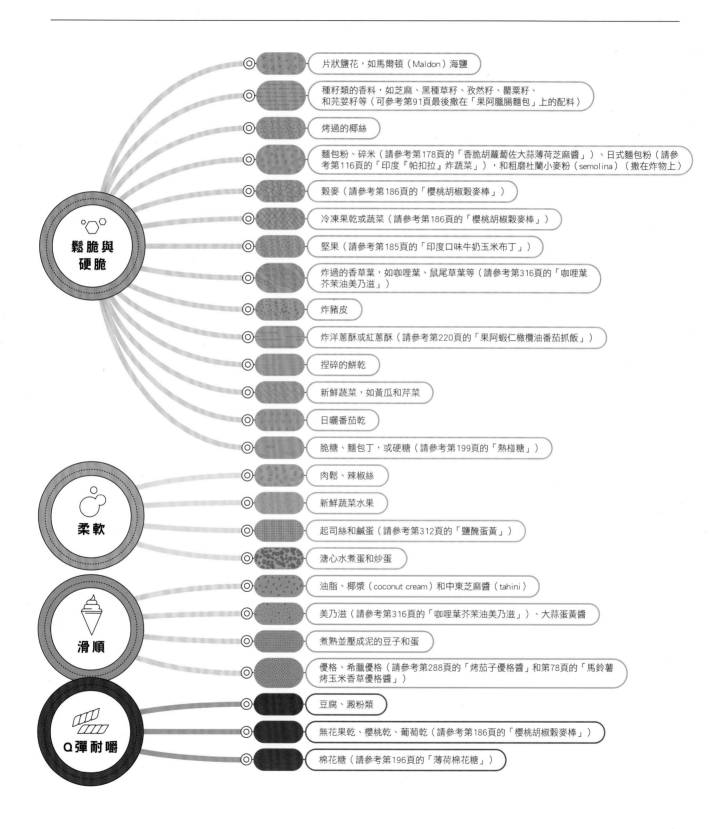

鬆脆與硬脆

片狀鹽花，如馬爾頓（Maldon）海鹽

種籽類的香料，如芝麻、黑種草籽、孜然籽、罌粟籽、和芫荽籽等（可參考第91頁最後撒在「果阿臘腸麵包」上的配料）

烤過的椰絲

麵包粉、碎米（請參考第178頁的「香脆胡蘿蔔佐大蒜薄荷芝麻醬」）、日式麵包粉（請參考第116頁的「印度『帕扣拉』炸蔬菜」），和粗磨杜蘭小麥粉（semolina）（撒在炸物上）

穀麥（請參考第186頁的「櫻桃胡椒穀麥棒」）

冷凍果乾或蔬菜（請參考第186頁的「櫻桃胡椒穀麥棒」）

堅果（請參考第185頁的「印度口味牛奶玉米布丁」）

炸過的香草葉，如咖哩葉、鼠尾草葉等（請參考第316頁的「咖哩葉芥茉油美乃滋」）

炸豬皮

炸洋蔥酥或紅蔥酥（請參考第220頁的「果阿蝦仁橄欖油番茄抓飯」）

捏碎的餅乾

新鮮蔬菜，如黃瓜和芹菜

日曬番茄乾

脆糖、麵包丁，或硬糖（請參考第199頁的「熱椪糖」）

柔軟

肉鬆、辣椒絲

新鮮蔬菜水果

起司絲和鹹蛋（請參考第312頁的「鹽醃蛋黃」）

溏心水煮蛋和炒蛋

滑順

油脂、椰漿（coconut cream）和中東芝麻醬（tahini）

美乃滋（請參考第316頁的「咖哩葉芥茉油美乃滋」）、大蒜蛋黃醬

煮熟並壓成泥的豆子和蛋

優格、希臘優格（請參考第288頁的「烤茄子優格醬」和第78頁的「馬鈴薯烤玉米香草優格醬」）

Q彈耐嚼

豆腐、澱粉類

無花果乾、櫻桃乾、葡萄乾（請參考第186頁的「櫻桃胡椒穀麥棒」）

棉花糖（請參考第196頁的「薄荷棉花糖」）

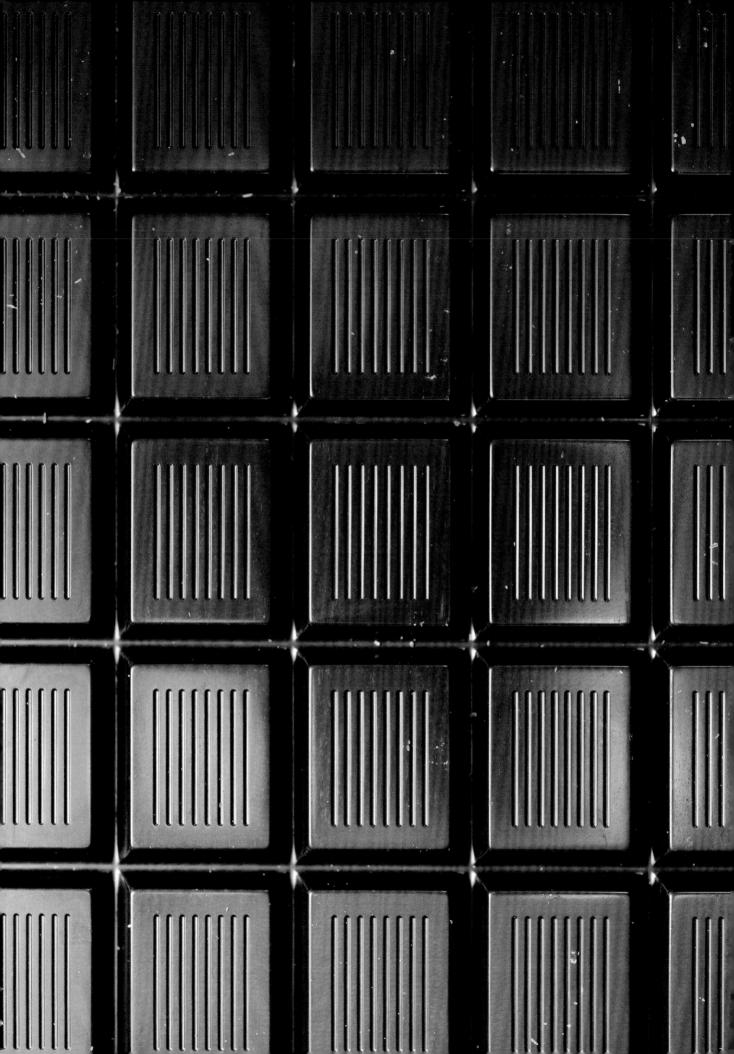

香氣

幾年前，曾有一段時間，我戒了咖啡。在那幾個月，我很快就察覺到我有多想念這種飲料。每次經過咖啡店，都一再牽引著我。

每次從咖啡店門窗透出來的現烘咖啡豆香，都會讓我停下腳步，只為了大大吸一口那個香氣，並想像那杯冒著煙的熱咖啡，喝起來味道如何。這就是香氣的力量，以及我們能聞到氣味的能力，科學專有名詞為「嗅覺」（olfaction）。香氣是和我們的記憶最緊密相連的感覺；當我們想念某種食物或飲料時，往往想的是它們獨特的香氣，而鮮少會是嚐起來的滋味（請參考第18頁的「情感」，對了，怕有人好奇！最後我還是破戒繼續喝咖啡了。）

香氣是什麼

抓一塊您最喜歡的巧克力磚（我的話，通常是裡頭有小塊榛果顆粒的），然後用手捏住鼻子，再把巧克力放進嘴裡。慢慢吃，並且注意品嚐到的味道和氣味。甜味和苦味會很明顯，而且依據巧克力製作的方法，您可能還會嚐到一點酸味。但您能聞到可可的香味嗎？也許不行。現在請把手放開，接著繼續吃巧克力。現在可以聞到濃濃的可可香，還有巧克力磚裡的其他風味分子了；這就是香氣。香氣或氣味是由許多不同種類的微小風味複合物所組成，這些風味複合物因為體積很小，所以在室溫下很快就會蒸發為氣體，散到空氣中，再傳進您的鼻內。

每個人的嗅覺敏銳度不同，有人對氣味很敏感，但也有人受到一種名為「嗅覺喪失」（anosmia）的疾病折磨。

香氣如何形成

我們的嗅覺是我們與生俱來最強烈的的感覺。這個能力會提醒我們即將發生的危險：如聞到燃燒中的火冒出的煙味時，或聞到壞掉的奶油所發出來的腐臭味時。嗅覺同時也有助於建立親人間的聯繫，因為嬰兒會靠氣味認識他的父母。一聞到玫瑰花水的芬芳或蛋糕裡綠荳蔻混合著椰子的香氣時（請參考第306頁的「椰奶蛋糕」），就會受到誘惑，感到飢腸轆轆，

我們吸氣的時候，空氣裡的香氣分子會進入鼻腔後側的細胞——嗅上皮（olfactory epithelium）。香氣分子在此處會溶解，並和嗅覺受體相互作用，嗅覺受體接著會傳送電信號給大腦。我們擁有超過四百種不同的嗅覺受體，可以偵測一千萬種以上的不同香氣（即使是十億萬分之幾的微弱濃度也可以）。但這是怎麼發生的？單一香氣分子可以和一種以上的嗅覺受體結合，而一種嗅覺受體也可和數個不同的香氣分子結合。因此我們就能察覺到各種不同排列組合的香氣分子，幫助我們辨析食物不同的香氣。

烹調中運用香氣的小提醒

+ 香氣很容易揮發，在室溫下很快就會變成氣體。越溫暖，揮發越快。

+ 乾香料要入菜前再磨成粉。加熱有助於釋出其香味。整顆或磨碎的香料先放入乾煎鍋中，以中大火烘 35～40 秒，等烘出香味後，再加進菜餚裡。

+ 要浸泡香料或香草使其出味前，先用手、杵臼或果汁機把香料（香草）弄碎，再浸到水、酒精或油脂裡，之後要不要加熱皆可。您也可以將香料（香草）與些許鹽晶（crystals of salt）或細冰糖一起磨碎，做出獨門的綜合香料調味粉。

+ 對於大部分的香草而言，乾燥的用量大概是新鮮的一半。但也有些例外，如咖哩葉和泰國青檸葉（makrut lime leaves；也可譯為「泰國萊姆葉」），如果用的是乾燥的葉子，用量要比新鮮的多。

+ 在冰淇淋或雪酪等溫度較低的食物中，可能需要增加香氣食材的用量，氣味才夠重。

巧克力本身就有超過六百種不同的香氣分子；蘋果則有三百種不同的香氣分子。這些香氣複合物單獨聞起來都不會是巧克力或蘋果的氣味，但當它們以獨特的方式，以及特定的數量組合在一起時，就會產生特有的芳香，也就是我們所認定的食物招牌香氣。如果您聞「印度什香粉」葛拉姆瑪薩拉（garam masala）或中式五香粉，它們聞起來通常不會是成分裡單一香料的氣味；這些綜合香料有其獨一無二的香氣。

我們與氣味的關係早從在媽媽的子宮裡就已經開始。氣味受體在孕期前八週就會形成，而最早在第二孕期時，胎兒就會開始聞到母親羊水裡氣味分子的味道。母親在懷孕時吃的東西，會大大影響新生兒可能會感興趣的的東西。比如說，如果母親在懷孕時吃了含有大蒜和茴香的食物，新生兒出生後，就會對大蒜和茴香氣味感興趣。這或許也可以用來解釋不同文化（不同生長地）對特定食物香氣的偏好。在印度，肉桂是一種很常加進鹹食裡的香料，如我母親做的抓飯，印度人也會把肉桂磨碎後，加進葛拉姆瑪薩拉裡。但我到美國後，注意到現烤蘋果派裡醉人的肉桂粉香味。同一種食材（肉桂）用於鹹甜兩種料理，都有極佳的效果。

生物學在我們感知到氣味的能力中，扮演了很重要的角色；女性可能比男性更容易聞到特定的氣味，因為她們擁有比較多的神經細胞，可以接收氣味受體傳來的資訊。年齡也會影響我們聞氣味的能力。隨著年齡增長，氣味受體的數量會持續減少，這也是為什麼年紀小的孩子聞到的香料香氣總是比大人聞到的更濃、更強烈。基因也會影響我們對某些香氣的偏好，對新鮮香菜（芫荽）氣味的好惡，可能是解釋基因突變所造成的行為中，最為人所知的例子。印度人和墨西哥人烹調時會大量使用香菜，我覺得香菜的氣味是一種最清新的香草香氣，但有些人則很嫌惡，說它有肥皂味。然而，有的人對於香菜氣味的厭惡並不是鐵板釘釘，而是可以改變的：這些人願意嘗試用不同的方式烹調香菜，以克服他們本來不喜歡的氣味。我朋友艾力克斯討厭香菜，但他超級喜歡我的書《季節》裡的「炙烤牡蠣」。在這道菜中，我用煮熟的香菜混合香料，撒在牡蠣上——烹調（加熱）十之八九會改變食材的香氣和風味檔案。

最近，有越來越多食物科學家喜歡研究「幻香」（phantom aromas）。有的時候，您會想起實際上並不在您周邊的某種氣味。香氣是和記憶結合得最緊密的感覺（請參考第 18 頁的「情感」），而在烹調中我們可以利用這層關係來欺騙大腦重建它所認為食物應該要有的味道。火腿是一種用鹽醃製的肉類，而且我們已經知道要把火腿的香氣和鹹味連在一起。在一個味覺實驗中，如果在食物樣本裡出現「火腿的香氣」，受試者就會覺得那道菜比較鹹。您也可以自己實驗看看。如果您經常添加一些味濃馥郁的香料，如綠荳蔻、肉桂、玫瑰花水和香草到甜點裡，您就會開始把這些香氣和甜味聯想在一起。

不同化學分子結構的香氣

食物裡的香氣（氣味）是靠多種烹調方法建立或生化反應自然形成的。

非以酶為主的香氣會在烹調過程，食物遇熱時產生。例子：
梅納反應、焦糖化和脂質氧化。

以酶為主的的香氣在植物或動物的細胞產生酶時會自動出
現。像細菌這樣的微生物也會產生一些令人反感的氣味。

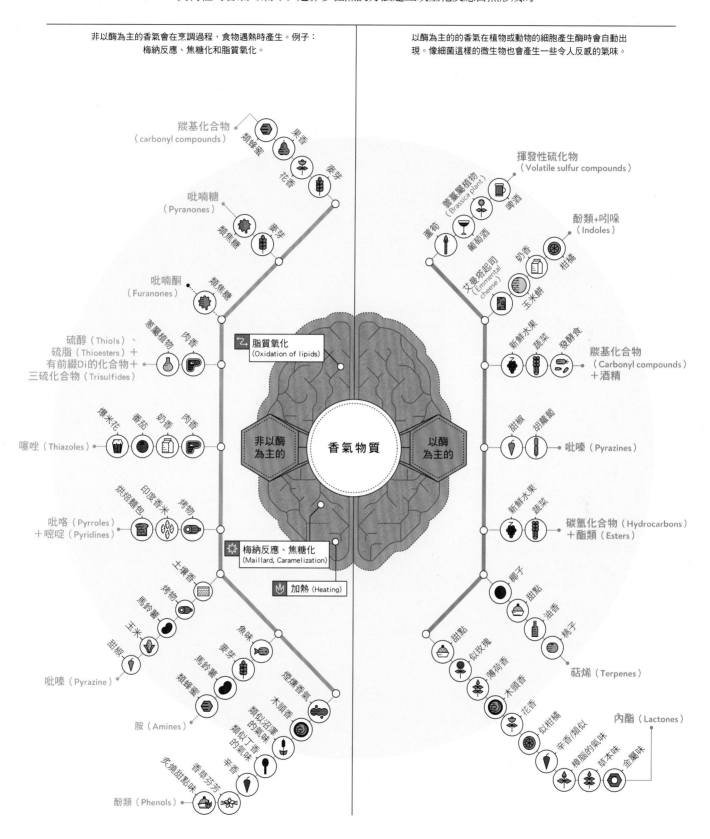

下次您製作印度口味牛奶玉米布丁（食譜請見第 185 頁）等甜點時，可以減少實際增加甜味的食材，改用多一點會聯想到「甜味」的香料試試。和您一起用餐的人也許會覺得當天的甜點很甜。

香氣分子家族

香氣分子有三個特色：

1. 它們體積很小且很輕（一個分子的重量不超過 300 達爾頓［daltons］）。越輕的分子在空氣中可以傳得越遠。

2. 它們在室溫下都是容易揮發的，所以可以透過空氣傳進鼻子。

3. 它們可以和氣味受體「對話」。

氣味分子有好的一面，也有壞的一面。同一個氣味分子，可能讓某種食物具有招牌香氣，但也會造成另一種食物帶有臭味。通常某種食材有專屬氣味，需要存在一個稱為「關鍵氣味劑」（key odorants）的香味分子。

香水專家將香氣分為三類：

1. 前調（高音）：是最先撲鼻的香氣，也是會馬上消失的香氣。

2. 中調（中音）：在前調後能聞到的主要香氣。

3. 後調（基音或基調）：過了一段時間才能感覺到的最後餘味。

描述香氣分子的第二個方法是依據它們的化學結構；請參考第 43 頁「不同化學分子結構的香氣」。

香氣與烹飪

在孟買的時候，每個禮拜六我都會和父親一起到我家附近的市場。各種顏色繽紛、形狀多樣的新鮮蔬果，陳列在攤商舖頭的籐籃或木箱裡，而和我父親一樣的消費者則不斷地和攤販討價還價（一個到現在我都還學不會的技能），找尋最划算的商品。但在講價之前，我父親就會先挑好想要的蔬果，仔細檢查其外表是否受損，然後再用鼻子聞聞看。一旦聞到霉臭味，它就會把那個蔬菜（水果）放回去。這是我人生中第一次學到香氣的重要性：可以用來測量商品的品質，成為判斷購買與否的依據。

農產品市場不是唯一一個可以讓嗅覺派上用場的地方。聞聞海鮮的「魚（腥）味」，就可以知道品質如何，是不是已經放很久？如果魚放太久，其腸道裡頭的氧化三甲胺（trimethylamine oxide）就會分解，產生魚腥味。

我向母親和外婆學做菜時，我注意到她們是如何小心堆疊食物中的香味的。煮高湯和豆糊湯（dal）的時候，無論放的是香料或是洋蔥、大蒜和生薑等添香食材，都需要先用油脂炒出香味，使其香氣滲入油脂中。有的時候，添香食材會在最後，在端上桌前才加，如磅蛋糕在最後一刻才撒上萊姆皮屑，這樣上桌時就能馬上聞到柑橘香。

下廚時，要盡量多聞聞食材。不同製造商釀造的巴薩米克醋，香氣和風味也會不同。因為大部分的香味分子都是高揮發性，所以只要一接觸到空氣就會蒸發。溫度也會影響：室內溫度越高，香氣越容易揮發。我在聞香草莢、煙燻乾辣椒片或甚至是紅酒前，習慣先將雙手掌心搓熱：這一點點微熱可以加快香氣分子變成氣體的速度，所以就能聞到比較濃的香味。

購買香料或香草時，請視需要單次購買少量乾燥的整顆香料或香草就好。購入後密封容器裝好，放在陽光照不到、陰暗的地方。香草精或薄荷精等萃取液通常由酒精製成，蒸發速度很快；使用時，快速打開瓶蓋，倒出需要的量後，就快速將瓶蓋蓋回關緊。有些菜餚，在上桌前才放上新鮮香草，以取其最完整的香氣；但有些菜式，香草則需先和其他食材拌合，再經過烹煮（請參考第 80 頁的「印度家常起司香草抓飯」）。

香草和香料經過乾燥處理後，不只是會脫水、體積變小，裡頭的精油也會產生化學變化：有些香草和香料的精油在乾燥與儲存過程中會戲劇性地大量減少。使用乾燥的月桂葉、蒔蘿、奧勒岡和薄荷等香草時，我通常只用新鮮香草量的一半。但凡規則必有例外，特別是像乾燥的羅勒、柑橘皮、咖哩葉和泰國青檸葉（又稱「泰國萊姆葉」）等食材，它們乾燥後的香氣並不如新鮮的那麼濃烈。面對這樣的食材，我有時會加倍，甚至用到三倍的量；我會先加一些，聞聞看並試過味道後，如果覺得不夠濃再繼續添加。

我們也可以利用「煙燻」這個古老又常見的方法，讓食物充滿香氣。煙燻通常是鹽醃或乾燥後的輔助手段，用來

保存魚類和肉類等食物。燃燒木頭後產生的煙，含有一種稱為「焦油」（tarry）的化學物質，會沈積在食物上，賦予特有的煙燻香氣，也可以防止細菌滋生。把食物放入密閉空間後煙燻，能夠集中木頭燃燒後，高揮發性的香氣複合物，產生較濃的風味（大部分家用和商用的煙燻箱和煙燻房都是利用此原理）。

煙燻食物有兩種方法：冷燻和熱燻。

冷燻：先在一個空間讓煙產出，再傳到放在另一個空間裡的食物。食物並沒有接觸到熱能，溫度維持在 30℃（85 °F）以下。某些冷燻的肉類，如培根，在食用前需先煮熟。而冷燻的魚，如鮭魚，則可以生吃。起司和正生小種茶（一種來自中國的煙燻茶），全熟水煮蛋和墨西哥契波特辣椒（chipotle chilli peppers；即煙燻且乾燥後的墨西哥哈拉皮紐辣椒 [jalapeño]）也可以用這個方法取得風味。

在印度有時會用「鄧加爾法」（dhungar method）來煙燻食物：先把一顆洋蔥挖空（用碗也可以），裡面放入融化的印度酥油（ghee），擺在已經煮好的菜餚旁。在洋蔥盅內放入一塊已經點燃的木炭，找個蓋子把洋蔥盅與菜餚一起罩住。木炭燒酥油產生的煙，能讓菜餚染上煙燻香。您在家自己做第 292 頁的「奶香黑豇豆豆糊湯」（Dal Makhani）時，也可以試試這個方法；此方法套用在烤蔬菜上，也很適合像，例如烤茄子（製作第 288 頁的「烤茄子優格醬」時，可以試試）。

熱燻：食物在密閉空間內直接放在火上，並接觸到燃燒所產生的煙，所以在熟化的同時，也吸收煙的風味。食物煙燻前可以先撒鹽或鹽漬，但也可以在煙燻後，再稍微烹煮一下，增添新的風味分子，也能讓質地（口感）更佳。例如，雞腿煙燻後，再用熱鍋煎封一下外皮。這樣不僅能多一層酥脆可口的雞皮，也可以透過風味反應（焦糖化和梅納反應），產生新的風味分子。

然而，不一定要經過煙燻的程序，才能讓食物擁有煙燻香氣。您可利用已經煙燻過的食材，如煙燻鹽或糖、培根、幾滴煙燻液，或煙燻過的茶葉（如正山小種茶），讓食物染上煙燻風味。

製作專屬的風味萃取液

萃取液是在酒精裡加入能夠添加風味的食材，酒精在此的作用為溶劑，能溶解和抽取這些食材裡的風味分子，最終形成充滿香氣的濃縮液。這種濃縮萃取液只需要一點點就能達到足夠的效果。一定要記得存放在陰暗、曬不到陽光的地方，否則時間一久，光線可能會破壞裡頭的一些香氣分子。我喜歡把我的萃取液放進暗琥珀色的玻璃罐中，以避開任何光線可能造成的損害。食材一旦在酒精內浸泡入味，就可以取出，並把完成的萃取液倒入小一點的瓶子或罐子裡保存。

香草精

1 杯（240 毫升）量

品質優良的香草莢 6 根
透明無加味的伏特加或蘭姆酒 1 杯（240 毫升）

把香草莢縱切開，刮出裡頭的香草籽，並把豆莢和香草籽一起放入乾燥的小型密封玻璃容器中。將伏特加倒入玻璃容器裡，並輕壓香草莢，使其能完全沒入酒中。關緊容器並搖晃。存放在陰暗處 6 ～ 8 週後再使用；浸泡期間偶爾搖晃一下。完成後取出豆莢，將含有香草籽的液體用於甜點中增添風味。

綠荳蔻精

½ 杯（120 毫升）量

綠荳蔻豆莢 20 個，稍微壓開
透明無加味的伏特加 ½ 杯（120 毫升）

將綠荳蔻的豆莢和壓過的種籽放入乾燥的小型密封玻璃容器中。倒入伏特加，蓋過綠豆蔻。關緊容器並搖晃。存放在陰暗處 6 ～ 8 週後再使用；浸泡期間偶爾搖晃一下。使用前需先過濾。

柑橘精

½ 杯（120 毫升）量

大的檸檬、萊姆或臍橙（Navel orange）2 顆或新鮮柑橘皮 85 克（約 3 盎司）
透明無加味的伏特加 ½ 杯（120 毫升）

如果用的是新鮮柑橘，先用冷自來水沖洗乾淨。用剝皮器（citrus zester），取下柑橘皮。放入乾燥的小型密封玻璃容器中。倒入伏特加，並輕壓柑橘皮，使其能完全沒入酒中。關緊容器並搖晃。存放在陰暗處 6 ～ 8 週後再使用；浸泡期間偶爾搖晃一下。使用前需先過濾。

變化：利用熱能萃取精華

舒肥：上述方法為冷萃法，但您也可以透過熱能萃取食材的精華，這樣可以縮減萃取香氣分子所需的時間，便於掌控整個流程。食材和冷萃法相同，但容器要改成耐熱的罐子，如罐頭瓶（canning jars）。先在一個裝滿水的容器裡設定好舒肥器材，把耐熱罐放入水中，把水加熱至 55℃（130 ℉）（純酒精的沸點是 78.4℃ /[173.1 ℉]，但因為伏特加的酒精濃度為 40%，所以沸點也不同。伏特加的沸點為 100℃ [212 ℉]，和水的沸點雷同。）讓所有食材浸在耐熱罐裡，泡水 4 小時，在萃取過程完成前幾分鐘，準備另外一盆冰水。把萃取好的溫熱濃縮液，連容器一起泡入冰水中冰鎮。將完全冷卻的精華液過濾到暗琥珀色的罐子裡儲存。

味道

風味方程式裡的最後一個成分，但或許也是我們最常追尋的目標——
味道。

味道如何形成

在我們一生中，味道和香氣一樣，引導我們找到營養的膳食，及避開可能會對健康有害的食物。味道和記憶密切關聯，因為我們隨時間不斷地進食和品嚐食物的味道，所以無論好吃或不好吃，大腦都已經建立關於食物味道資訊的小片段。甜味和鹹味的食物代表著身體營養和能量的來源，而苦味和酸味的食物則會提醒我們，這個東西可能含有對身體有害的毒素和化學物質。

味覺和我們的其他感覺一樣，會使用稱為「受體」的特殊蛋白質。然而，味覺受體並不只是我們高中課本所學到舌頭味蕾分佈這麼簡單。能感覺到不同味道的受體，範圍不僅限於舌頭上的某個區域，而是存在於整個口腔。包含味道受體細胞的味蕾不只分佈在舌頭表面，還存在於軟顎、咽喉，以及小部分的會厭和食道表層。味道受體也出現在腸道和肺部，在此兩處它們的作用就像感應器一樣，可以調節食慾和保護我們遠離有害物質。

一個味蕾上有 50～150 個能嚐到特定味道的受體細胞，它們會像洋蔥一樣緊密聚集在一起，形成小洞。在這個小洞裡，從每個味覺受體細胞表面往外延展的是一簇簇的微絨毛——包含味覺受體的髮狀物。貫穿味覺細胞的是由特殊神經組成的網絡，可以回應食物（或其他外來物質）裡的味道分子。從舌頭可以清楚觀察到味蕾，在舌頭表面上凸起的小小疙瘩，就是儲存味蕾的舌乳突（papillae）。

我們吃東西並咀嚼時，牙齒會把食物分解成小塊，之後這些食物就會開始溶解於唾液中。味道分子（或調味），就會開始遊歷於味蕾上的孔洞間，並在那裡遇到微絨毛，接觸到味覺受體。當味道分子和受體結合之後，會馬上透過神經傳達信號給大腦，大腦接著就會告訴我們這個食物的味道。

味道是主觀的且因人而異，可以因時間推移而習得。

吃下的量越少，能感覺到的越多。如果您減少食物裡的鹽或糖量，您就會開始注意到無糖牛奶裡的天然甜味，或番茄與魚與生俱來的鹹味。您所能感受到的味道要根據食物裡有多少特定的味道分子，以及它們如何和其他味道互動而定；例如，芒果汁裡甜味和酸味如何相互作用。

生物學也大大影響我們判斷味道的模式和行為。您可能遇過味覺高度敏銳的「超級味覺者」（supertaster）。超級味覺者所擁有的味蕾數比一般人多很多，所以他們對味覺的感受度比其他人高。您可以自己測試看看：在舌頭上放一滴藍色食用色素，超級味覺者的舌頭會出現非常藍的色塊，那是因為他們的舌頭表面凸起物很多，被大量的舌乳突和味蕾覆蓋。

製造味覺受體的基因若發生變化，也會影響我們對味道的反應。負責編碼一種苦味受體的基因（T2R38）在DNA 序列的變異，會影響我們對青花菜等苦味十字花科蔬菜的感受。有這些基因變異的人，對於苦味的敏感度很高，會避免食用帶苦味的食物，而有強烈偏好甜味食物的

不同種類的味道

我們嘴裡嚐到的（此處納入「脂腴油潤」和「火辣」），
除了有食物裡的討喜風味外，同時也是指引和保護我們的工具。

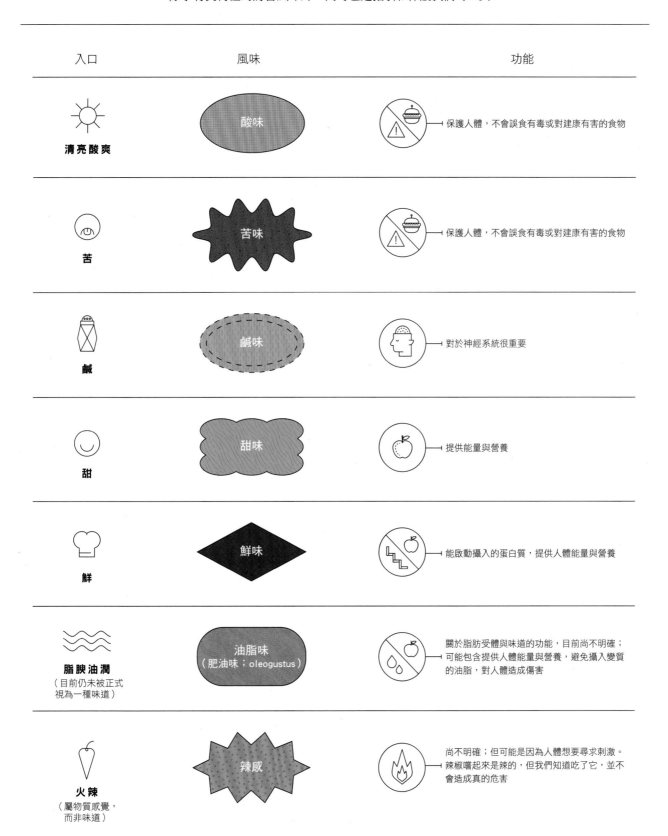

入口	風味	功能
清亮酸爽	酸味	保護人體，不會誤食有毒或對健康有害的食物
苦	苦味	保護人體，不會誤食有毒或對健康有害的食物
鹹	鹹味	對於神經系統很重要
甜	甜味	提供能量與營養
鮮	鮮味	能啟動攝入的蛋白質，提供人體能量與營養
脂腴油潤（目前仍未被正式視為一種味道）	油脂味（肥油味；oleogustus）	關於脂肪受體與味道的功能，目前尚不明確；可能包含提供人體能量與營養，避免攝入變質的油脂，對人體造成傷害
火辣（屬物質感覺，而非味道）	辣感	尚不明確；但可能是因為人體想要尋求刺激。辣椒嚐起來是辣的，但我們知道吃了它，並不會造成真的危害

傾向。但只要經過時間和心力，長期下來，我們還是可以學會欣賞苦的食物。我們學會了品味巧克力、咖啡和青花菜，但目前仍沒有足夠的研究可以說明，究竟我們最後是真的愛上這些食物裡的苦味，還是喜歡裡頭的其他味道。

有時意外或疾病也會造成味覺喪失。芝加哥名店「愛麗尼亞」（Alinea）的大廚格蘭特·艾查茲（Grant Achatz），在相當動人的 Netflix《主廚的餐桌》（Chef's Table）影集中，分享他被診斷出罹患舌癌，以及喪失味覺的心路歷程。在完成化療以及放射治療後，他的癌症病情得到緩解，味覺也慢慢一個味道、一個味道恢復。有趣的是，他注意到第一個回來的是「甜味」，是通知我們這個食物是否能提供能量的味道。

味道與受體

根據反應，大部分動物所嚐到的味道可以分為三類：喜歡的、不討喜的、沒特殊感覺的。然而，人類基本上能嚐到五種不同的味道：酸、甜、苦、鹹、鮮。

吃辣椒時舌頭會感覺到灼熱，這其實並不是一種味道，而是人體對疼痛產生的反應。不同文化在味道分類上，也有些許不同：在古阿育吠陀（Ayurvedic）的文獻中，刺激（辣）和澀（但不是鮮）也算是味道的一種。紅石榴汁除了又酸又甜外，還會在嘴裡留下乾乾的感覺；這就是「澀」。近來，有越來越多的研究支持人體存在有感覺第六種味道——油脂味（oleogustus），也可稱「肥油味」的受體，在本書中，我留了專門的篇章來討論它（請參考第 270 頁「脂腴油潤」）。

在地球上，只要是活著的有機體，都需要靠水才能運作和生存。但人類和動物會透過「渴」這種感覺，知道身體需要喝水了。「口渴」能幫助我們感覺水，並透過我們味覺細胞裡的特殊管道——恰如其名的「水通道蛋白」（aquaporins；又稱「水孔蛋白」）產生味覺。在某些情況下，像是糖精（saccharin）或安賽蜜（acesulfame；化學名稱為乙醯磺胺酸鉀）等特定甜味，會有不尋常的能力，誘發「水返甜」（sweet water aftertaste）的現象。太大量的人工甜味劑，如糖精，會阻塞人體感覺甜味的受體。當您喝水潤洗後，甜味劑被沖掉，感覺甜味的受體不再被塞住，於是口內馬上就會有甜甜的感覺。吃完朝鮮薊時，您也許也會有這種感覺：因為自然產生的化學物質「洋薊酸」（cynarin），會和糖精一樣堵住甜味受體。喝口水洗掉後，嘴裡就會出現甜味。

有些成分能增強基本味道，讓我們覺得這些味道依舊留在嘴裡，稱為「厚味」（kokumi）。Kokumi這個字的日文字根koku，是「濃郁」的意思，用來指食物或飲料的本體。「厚味」由鈣、麩胱甘肽（glutathione）和某些類型的（胜）肽（peptides；請同時參考第 333 頁的「蛋白質」）組成，透過我們味蕾上的能感受到鈣質的特殊受體而產生。

成為味道的資格

當科學家研究味道的時候，他們會透過紀錄人體對不同調味品或食物的電反應和生化反應來衡量大腦、神經和味覺受體（已獲科學認定的受體）的反應。這些實驗能幫助科學家判斷某個反應是否真的夠資格成為味道。

實驗中最重要的任務之一，就是辨識某受體是否會特別針對某種味道分子產生反應。有時科學家會發現針對某種味道，會有一種以上的受體產生反應，如苦味食物會啟動超過 25 種味道受體。

要「正式」成為味道的標準究竟為何，目前仍是眾說紛紜，但底下是一些重點整理，可以用來判斷是否一個味道是否值得放入清單中。目前符合資格的正式基本味道有：酸、甜、苦、鹹和鮮。隨著越來越多的研究發現與進展，極有可能會出現其他可被歸類成基本味道的味道。

下列是評斷標準：

+ 一個基本味道不應該由其他種基本味道混合產生。例如，酸味不會是苦味造成的，而苦味也不會產生酸味。

+ 應有一個或一個以上的受體，專職回應食物裡的的味道分子。

+ 基本味道應該在所有食物裡都找得到。

味蕾如何運作

在舌頭上，有非常小的凸起疙瘩，稱為舌乳突（papillae）。舌乳突分為四種，其中只有城廓狀乳突（circumvallate）乳突、葉狀（foliate）乳突和蕈狀（fungiform）乳突有味蕾。絲狀（filiform）乳突則是負責品味食物的質地（口感）。每個舌乳突上頭都有許多味蕾，而味蕾上有味孔（taste pore），透過味孔的味覺細胞和神經，我們就能夠感覺到食物裡的不同味道。

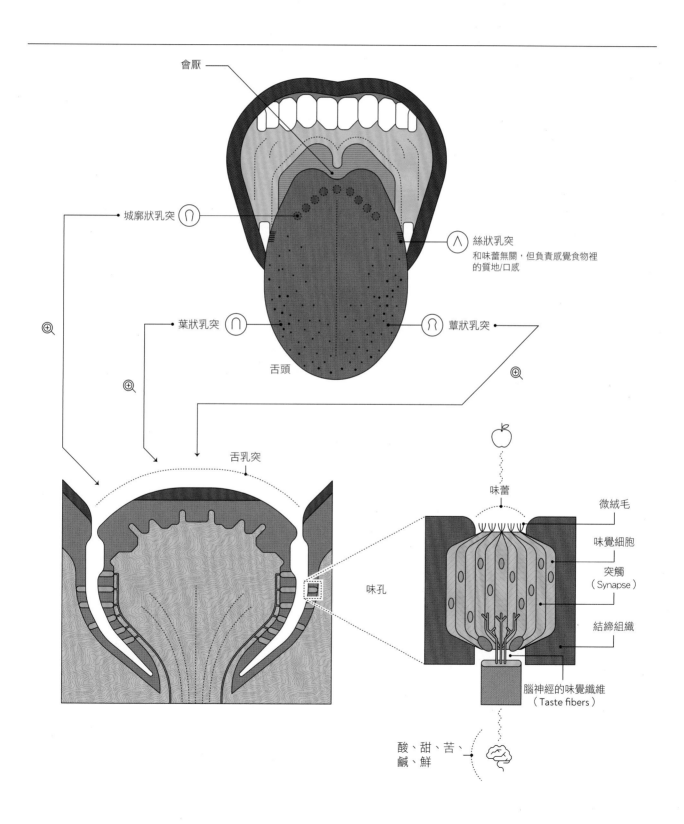

第二部分

食譜及各種風味的剖析

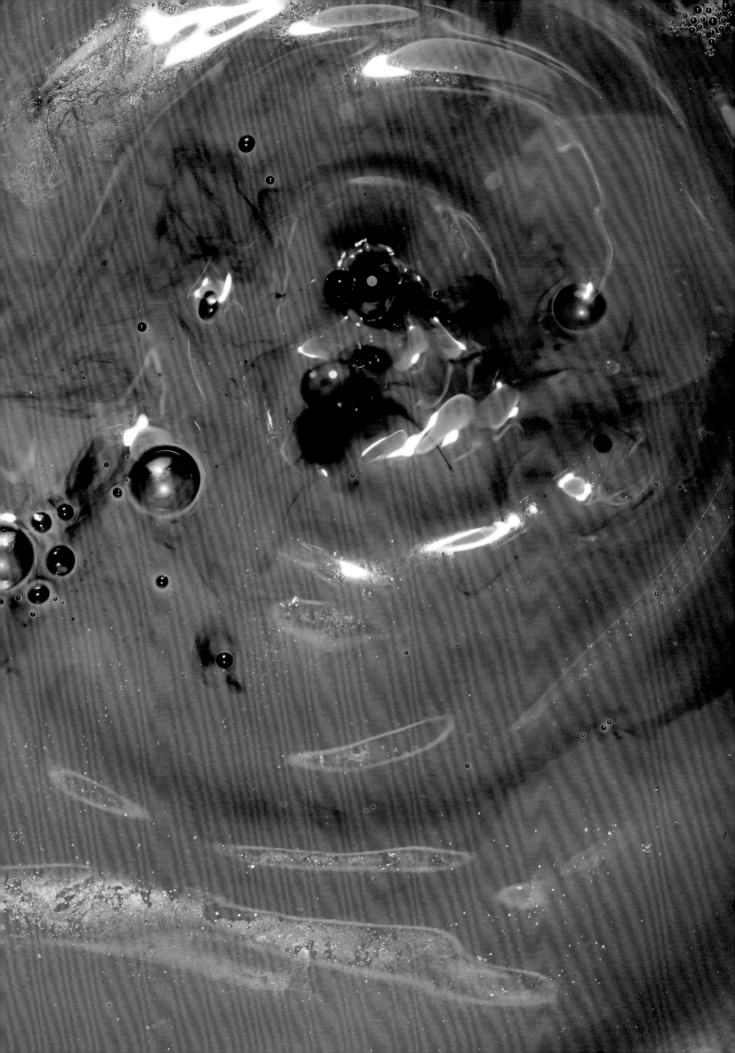

如果您細看每道食譜

您會發現各個基本要素（前言、食材表和做法）齊力合作以構建風味。前言闡述食譜的靈感來源和作者的想法，通常會為了達到某種感覺，或重溫舊時記憶中的美味。

食材表裡列的不只是每種食材的份量，及其在烹調過程中使用的次序；它還能間接説明：為什麼酸味食材要在一開始（或最後）加，或香料為什麼要經過烘出香味、冷卻和磨碎的步驟。食材表後的「做法」，詳細説明烹調中實際上該做些什麼、大概所需的時間，以及眼睛會看到和耳朵會聽到的反應變化。「做法」就是風味反應發生的地方；新的風味分子產生，舊的風味分子可能會改變，另外也會出現新的質地——食材經過加熱後，會產生焦糖化和梅納反應，進而造成由香氣、味道和色素分子混合而成的複雜組合。儘管一道菜完成後的外觀和味道，可能會喚起某段回憶，但其實就算只是在假日擀餅乾麵團，也都能讓人想起一些快樂的舊時時光，會成為新回憶的一部分。

準備和烹調食材，著重於視覺、聽覺、香氣和味道。我用質性（qualitative）方法，也就是我自己的喜好尺度（hedonic scale），來評估一道菜的風味。我的問題是「這道菜滋味如何？」直線上的點是不同的結果：差、普通，和非常美味，而造成這些結果的變數：太鹹、太苦、太濃、太油，也會一併註記。

下頁是製作「烤白花椰拌薑黃克菲爾發酵乳」（食譜於第83頁）的步驟分解圖，詳細説明我的簡單評量表，並且告訴您風味方程式中的不同成分如何發揮作用。

食譜剖析

一道食譜可分成許多部分：由食材、使用的烹調方法、我們的感覺和情感，合力交融而成。

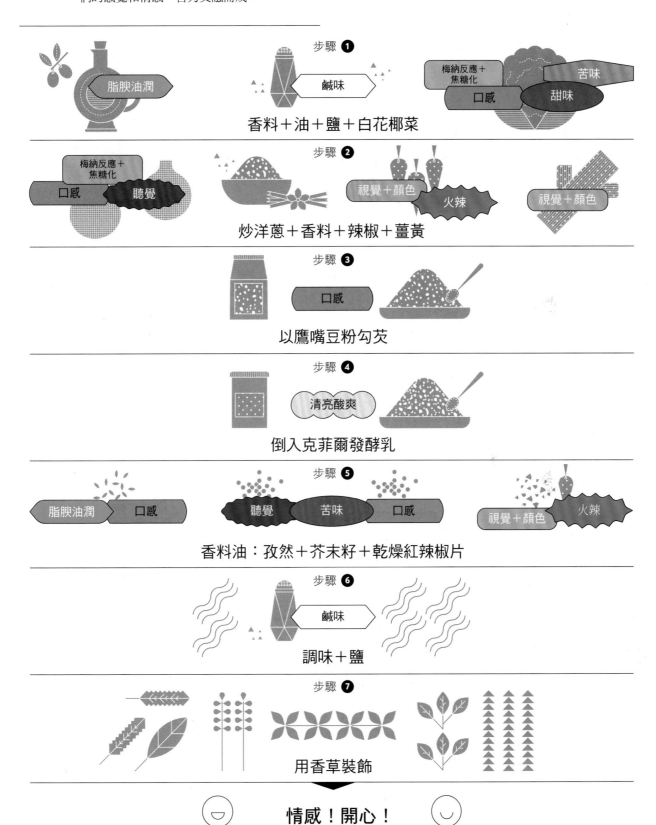

步驟 ❶

脂腴油潤

鹹味

梅納反應＋焦糖化　口感　苦味　甜味

香料＋油＋鹽＋白花椰菜

步驟 ❷

梅納反應＋焦糖化　口感　聽覺

視覺＋顏色　火辣　視覺＋顏色

炒洋蔥＋香料＋辣椒＋薑黃

步驟 ❸

口感

以鷹嘴豆粉勾芡

步驟 ❹

清亮酸爽

倒入克菲爾發酵乳

步驟 ❺

脂腴油潤　口感　聽覺　苦味　口感　視覺＋顏色　火辣

香料油：孜然＋芥末籽＋乾燥紅辣椒片

步驟 ❻

鹹味

調味＋鹽

步驟 ❼

用香草裝飾

情感！開心！

高湯的風味圖

使用此圖做為堆疊高湯風味的大綱依據。

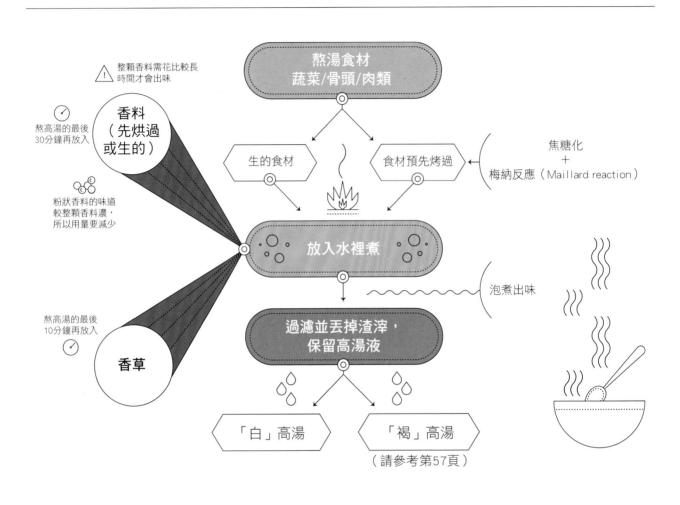

熬湯食材
蔬菜/骨頭/肉類

整顆香料需花比較長時間才會出味

香料
（先烘過或生的）

熬高湯的最後30分鐘再放入

粉狀香料的味道較整顆香料濃，所以用量要減少

熬高湯的最後10分鐘再放入

香草

生的食材

食材預先烤過

焦糖化
+
梅納反應（Maillard reaction）

放入水裡煮

泡煮出味

過濾並丟掉渣滓，
保留高湯液

「白」高湯

「褐」高湯

（請參考第57頁）

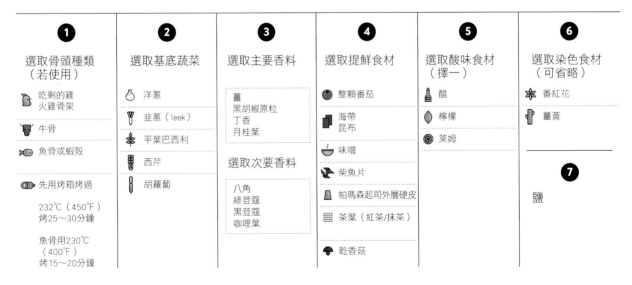

❶ 選取骨頭種類（若使用）	❷ 選取基底蔬菜	❸ 選取主要香料	❹ 選取提鮮食材	❺ 選取酸味食材（擇一）	❻ 選取染色食材（可省略）
吃剩的雞火雞骨架	洋蔥	薑 黑胡椒原粒 丁香 月桂葉	整顆番茄	醋	番紅花
牛骨	韭蔥（leek）		海帶昆布	檸檬	薑黃
魚骨或蝦殼	平葉巴西利	選取次要香料	味噌	萊姆	
先用烤箱烤過	西芹	八角 綠荳蔻 黑荳蔻 咖哩葉	柴魚片		❼
232℃（450℉）烤25～30分鐘	胡蘿蔔		帕瑪森起司外層硬皮		鹽
魚骨用230℃（400℉）烤15～20分鐘			茶葉（紅茶/抹茶）		
			乾香菇		

如何熬出豐鮮味足的基礎蔬菜「褐色」高湯

下面教您簡單熬出味道鮮美醇郁的蔬菜高湯，共分成兩部分來構建高湯裡的風味。首先，用定溫於 60℃～70℃（140 °F～158 °F）的溫水浸泡乾香菇，讓香菇裡的「核糖核酸酶」（ribonuclease）可以產生充滿鮮味的核苷酸（nucleotides）。接著用小火乾炒（不加水或油）蔬菜，使其產生焦糖化和梅納反應。這個步驟會生成褐色色素，並產生苦甜、香氣和鮮味分子，讓蔬菜高湯充滿濃醇的「肉味」。

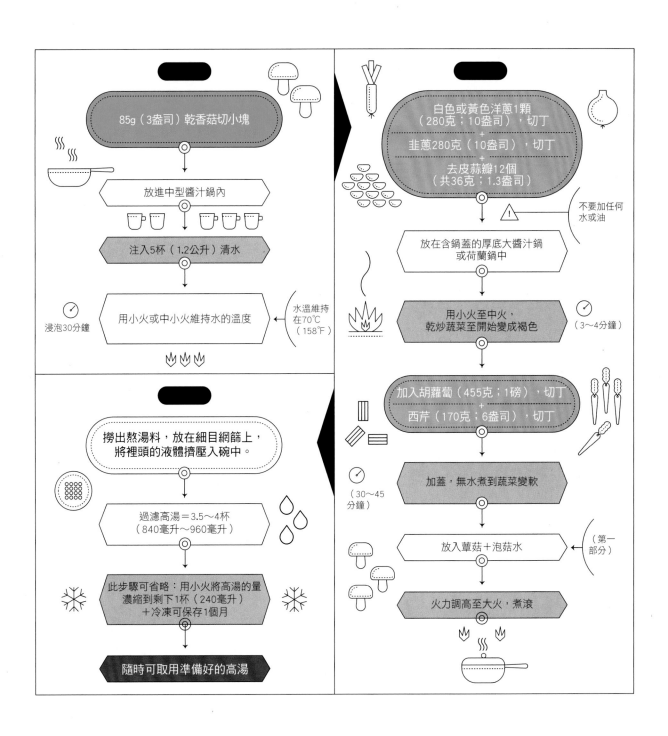

1

清亮酸爽

在孟買一條人來人往的山路上，我祖父母家附近有一個甘蔗汁攤。一整天下來，分屬各個年齡層的人都會聚集到那邊，買一杯現榨的冰涼果汁。一根根甘蔗通過榨汁機的榨汁滾輪（crushing rollers），擠壓出香甜的汁液。我另外會請攤販在我的甘蔗汁裡擠一顆萊姆。柑橘清亮的酸味，讓果汁甜中帶點微酸，成了解渴聖品。這杯果汁就是「清亮酸爽」（brightness）的縮影，要我來說，為了讓此章內容更容易懂，「清亮酸爽」就是一種鮮明活潑的風味，通常是微酸的，能夠和較厚重甜膩的味道形成對比。

讓我們用不同的角度來講解這個道理：多年前我和我丈夫從華府開車到加州時，曾停在一個色彩鮮豔的墨西哥塔可（taco）攤位前。我們每人各點了兩份塔可，我的是慢燉牛肉（barbacoa）加紫洋蔥末與香菜葉，另外擠上大量的萊姆汁，讓清亮的酸味中和肉類濃重的煙燻味。再一次，即使在世界上完全不相干的另一個角落，也會用萊姆汁來「提亮」：在印度是用來強調果汁的甜，在美國則是和重口味的肉類形成反差。在本章中，我們會一起探索在味蕾感受到酸與其他風味時，酸的清亮本質（如果用量得宜），如何能讓食物嚐起來更清新、更細緻入微與更鮮明。

清亮酸爽的味道是如何形成的？

人的舌頭上佈滿了專職的味道受體，能夠偵測到食物裡的酸，即使濃度很低，都還是可以感覺得到。當您喝一口檸檬水（lemonade），檸檬原汁（檸檬酸和維生素 C）裡的氫離子 [H+] 會與感受酸味的受體相互作用，發送信號給大腦，告訴我們嚐到的是酸味。幾乎所有我們吃下肚的酸都是有機酸，裡頭含有「羧酸」（carboxylic acid）家族的成員。

人體能夠偵測到某些酸（如乙酸 [acetic acid]，又稱「醋酸」和丁酸 [butyric acid]，又稱「酪酸」）的香氣，而我們常常用這項功能來決定要吃什麼。撕開一包鹽醋（乙酸）口味的洋芋片，一股錯不了的招牌濃醋味直衝鼻腔，此時這個醋味正碰觸到排列在鼻子裡的氣味受體。您馬上就會期待洋芋片入口又鹹又酸的美妙滋味。

能夠感知酸的香氣（氣味）和味道，是人類演化的結果；幫助我們的祖先避開有毒或壞掉的食物。想想遇到壞掉的牛奶或臭掉的奶油時，您身體自然產生的厭惡反應——皺眉或對臭味退避三舍等動作。壞菌會產生丁酸，而這些噁心的臭味就是丁酸所發出來的。另一方面，優格是由益菌發酵而成的乳製品，大腦和身體會對其產生完全相反的反應——一想到滑順帶點微酸的優格就流口水。您的鼻子和嘴巴也會發出愉悅的信號，告訴您這是安全、可以吃的。

造成酸腐牛奶臭味與優格香味的主要分子不同，數量也不同，會影響我們對這兩樣東西的感知（請參考第 62 頁的圖表）。我們同樣也能體驗到不同酸裡的不同分子。雖然我們可以聞到某些可食用酸的氣味（如醋裡的乙酸和奶製品裡的丁酸），但並不能聞到全部。比如說，我們就聞不出檸檬或萊姆裡的酸（檸檬酸和維生素 C），我們聞到的其實是其他東西。這是因為乙酸和丁酸（請參考第 41 頁「香氣」所述）是小分子，在室溫下容易揮發，可以傳到我們鼻腔內的受體。但檸檬酸和其他大部分的可食用酸，都是由較大的分子所組成，不容易揮發。當您一刀切下檸檬或萊姆，所聞到的柑橘味，其實是另外一組完全不同的香氣分子：是柑橘裡的精油造就其特有香氣。

酸鹼值（pH 值）

「酸鹼值」是另一個能了解酸性物質特性的好方法。如果您養過魚或種過花草，您就會在關於水和土壤的品質討論中看過酸鹼值。酸鹼值（pH 值）的英文全名是 potential of hydrogen scale，是「氫離子濃度指數」，指的是水溶液裡的氫離子濃度。根據 pH 值數字，液體可分為酸性（pH 值小於 7）、中性和鹼性（pH 值大於 7）。「純水」即屬中性，既不酸也不鹼，pH 值為 7。

酸性物質，如檸檬汁，裡頭的正電氫離子 [H+] 濃度很高，加進水裡，會破壞原本水的酸鹼平衡，使其偏向正電氫離子。酸性物質的 pH 值永遠小於 7，酸性越強，pH 值越小。

酸鹼值的另一端是小蘇打粉等鹼性物質，含有高濃度的負電氫氧離子 [OH-]。溶解於水後，會破壞水的酸鹼平衡，使其偏向負電氫氧離子。這種溶液即為鹼性溶液，pH 值永遠大於 7。

了解酸鹼值如何建立風味是很有趣的，這樣就知道我們所稱的酸味或酸度，是因為酸性食物裡的氫離子和舌頭上的味道受體相互作用才產生的。不同於酸性物質有明顯的酸味，鹼性物質的味道就很難形容，因為有些食材，如小蘇打，嚐起來有肥皂味又微苦。

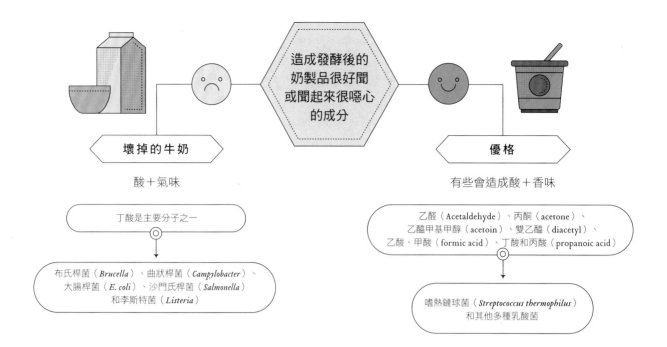

造成發酵後的奶製品很好聞或聞起來很噁心的成分

壞掉的牛奶

酸＋氣味

丁酸是主要分子之一

布氏桿菌（*Brucella*）、曲狀桿菌（*Campylobacter*）、大腸桿菌（*E. coli*）、沙門氏桿菌（*Salmonella*）和李斯特菌（*Listeria*）

優格

有些會造成酸＋香味

乙醛（Acetaldehyde）、丙酮（acetone）、乙醯甲基甲醇（acetoin）、雙乙醯（diacetyl）、乙酸、甲酸（formic acid）、丁酸和丙酸（propanoic acid）

嗜熱鏈球菌（*Streptococcus thermophilus*）和其他多種乳酸菌

下廚時了解酸鹼值是有用的，因為食材的酸鹼值在當中扮演了很重要的角色。所有我們煮的和吃的食材幾乎都是酸性的，只有極少數的食材屬於鹼性。酸的低 pH 值（高濃度正電氫離子 [H+]）不只是會造成食物的酸味，我們在烹調時也會借助這個特性。我們需要細菌和酵母菌透過發酵分解糖和產生酸，來改變牛奶蛋白的物理結構，以做出優格、印度家常起司（paneer）、克菲爾發酵乳（kefir）、酪奶、起司，另外還有醬油、韓式泡菜，及味噌等發酵食。製作貝果時，也會利用一些酸鹼值較高的鹼性物品，如麵包店的專業師傅在把貝果送進烤箱烘烤前，會先讓它們泡一下鹼液（氫氧化鈉：sodium hydroxide），這樣就能烤出金黃，又有嚼勁的貝果外皮；而我在第 199 頁製作的「椪糖」，則要仰賴小蘇打粉專有的質地。

鹼度會影響麵團的質地與改變顏色。想想日本料理中的熱門餐點——日式拉麵的麵條，製麵時所使用的高 pH 值「鹼水」（日文為 kansui，是含鹽的鹼性溶液，通常由碳酸鉀 [potassium carbonate] 和碳酸鈉 [sodium carbonate] 調和而成），會影響麵筋的形成，因此能做出輕盈有彈性，同時又兼具滑順口感的麵條。我母親煮豆子時，會加一小撮小蘇打粉來分解豆子的果膠，幫助豆類軟化，使其更加可口（請參考第 292 頁「奶香黑豇豆豆糊湯」和第 324 頁「自製椰棗糖漿」，了解小蘇打的功用）。

pH 值對溫度的反應很明顯，例如，水的 pH 值會隨溫度改變而不同，所以測量液體的 pH 值時，請務必記下溫度。下頁表格以及第 70 頁「增加清亮酸爽味道的食材」中所列的所有 pH 值，都是我在我家廚房，於室溫下所量到的。大致上來說，溫度上升，pH 值會下降。常溫（25℃ [77 ℉]）水的 pH 值是 7.0，也就是中性（不酸不鹼），但在其他條件完全相同的情況下，若水的溫度升高到沸點，pH 值會降為 6.14。這並不是水變成酸性了（[H+] 或 [OH–] 離子的數量都沒變），水還是中性，只是在 100℃（212 ℉）時，中性的 pH 值變成 6.14。所以如果您測量滾沸的雞高湯或熱茶的酸鹼值時，需要特別記下溫度，因為液體放涼到室溫後，酸鹼值會改變。

pH 值

透過 pH 值，我們能知道物質的酸鹼性。

水是中性的，而大部分的食物都是酸性的（強度不同）。

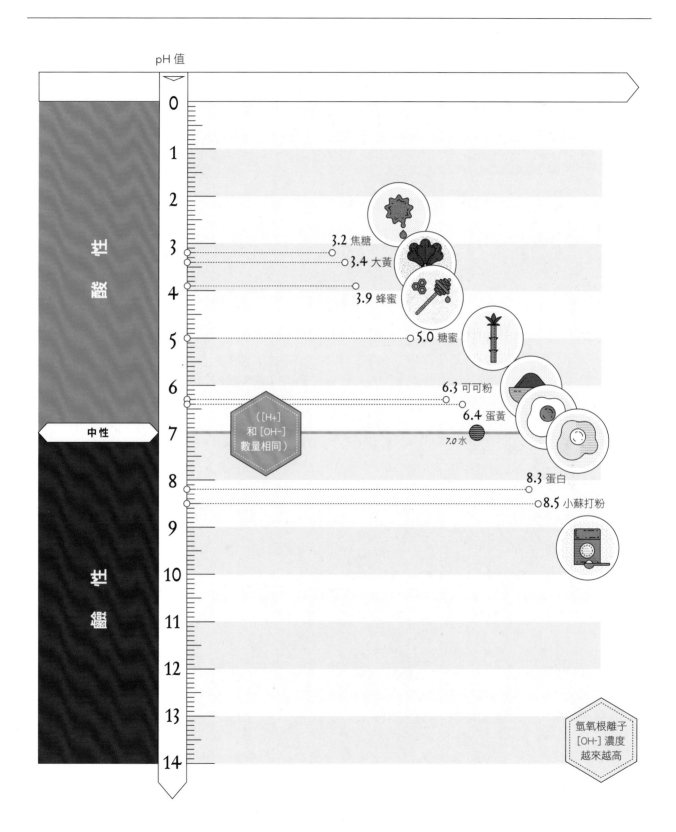

案例分析：酸鹼值對洋蔥顏色和質地的影響

寫這本書的時候，我做了一個有趣的實驗：利用洋蔥焦糖化的過程來演示酸類在烹飪中會造成的影響。讓洋蔥焦糖化的方法有兩種，我會根據我需要的質地做調整。如果我需要柔軟、果醬狀的洋蔥，我會用中火慢慢炒。但如果我想要脆口的焦糖洋蔥，我會把洋蔥絲薄薄一層鋪在烤盤上，用149℃（300℉）烤酥。洋蔥富含果糖（fructose）、果聚糖（polymers 或 fructans）和葡萄糖等糖類，這些成分經加熱後會顯現其味道。把洋蔥薄薄地鋪平，能讓水分快速蒸發，以達到酥脆的效果。

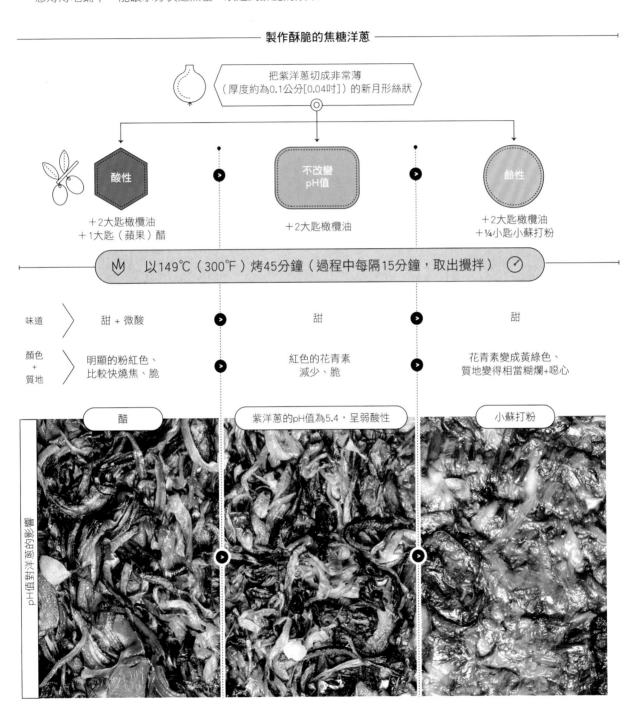

製作酥脆的焦糖洋蔥

把紫洋蔥切成非常薄
（厚度約為0.1公分[0.04吋]）的新月形絲狀

酸性
＋2大匙橄欖油
＋1大匙（蘋果）醋

不改變
pH值
＋2大匙橄欖油

鹼性
＋2大匙橄欖油
＋¼小匙小蘇打粉

以149℃（300℉）烤45分鐘（過程中每隔15分鐘，取出攪拌）

味道　　甜 + 微酸　　　　甜　　　　甜

顏色
+
質地

明顯的粉紅色、
比較快燒焦、脆

紅色的花青素
減少、脆

花青素變成黃綠色、
質地變得相當糊爛+噁心

醋　　　　紫洋蔥的pH值為5.4，呈弱酸性　　　　小蘇打粉

pH值對洋蔥的影響

能夠增加清亮酸爽味道的食材

如果您記下一週所吃的食物，您會發現其中大部分都含有某種酸性物質。檸檬和大黃以其酸度著稱；牛奶和蜂蜜則是弱酸性。植物、細菌和酵母菌透過使用與「酶」有關的生化途徑（biochemical pathways），合成了大部分的烹飪用酸（cooking acids）。菠菜等新鮮綠葉蔬菜的草酸（oxalic）含量很高，生吃的話，會腐蝕牙齒表面。許多水果，如蘋果、芒果和羅望子都因為含有酸類，所以嚐起來有一點酸味；這些水果未成熟時，非常酸，但成熟後，酸會耗散（dissipate），含糖量會增加（酶會把酸轉化為糖）。因此，如果要增加菜餚裡的酸味，用的常是未成熟的水果，而非完熟的。

某些特定的細菌（如，乳桿菌 [lactobacilli] 和酵母菌會利用水果、穀類和牛奶裡的糖做為能量，並透過發酵，產生醋酸和乳酸等酸。其他在烹飪中會產生的反應，如焦糖化和梅納反應，則會在烹煮過程中產生酸，讓食物嚐起來酸酸的。您可以自己試試看：如果用炒過的焦糖煮牛奶（用糖蜜或蜂蜜來煮焦糖的話，酸味和效果會更明顯），牛奶會結塊，這是因為糖在溶解時所釋出的酸，會造成牛奶蛋白變性和凝結。用脂肪含量高的鮮奶油取代牛奶（請參考第 323 頁的「綠荳蔻太妃糖醬」），就可以防止牛奶蛋白凝結。

酸鹼值和風味調性可幫您判斷某一食材與其他烹飪用酸相比，酸度有多強，讓您知道如何使用它。例如，柑橘或石榴糖蜜裡的果酸，若搭配新鮮沙拉、蔬菜和水果，味道會更宜人。醋有它獨特的香氣，所以在烹調時要謹慎使用，否則醋的氣味對某些人來說可能會太搶戲。製作豆腐，或製作印度家常起司等起司，需要讓牛奶結塊時，若使用的是檸檬汁，則用量要比醋少，因為檸檬的酸性比醋強（pH 值較低），用檸檬也較不容易在成品上留下明顯氣味。

這些都只是大原則，不是一成不變的，但至少可以讓您知道如何開始發揮創造力，善用這些食材。做菜時用酸，通常會分成兩階段。烹飪用酸（cooking acids）一般會在一開始加，以影響整體的味道和質地，例如，醃醬裡的酸和加到燉菜和湯裡的酸。有時，則會在料理尾聲、端上桌前再加酸，如最後淋在沙拉和烤胡蘿蔔上的新鮮檸檬或萊姆汁，這些酸稱為「裝飾用酸」（garnishing acid）。

底下是一些我最愛的，能帶來清亮酸爽味道的食材，我同時也會告訴您怎麼在做菜時，運用這些食材。

酪奶、克菲爾發酵乳和優格

酪奶（pH 4.52）、克菲爾發酵乳（pH 4.25），和優格（pH 4.3）都是發酵乳製品。用來發酵這些東西的特定菌株，來源皆不同，且不同地區所選用的菌株也會不同。在酪奶的製作過程中，會添加消耗牛奶乳糖的菌（請參考第 331 頁「碳水化合物和糖」）以產生乳酸，進而降低牛奶的酸鹼值。牛奶裡的蛋白結構也會改變，造成牛奶凝固，所以最後會看到白色凝固的牛奶蛋白，和黃中帶一點綠，稱為「乳清」的液體。

酪奶有兩種：傳統的和發酵的（cultured buttermilk）。傳統酪奶（traditional buttermilk，有時會稱為 clabbered），是牛奶攪打成奶油後，所析出的液體。傳統酪奶不帶酸味，除非所使用的牛奶原料原本就是酸的。發酵酪奶在西方國家很容易買到，是新鮮牛奶經過發酵製成，所以有著明亮微酸的風味。我做菜時比較常使用發酵酪奶。

克菲爾發酵乳有一種有氣泡口感、微酸的發酵乳飲，最早的發源地是高加索山脈和部分東歐國家。用來加進新鮮牛奶（或其他液體）裡發酵的克菲爾元（Kefir grains）綜合了多種特殊菌種和酵母菌，而之所以會冒泡則是來自發酵時所產生的二氧化碳。克菲爾元加到牛奶中，就能完成克菲爾發酵乳；它和酪奶相當類似，所以在大部分的食譜裡可以互相完美取代（請參考第 83 頁「烤白花椰拌薑黃克菲爾發酵乳」和第 98 頁「藍莓黑萊姆冰淇淋」）。克菲爾發酵乳和酪奶若加到蛋糕、鬆餅或麵糊裡，能讓成品質地柔軟，風味更佳。

但也有非乳製品的克菲爾和優格，要製作這些產品，需要用不同的微生物，而且要使用糖類而非乳糖。這些產品的黏稠度差別很大，取決於基底所用的堅果或種籽種類；如果您要使用這類產品代替乳製品來做菜，則要視情況調整用量。

此外，如果手邊一時沒有酪奶的話，可以快速自製替代品：在牛奶裡加幾大匙醋或檸檬汁攪拌均勻，這種替代品用於大部分的烘焙食譜裡都沒問題，但如果食譜裡的克菲爾發酵乳或酪奶是主角的話，就行不通。

快速自製酪奶替代品：1大匙檸檬汁或白醋＋1杯牛奶，攪拌均勻後，靜置於室溫下5分鐘，直到液體結塊。（這是一個蛋白質變性的例子，請參考第334頁。）

因為酪奶、克菲爾發酵乳和優格都含有乳酸，所以加熱會造成牛奶蛋白質結構改變，如果用來料理「烤白花椰拌薑黃克菲爾發酵乳」（第83頁）之類的菜餚，甚至會產生分層。要避免這種情況產生，請遵循底下三個小技巧：（1）盡量用最新鮮的／剛開瓶的（放越久，裡頭的微生物發酵的時間也越長，會造成較多的酸堆積，造成蛋白質更快分離）；（2）菜快煮好再加這些發酵乳製品，然後（3）記得只能維持微滾（不可大滾）。

印度芒果粉（AMCHUR）和未熟的芒果

未熟的青芒果（pH 2.65）在印度和其他栽種芒果的熱帶國家中，都是常見的酸味食材。外面的綠色果皮和果肉都是可以吃的，通常青芒果切丁之後，可以直接加進沙拉裡生吃，但也可以切小塊後，放到燉菜或咖哩中一起煮。

在印度，會把未熟的青芒果曬乾後，磨成細粉，稱為「印度芒果粉」（amchur）。印度人會將其加到鹹食裡增添清亮的酸味。印度芒果粉和些許辣椒，一起加到鹹甜鹹甜的菜裡也很適合；在印度許多路邊攤賣的鮮食裡，都能看到印度芒果粉的蹤跡，能夠增加調味料裡的水果酸度（請參考第322頁「羅望子椰棗酸辣醬」）。印度芒果粉撒在新鮮的沙拉和水果、炸或烤蔬菜（請參考第116頁「印度［帕扣拉］炸蔬菜」和第87頁「印度漬菜香料番茄玉米塔」）、烤或炸海鮮上頭做裝飾，都很棒；它清亮帶果香的酸味，能和桃子與蘋果等水果芳醇的甜味形成對比。印度芒果粉在大部分的印度超市或特色香料店都買得到。青色的番茄、綠色的草莓和其他未成熟的水果，都是可以用來實驗看看的食材，結果會很類似。

檸檬和萊姆

和柑橘家族的其他成員相比，檸檬（pH 2.44）和萊姆（pH 2.6）是兩個最常用於烹調的酸味食材。它們兩個雖然含有相同的酸類（檸檬酸和維生素C），但酸鹼值卻不一樣：萊姆比較酸（檸檬含有5%的檸檬酸，萊姆則含有8%）。檸檬則比萊姆稍微甜一點（檸檬含有2.5%的糖類，萊姆只有1.69%），所以它的酸味嚐起來比較柔和。因此如果需要比較強而有力的酸勁，請用萊姆。

在所有的檸檬中，梅爾檸檬（Meyer）的皮最薄，花香味最明顯；嚐起來稍微甜一點，且比悠綠客（Eureka）和里斯本（Lisbon）等兩種品種不酸。我做醃檸檬或漬菜（食譜詳見第318頁）時，比較喜歡用梅爾檸檬（如果買得到的話）。

黑萊姆（Omani limes）用於波斯料理，是帶有煙燻香的乾燥萊姆。若要整顆使用，比如說加進燉菜或冰淇淋基底裡（請參考第98頁「藍莓黑萊姆冰淇淋」），只要在黑萊姆上戳幾個洞或壓出裂縫，再浸入冷或熱的液體中軟化入味即可。盡量避免使用磨成細粉的黑萊姆，因為裡頭的苦味複合物會變得比較明顯，而且時間越久，苦味越重。

石榴糖蜜

石榴汁加熱濃縮後，即可獲得石榴糖蜜（pH 1.71），這是一種濃稠的深咖啡色液體，帶有甜味，但又有獨特的水果酸味。因為是靠濃縮收汁（液體量減少但酸的濃度增加）製成，所以石榴糖蜜的酸度比石榴汁高，用量一點點就夠了。石榴糖漿拿來代替醋加到沙拉醬裡，效果很棒，也是中東和波斯廚房裡的骨幹。可用在鹹鮮的燉菜裡增加酸味，或淋在大塊烤肉上，尤其是羊肉（也可參考第95頁「石榴罌粟籽烤雞翅」）。加個1～2小匙到自製的番茄醬汁中，馬上就能感受到「提亮」的效果，同時又能增加一點點甜味。我通常會把石榴糖蜜放冰箱保存，但冰箱的冷度有時會造成裡頭的糖結晶。如果發現糖結晶，可以將整罐石榴糖蜜直立泡進熱水裡幾分鐘，讓糖溶解（同樣的方法也可解決蜂蜜結晶的問題）。

鹽膚木（SUMAC）

鹽膚木（pH 3.10）和印度芒果粉雖然源自不同地方，但用法相似：可撒在甜點、鹹食和沙拉上裝飾、也可以拌進飯裡。若想在食物裡加點清亮的酸味，但又不想要檸檬汁、萊姆汁或醋等液體汁水時，鹽膚木就是一個很好的選擇。鹽膚木和水一起加熱，可以萃取出酸味，製成簡單的糖漿；但記得不要加熱或浸泡太久，因為鹽膚木含有單寧（tannins），會產生苦澀味。

番茄

番茄（新鮮的pH 4.42；番茄糊pH 4.2）富含檸檬酸，但麩胺酸鹽（glutamates）的含量也很高。成熟的番茄很

甜，而且因為有很多種顏色、形狀和大小，所以加在菜裡能有許多種變化。我會直接吃番茄，也會用來做菜，但我發現濃縮的番茄糊和日曬番茄乾在想要增加濃郁的番茄風味，卻不想添加太多液體量到菜餚中時很實用。番茄經過烹煮後，裡頭的汁水會減少，酸度會濃縮，所以番茄糊和罐頭番茄都比新鮮番茄酸（請參考第 153 頁「咖哩葉烤番茄」和第 157 頁「烤番茄羅望子湯」）。在印度料理中，番茄通常會經過久煮，濃縮其風味。如果沒有太多時間，我就會改用番茄糊（請參考第 292 頁「奶香黑豇豆豆糊湯」）。

碳酸飲料

我把碳酸飲料（pH 4.8）放在這裡討論，是因為人體對這些飲料有獨特的感覺機制（sensing mechanism），而且這些飲料嚐起來也是酸的。碳酸飲料的酸味來自二氧化碳氣體溶於水時所產生的「碳酸」（carbonic acid）。在香檳等液體中，二氧化碳是發酵時產生的天然副產品，但在其他飲料中，則是透過外在加壓，迫使氣體進入水（或其他液體）中。

在大部分的情況下，二氧化碳氣體都很不喜歡待在水中，所以會盡其所能以微小氣泡的方式逃脫、浮到水面，這就是為什麼碳酸飲料必須密封，以維持壓力。當您啜飲一小口香檳時，有三件事發生了：首先，您的酸味受體會對 pH 值改變產生反應。此外，位於受體附近的酶會偵測到二氧化碳，告訴您氣泡有多美味。最後，嘴巴表面的感覺機制受體會感受到氣泡。這三個反應讓碳酸水成為絕佳的小蘇打粉替代品（前提是液體量不會影響成品結果）。調製鬆餅和格子鬆餅的麵糊時，可用碳酸水等量取代本來要用的液體。碳酸化作用會增加含糖酸味飲料裡面的酸度，所以在稀釋洛神花濃縮液時（請參考第 266 頁「（生薑胡椒）洛神花飲」、第 97 頁「檸檬萊姆薄荷汁」和第 120 頁「印度綜合香料葡萄柚氣泡飲」），可以試試用碳酸水取代清水。

羅望子

我母親在烹煮綿滑的椰子燉魚（請參考第 301 頁「果阿黃咖哩魚」）和「山巴」（sambhar；南印香料扁豆燉蔬菜）時，會丟一小球羅望子果肉泥（pH 2.46）入菜，讓它發揮魔法，把食物變美味。伍斯特醬（Worcestershire sauce）由羅望子萃取物和許多甜味食材及香料發酵而成。雖然羅望子樹原生於非洲炎熱乾燥的地區，但卻在印度和其他亞洲國家大放異彩，迅速成為當地料理中重要的酸味食材。

還在羅望子果莢裡的果肉才會酸，成熟的羅望子果實是甜的。印度料理比較喜歡用未成熟的羅望子果莢，以取其酸度；造成酸度的成分是「酒石酸」（tartaric acid）。盡量不要買市售的濃縮液，試著找找新鮮 / 冷凍的果肉，或罐裝的羅望子醬。熬煮清高湯或濃高湯時，把檸檬或醋換成少許的羅望子，能增添不同類型的水果酸味。

羅望子醬做法

這個食譜約可做出 1¼ 杯（360 克）。去籽羅望子果肉 1 杯（200 克）和滾水 2 杯（480 毫升）放入耐熱、不會和酸起化學反應的大碗中。加蓋靜置 1 小時左右，讓果肉軟化。軟化的果肉用叉子或搗泥器搗成糊。將細目網篩架在大碗上，把濃稠的果肉糊倒進網篩過濾，盡量壓出裡頭的液體。將留在網篩上的纖維丟掉。碗裡篩出來的羅望子醬能馬上使用，或放在密封容器中保存，冷藏最多 1 個月，冷凍最多 3 個月。

備註：可用 8 ～ 12 個羅望子果莢裡的果肉代替，但記得要先去掉外殼和籽，以及絲狀纖維。

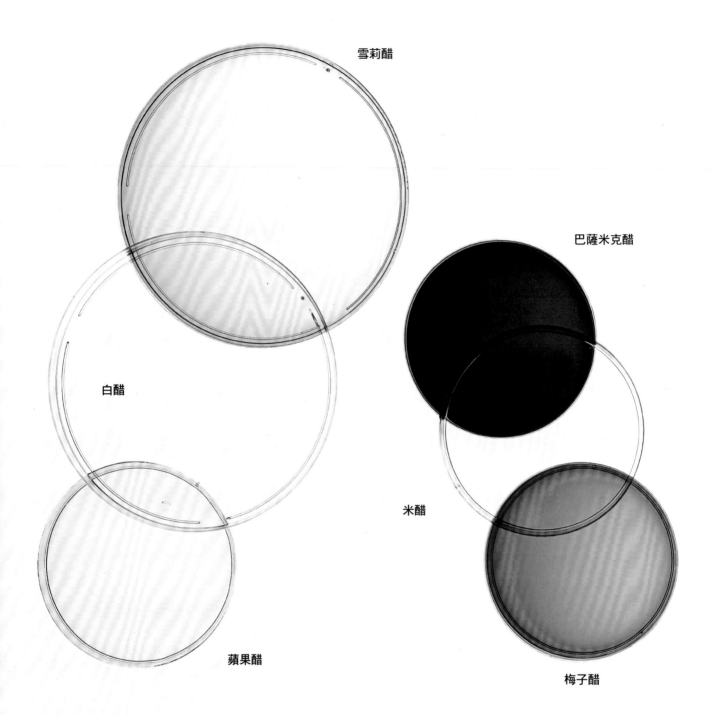

雪莉醋

巴薩米克醋

白醋

米醋

蘋果醋

梅子醋

石榴糖蜜

鹽膚木

印度芒果粉

不同形式的番茄

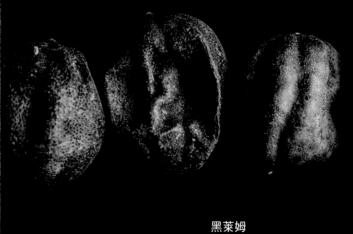

黑萊姆

快速使用清亮酸爽食材提升風味的小技巧

+ 酸類在菜餚中能產生視覺與質地的對比，且能讓某些食材更可口。

+ 大部分新鮮水果或果乾，如莓果、番茄、芒果和蘋果，加到沙拉裡，都能大大提升酸度和口感。

+ 檸檬、萊姆、石榴汁等果汁和石榴糖蜜，可以在菜餚上桌前一刻再加，來場完成的收尾。

+ 酸會改變食用色素的顏色，紫洋蔥如果用醋烹煮或泡在醋里，顏色會轉為亮粉紅。（這也是為什麼淺漬 [quick pickled] 紫洋蔥，會變成亮粉紅色的原因之一）（請參考第 21 頁「視覺」）。

+ 酸可以用來分解澱粉的結構，降低使用澱粉勾芡之液體的濃稠度（請參考第 30 頁「口感」和第 255 頁「滿洲湯」）。

+ 酸會改變動物和植物的組織，影響它們的可口度。

+ 醃肉用的醬汁大多都是酸性的，裡面含有萊姆汁或優格之類的食材。低酸鹼值有助於改變肉類表面蛋白質的結構，能縮短烹煮的時間，另外也能軟化肉的質地。因為醃醬只會沾到肉的表面，所以我常會用叉子在肉上戳洞，或用刀在雞肉上劃幾道，讓醃醬可以滲透到肉裡。

+ 蔬果豆類的結構由四種多醣體（polysaccharides）組成：果膠、半纖維素（hemicellulose）、木質素（lignin）和纖維素（cellulose）。烹調過程中所造成的酸鹼值改變，會跟著改變植物的結構。煮豆子時，如果加入小蘇打粉，會讓酸鹼值上升，使豆子的果膠和半纖維素容易溶於水中（請參考第 292 頁「奶香黑豇豆豆糊湯」和第 64 頁「酸鹼值對洋蔥顏色和質地的影響」）。這樣豆子和洋蔥就能快速煮軟。如果想得到反效果，就加醋等酸性物質：醋會強化豆子的結構，讓豆子保持堅硬。

+ 用絞肉製作土耳其「卡巴」烤肉（kebab）、漢堡排和科夫塔絞肉丸（kofta）時，需等肉熟了之後再加酸性食材。酸的低酸鹼值會造成蛋白質變性，影響絞肉的肌肉蛋白，所以蛋白質就無法吸水、保水度不佳。肉絞碎後，接觸到空氣的面積會增加，所以加入的酸會和更多的肌肉蛋白質產生作用，這樣漢堡肉排就不會多汁，其他的肉類烹煮後也會變得乾柴。

+ 酸性的醃醬（請參考第 163 頁「羊排佐青蔥薄荷莎莎醬」）有助於溶解紅肉裡的膠原蛋白，讓肉變軟；也可以增加保水度，讓煮出來的肉更鮮嫩多汁。

+ 酸有兩種使用方式：入菜當增加酸味的食材，或做為最後的裝飾。有時酸可以加進醃醬裡（請參考第 159 頁「印度芒果粉香料煎雞肉沙拉」）或在烹調中加入，如第 89 頁「麥芽醋烤豬排佐馬鈴薯泥」中的麥芽醋，可讓肉的口感更好。

+ 加了酸類的菜餚，通常放幾天之後味道會更好，可用第 89 頁的「麥芽醋烤豬肋排」做實驗：當天做好先嚐嚐看，等過幾天後（如果還有剩下的話），再試試味道，然後比較兩者之間的差異。在果阿料理中，醋會加在文達盧酸辣咖哩和索爾波特燉豬肉（sorpotel）等經典菜式裡。這當中的醋，不只可以軟化豬肉肉質、建立風味，還可以當成防腐劑。我家裡做這些菜時，會先把做好的菜擺在冰箱數週，甚至一個月，然後再拿出來吃。放了幾個禮拜的菜已經完全入味，風味更棒，裡面高濃度的酸，則能夠防止細菌滋生。

+ 漬菜和韓式泡菜（辛奇）等發酵食裡頭的酸，是一種防腐劑，可以防止對人體有害的細菌滋生。

+ 熬煮骨頭高湯時，過程中可以加一點檸檬汁或醋等酸類。酸的低酸鹼值，有助於溶出骨頭裡的鈣質，也能讓膠原蛋白轉化為膠質，使高湯更加濃厚，滋味更豐足。

+ 混用兩種不同來源的酸度，能讓菜餚中清亮的酸味更明顯。印度路邊攤小吃「恰特」（chaat），就是一個實例：攤販通常在一道菜中會同時使用萊姆汁、羅望子和印度芒果粉，製造不同層次的酸味（請參考第 74 頁「鷹嘴豆沙拉佐椰棗羅望子醬」）。

+ 酸味食材能緩解食物裡的甜膩，讓食物更美味可口。含糖量高之葡萄酒中（如麗絲玲 [Riesling]）中的酸，能讓葡萄酒酸甜適中。在很甜的水果或甜點上擠一點檸檬汁或萊姆汁，可以降低甜膩，也能增加風味。

+ 酸也有助於抑制苦味。油醋醬裡頭的酸，可以降低義大利菊苣（radicchio）、比利時苦苣（endive）和菠菜等新鮮綠葉生菜裡的苦味。製作第 125 頁「烤水果佐咖啡味噌芝麻醬」時，請觀察裡頭檸檬汁對味道的影響。

+ 酸會影響我們對鹹味的感知。一道菜裡如果有大量的酸，嚐起來會比較不鹹。但少量的酸效果恰巧相反，會放大鹹味。當您要加鹽巴到沙拉醬等酸味食物裡時，請記得這個原則。

+ 溫度也會影響酸味。趁熱上桌的菜會讓吃的人感覺到比較多的酸味，而放涼後則會減少。您喝冰鎮的檸檬水（lemonade）時，可能會感受到這一點；若檸檬水是溫的，喝起來會比較酸。

+ 兼具果香和酸味的食材，如芒果、鳳梨、桃子與櫻桃，不只味道和香甜的水果及甜點很搭，加進烤肉醬和搭配烤肉一起吃時，可以解膩。

+ 要讓柑橘嚐起來更酸，除了果汁外，連果皮也一起加入，這樣就能讓柑橘的精油完全發揮效用。

+ 菠菜和大黃裡的草酸讓它們生吃時味道更酸。（有沒有注意到牙齒表面會感覺粗粗的，這是因為牙齒琺瑯質被酸侵蝕。）加熱後，草酸會分解，含有草酸的食物嚐起來會沒那麼酸。

+ 乾性食材，如印度芒果粉、黑萊姆、鹽膚木和番茄乾，能為食物增添清亮的酸味，又不會造成汁水量過多。可把他們當成最後的裝飾，撒在生的蔬菜、水果或煮好的食物上，也可以拌進綜合香料粉裡。若要萃取其酸度，可透過加熱或加進水裡煮沸（它們所含的酸都是水溶性的），做出簡易的糖漿（請參考第 266 頁「洛神花飲」）。

+ 酸能讓油炸或油膩的食物吃起來沒那麼厚重。三明治裡的漬洋蔥、薯條上的醋，肉上的優格、以及各種加在烤蔬菜上的酸味食材，都具有這個功用。請試試第 253 頁的「烤斑紋南瓜佐香草優格醬」和第 144 頁的「火藥香料烤薯條」，然後記下感想和味道。

+ 並非所有烹飪用酸都會有產生相同的反應。生大蒜瓣如果用醋（醋酸）醃漬，有時會變成藍色，但檸檬汁裡的檸檬酸則能夠防止大蒜變藍。

燒烤蘿蔓心與辣味南瓜籽

我發現烤東西是一件很單純的快樂，也是烹飪中最有意思的手法之一。燒烤時，會有冷食物碰到熾熱烤架時的滋滋聲，還有食物燒焦和接觸面起反應時，所產生之新物質的香味。加在這道沙拉裡的蘿蔓心，經燒烤後，風味完全不同。我用的是橫紋烤鍋（grilling pan），但您當然可以用戶外燒烤爐製作。

4人份

辣味南瓜籽：

生南瓜籽 ¼ 杯（35 克）

冷壓初榨橄欖油 1 大匙

煙燻紅椒粉 ½ 小匙

細海鹽

乾燥紅辣椒片（阿勒坡 [Aleppo]、馬拉什 [Maras] 或烏爾法 [Urfa] 等品種）1 小匙

蒜味優格沙拉醬（可做出1杯[240毫升]）：

全脂原味希臘優格 ¾ 杯（180 克）

法式酸奶油（crème fraîche）¼ 杯（60 克）

石榴糖蜜 2 大匙

現榨萊姆汁 2 大匙

大蒜 2 瓣，去皮磨泥

薑黃粉 ½ 小匙

細海鹽

冷壓初榨橄欖油 2 大匙，另外準備一些份量外的塗抹鍋具

蘿蔓心 2 顆

萊姆 1 顆，對切

現刨帕瑪森起司 2 大匙，裝飾用（可省略）

風味探討

生菜和萊姆在燒烤時會產生焦糖化和梅納反應，得到更深厚的風味。

萊姆汁和希臘優格裡的乳酸，能夠抵銷脂肪和蛋白質濃膩的質地。

帕瑪森起司因含有大量的游離麩胺酸鹽（free glutamate），所以能讓食物多一分鹹鮮。

加熱過的生菜，口感會改變；葉子會稍微變軟，而中脈的部分仍保持爽脆。

做法：

南瓜籽：先將小煎鍋以中火燒熱。取一小碗，混合南瓜籽、橄欖油和煙燻紅椒粉，並加鹽調味。把南瓜籽放入熱鍋中翻炒 1～1.5 分鐘，直到顏色開始轉為金黃。鍋子離火，放入乾燥辣椒片，翻拌均勻後，再將南瓜籽盛到盤子裡攤開放涼。

沙拉醬：將優格、法式酸奶油、石榴糖蜜、萊姆汁，大蒜和薑黃粉放入果汁機中。用瞬速（pulse）攪打幾秒至均勻滑順。試過味道後，可再加鹽調味。

用中火燒熱橫紋煎鍋後，在鍋內紋路上刷點油。將蘿蔓心縱切為兩半，並在生菜和萊姆的切面上，也刷一點油。蘿蔓心切面朝下放到熱鍋上，等炙出美麗的焦痕後，翻面，每面大約炙煎 2～2.5 分鐘。生菜完成後取出，撒上海鹽。萊姆同樣放到熱橫紋煎鍋上 1 分鐘左右，烙出幾道焦痕。

上桌前，將生菜放到大上菜盤，淋上幾大匙蒜味優格沙拉醬。撒些南瓜籽和帕瑪森起司（若用）。將烤過的萊姆和剩下的沙拉醬放在盤邊，馬上端上桌品嚐。

鷹嘴豆沙拉佐椰棗羅望子醬

印度的路邊攤小吃在印度料理中頗具盛名，因為菜色多元，所以風味也很豐富，從熱辣多汁的烤肉配柔軟的印度手帕餅（roomali rotis；一種和手帕一樣薄的扁平麵餅），到酸酸甜甜的各式小食（chaat）。每次我回印度的時候，都不會特別花時間上館子，好好品嚐各種街頭小吃才是我的重點。這道沙拉的醬汁是我依據印度路邊攤小吃所用之食材和風味改編而來的。

2～4人份

沙拉醬：

自製的（食譜請參考第 324 頁）或市售的椰棗糖漿 ¼ 杯（60 毫升）

自製的（食譜請參考第 67 頁）或市售的羅望子醬 1 大匙

現榨萊姆汁 1 大匙

薑粉 1 小匙

細海鹽

鷹嘴豆沙拉：

445 克（15 盎司）裝的鷹嘴豆罐頭 1 罐，瀝出豆子並洗淨

小番茄 340g（12 盎司），對半切

黃瓜 1 條（約 340 克 [12 盎司] 重），切丁

紅蔥（shallot）1 顆（60 克 [2 盎司] 重），切末

新鮮蒔蘿葉 2 大匙

新鮮薄荷葉 2 大匙

冷壓初榨橄欖油 2 大匙

乾燥紅辣椒片（如阿勒坡）1 小匙

印度芒果粉 ½ 小匙

粗粒黑胡椒粉 ½ 小匙

細海鹽

風味探討

這道菜的酸度來自羅望子、萊姆和印度芒果粉（曬乾的芒果磨成粉）等酸味水果。萊姆汁和羅望子具有兩種強力的烹飪用酸：檸檬酸和酒石酸，能讓醬汁具有酸味，同時又果香盈盈。

當您調整沙拉醬汁的味道時，請特別留意自己用了多少鹽，因為酸會影響人體對鹹味的感知。

新鮮薄荷和蒔蘿裡的精油，會和人體的神經末梢產生物質感覺（chemesthesis），產生清涼感。黑胡椒、薑和紅辣椒也會和人體產生物質感覺，但是是賦予溫暖的調性。

想要增加辣度的話，可以把新鮮青辣椒切碎拌入。

做法：

醬汁：將椰棗糖漿、羅望子醬、萊姆汁和薑粉放入小碗中拌勻。如果醬汁太濃稠，可加 1～2 大匙水稀釋。試過味道後，加鹽調味。醬汁可事先做好，用密封容器保存，冷藏最多 1 週，要用時取出，退冰至室溫。

鷹嘴豆沙拉：取一大碗，放入鷹嘴豆、小番茄、黃瓜、紅蔥、蒔蘿、薄荷、橄欖油、乾燥紅辣椒片、印度芒果粉和黑胡椒粉，並將全部食材翻拌均勻。試過味道後，加鹽調味。沙拉盛盤，淋上 2 大匙沙拉醬；將剩餘醬汁另外擺在旁邊，馬上端上桌品嚐。

四季豆佐醃檸檬法式酸奶油

在感恩節晚餐中，準備配菜和甜點比準備其他東西更讓我感到興奮。雖然每年配菜的基本食材都差不多，但我年年都會換口味。在這道拌四季豆裡，醃檸檬的酸爽讓濃腴脂滑的法式酸奶油，多了鮮明的亮點。醃檸檬可自製（食譜詳見第 318 頁）或在中東食材市集裡找到，其實現在應該在大部分的超市都買得到。若想再添一分鹹鮮，可於上桌前，在四季豆上撒一大撮柴魚片。

4人份

紅蔥 3 顆（總重量為 180 克 [6½ 盎司]）

冷壓初榨橄欖油 3 大匙

細海鹽

四季豆 680 克（1½ 磅），掐除蒂頭和老絲

黑罌粟籽 1 小匙

自製的（食譜詳見第 318 頁）或市售的醃檸檬 2 大匙，切丁（見前言說明）

法式酸奶油 240 克（8½ 盎司）

大蒜 1 瓣，去皮磨成泥

粗粒黑胡椒粉 ½ 小匙

風味探討

四季豆用滾水燙過後，裡頭的葉綠素會更明顯，豆子顏色會更翠綠（請參考第 21 頁「視覺」）。

醃檸檬能提供濃縮的重點酸味，而鹽則與四季豆和法式酸奶油的醇和風味形成對比。

法式酸奶油不只提供脂肪，還有乳酸的酸香味。

這道菜脆口的來源是四季豆、烤紅蔥酥和罌粟籽。

做法：

烤箱預熱到 149℃（300 ℉），並在烤盤上鋪烘焙紙。

紅蔥除去蒂頭後切成細絲，放入小碗中，和 2 大匙橄欖油拌勻，並加入適量鹽調味。把紅蔥單層平鋪在準備好的烤盤中，放入已預熱的烤箱烘烤 30 ～ 45 分鐘，直到金黃酥脆。烤程中途需取出，攪拌後再重新鋪平，以求均勻上色。

在大碗內裝冰塊和冷水備用。

裝一大鍋鹽水，用中大火煮沸。當水開始大滾時，放入四季豆，汆燙到豆子顏色轉為翠綠，且已經變軟（但未過熟爛掉），約需 2 ～ 3 分鐘。用漏勺撈出四季豆，馬上泡冰水，阻斷熱能繼續熟化豆子。

取一乾燥的小醬汁鍋，或不鏽鋼的平煎鍋，用中大火燒熱。將罌粟籽放入鍋中乾烘 30 ～ 45 秒，直到發出陣陣香味。鍋子離火，將罌粟籽倒進小碗。刮除醃檸檬的果肉，並用自來水洗掉皮上多餘的鹽分。用乾淨的廚房擦巾拍乾後，切成小丁，放入另一個小碗中備用。法式酸奶油、大蒜、黑胡椒粉倒進裝有醃檸檬丁的小碗內拌勻，試過味道後再視情況加鹽調味。

將四季豆自冰水中瀝出，並用乾淨的廚房擦巾拍乾。四季豆和剩下的 1 大匙橄欖油拌勻後，放入上菜盤。淋上檸檬味法式酸奶油，最後以紅蔥酥和烘過的罌粟籽裝飾收尾。

馬鈴薯烤玉米香草優格醬

柔滑奶腴的優格，入口清涼又帶點酸，所以用它做成的印度優格醬（raita），很適合拿來搭配熱辣滾燙的料理。鮮綠色的新鮮香草、亮黃色的烤甜玉米粒，還有點點嫣紅的辣椒粉，這些食材再加上柔軟的馬鈴薯，讓這碗色彩繽紛的印度優格醬別具風味又口感豐富。冰涼後配著任何印度料理一起吃都很對味，但說實話，有時候天氣太熱，或我有點懶得煮，我就吃這整碗當一餐。馬鈴薯和玉米都可以在要吃前一晚先準備好，以節省時間。

4人份（配菜）

「育空黃金」（Yukon gold）馬鈴薯 1 個（190 克 [6¾ 盎司]）

細海鹽

葡萄籽油或沒有特殊味道的油 1 大匙

甜玉米 2 穗（每穗約 230 克 [8 盎司]），剝去外殼

冰的原味無糖希臘優格 2 杯（480 毫升）

新鮮薄荷葉（壓實的）½ 杯（10 克），另外準備 1 大匙，切絲當裝飾

香菜葉（壓實的）½ 杯（10 克）

青辣椒（如塞拉諾 [serrano]）1 根

現榨萊姆汁 2 大匙

黑胡椒原粒 ½ 小匙

紅辣椒粉 ½ 小匙

風味探討

甜玉米在採摘當天最甜，之後裡頭的糖會慢慢轉化為澱粉，造成甜度下降。但大多數的人都不可能到玉米田現摘現用，所以最好是要做當天再買玉米，或先買回家，然後放冷凍保存（冷凍會讓酶停止作用，所以糖就不會轉化為澱粉）。

第二個判定甜玉米新鮮度的方法是檢查玉米芯頂端。如果頂端已經有點凹陷乾燥，甚至出現灰黑色，那就是糖已經轉化為澱粉，這穗玉米已經沒那麼甜了。

烤玉米會經由焦糖化和梅納反應產生新的風味分子，炙烤時，要聆聽玉米粒發出的滋滋聲和看焦痕，這些都是通知您該翻面的線索。

希臘優格讓印度優格醬有奶香濃郁的基底，以前做印度優格醬時，我一直都只用原味優格，但這幾年我注意到優格乳清裡常會浮現黏滑的成分，這是因為越來越多市售的優格，會添加安定劑（好像是個趨勢）。但希臘優格因為大部分的乳清都已被移除，也鮮少加安定劑，所以質地更加濃郁醇厚。

做法：

馬鈴薯的外皮刷洗乾淨後，放進中型醬汁鍋中。注入高過馬鈴薯 2.5 公分（1吋）的冷水，及少許鹽巴。用大火煮到滾沸後，改為中小火，並蓋上鍋蓋。讓鍋裡的水保持微滾，續煮 25～30 分鐘，直到馬鈴薯完全熟軟。

小心瀝出水分，讓馬鈴薯自然放涼至常溫。馬鈴薯一旦涼透後，就可以剝除外皮，並用叉子前端將馬鈴薯撥散，再加點鹽調味。

利用煮馬鈴薯的時間，準備玉米。用中大火燒熱橫紋煎鍋，並在鍋內紋路上刷一點油。把剩下的油刷在玉米上。將玉米放進橫紋煎鍋裡炙煎，用夾子轉動，需等所有面都炙上深色焦痕，總共約需 10 ～ 12 分鐘。夾出烤好的玉米，靜置 5 分鐘稍微放涼。

用刀直切取下玉米粒，玉米芯丟掉不用。將玉米粒置於一旁，靜待涼透。所有的蔬菜都需要等到完全涼透後，才能和優格結合，否則熱會造成乳蛋白凝結。

將優格、薄荷、香菜、青辣椒、萊姆汁和黑胡椒原粒全部放進果汁機中，以高速攪打至滑順。如果打出來的醬太濃稠，可加幾大匙冰水稀釋。試過味道後，加鹽調味。把打好的香草優格醬倒進中型碗裡，拌入涼透的馬鈴薯碎塊和烤玉米粒。最後撒上薄荷絲和紅辣椒粉裝飾。此道菜為冷食。

印度家常起司香草抓飯

我發現抓飯（pulao 或 pilaf）有很多優點：請客時，可以是道很「華麗吸睛」的米飯，可用來搭配其他餐點，也可以完全變成一鍋煮，不需要任何配菜的料理，但也可以加一小碗原味鹹優格（plain salted yogurt）或一點漬菜。

4～6人份

印度香米 2 杯（400 克）

葡萄籽油或其他沒有特殊味道的油 4 大匙（60 毫升）

丁香 4 個，磨碎

綠荳蔻粉 ½ 小匙

肉桂粉 ½ 小匙

黑胡椒粉 ½ 小匙

中型黃或白洋蔥 1 顆（260 克 /9¼ 盎司），先切半再切成薄片

生薑 2.5 公分（1 吋），去皮後磨成泥

大蒜 4 瓣，去皮切末

青辣椒（塞拉諾）1～2 根，切末

細海鹽

印度家常起司（paneer）400 克（14 盎司），切成 1.2 公分（½ 吋）見方小塊；起司用自製的（要用硬質的，請見第 334 頁「案例分析」）或市售的皆可

切碎的香菜葉或平葉巴西利葉（壓實的）¼ 杯（10 克）

切碎的蒔蘿葉（壓實的）¼ 杯（2.5 克）

切碎的薄荷葉（壓實的）¼ 杯（10 克）

現榨萊姆汁 ¼ 杯（60 毫升）

萊姆皮屑，裝飾用（可省略）

風味探討

有幾個小技巧可以讓這道米飯料理擁有絕佳的香氣。

首先要用陳香米（出廠至少一年的米）。香料和香草都是現磨（切）現用。輕柔地洗米，洗掉在運輸和保存途中，米粒間因相互摩擦而產生的澱粉細屑；這些粉狀的澱粉會在烹煮時讓米粒黏在一起。只要有了洗米這個步驟，再加上用油炒米，且在烹煮過程控制住自己，不要太常翻動，這樣就能煮出粒粒鬆散分開，但口感細緻柔軟的米飯。

能讓這道抓飯香氣四溢的香料，需要先用油爆香，引出裡頭的香味物質。

現榨萊姆汁最後再加，屬「裝飾用酸」（garnish acid）。如果太早加，酸會失去其香氣，聞起來就沒那麼清新。要增加萊姆香氣的話，可在上桌前磨點萊姆皮屑撒上。

哈魯米起司（Halloumi）因為質地同屬硬實，即使加熱也不會變形，所以很適合用來取代印度家常起司，但可能會有點鹹，所以要試情況調整鹽用量。

做法：

挑掉米粒裡的碎石和雜質。將米放在細目網篩上，用冷自來水沖洗，直到水變清澈。把米倒進大碗中，注入 4 杯（960 毫升）清水，浸泡 30 分鐘。

爐台擺上一大一中的醬汁鍋。大醬汁鍋內倒入 2 大匙油，用中大火燒熱。放入丁香、綠荳蔻、肉桂和黑胡椒，翻炒 30～45 秒，炒出香氣。將泡好的米瀝乾，倒進大醬汁鍋中。拌炒米粒 1～1.5 分鐘，使其均勻裹上油，且每顆鬆散不沾黏。下洋蔥，炒到洋蔥開始變淺金黃色，約 8～10 分鐘。加生薑、大蒜和辣椒，再翻炒 1 分鐘左右，直到透出香味。倒入 4 杯（960 毫升）清水，並加鹽調味。

煮到大滾後，把火力調到文火，蓋上鍋蓋，悶煮到幾乎所有水分都消失，共需10～12分鐘。煮好後鍋子離火。

煮飯的同時，可準備印度家常起司。將剩下的2大匙油倒進中型醬汁鍋內，以中大火燒熱。油熱之後，就可以分批放入起司塊半煎炸，要等各面都變成金黃色，共需8～10分鐘。用漏勺取出起司，放到鋪有吸油紙的盤子或托盤上，吸除多餘油份。撒上一點鹽調味。

把起司塊、香菜、蒔蘿和薄荷和煮好的飯拌勻。淋上萊姆汁，撒點萊姆皮屑（若用），趁熱吃。

烤白花椰拌薑黃克菲爾發酵乳

這道菜利用了克菲爾發酵乳（可用酪奶代替）的清亮酸度。我比較喜歡用剛開瓶的克菲爾發酵乳或酪奶，因為這些液體放越久，裡面的乳酸會越來越多，不只會留下過重的酸味，在加熱過程中也會造成牛奶蛋白太快凝結。如果您有用剩的克菲爾發酵乳，可用來製作第 98 頁的「藍莓黑萊姆冰淇淋」。

4人份

白花椰菜 910 克（2 磅），切成適口大小

自製的（食譜詳見第 312 頁）或市售的葛拉姆瑪薩拉 1 小匙

細海鹽

葡萄籽油或其他沒有特殊味道的油 4 大匙（60 毫升）

紫洋蔥末 150 克（5¼ 盎司）

薑黃粉 ½ 小匙

紅辣椒粉 ½ 小匙（可省略）

鷹嘴豆粉 ¼ 杯（30 克）

新鮮克菲爾發酵乳或酪奶 2 杯（480 毫升）

孜然籽 ½ 小匙

黑色或棕色芥末籽 ½ 小匙

乾燥紅辣椒片 1 小匙

切碎的香菜或平葉巴西利 2 大匙

風味探討

利用克菲爾發酵乳等發酵乳製品的酸度和梅納反應，讓蔬菜產生苦甘的味道和新的香氣分子。

鷹嘴豆粉是一種澱粉，在這裡是扮演基底醬汁增稠劑的角色。

香料種籽滋滋作響的聲音，是判斷油溫的好幫手；油溫如果夠高，種籽下鍋會馬上發出滋滋聲，且很快就能上色。

做法：

烤箱預熱至 204℃（400 ℉）

將白花椰菜放入深烤盤或一般烤盤中，撒上葛拉姆瑪薩拉和適量鹽巴後，翻拌均勻。淋上 1 大匙油，再度拌勻。把白花椰菜放入烤箱烤 20 ～ 30 分鐘，至呈現金黃色且稍微有一點焦痕。烤程到一半時，取出攪拌一下。

烤花椰菜的同時，取一中型深醬汁鍋或荷蘭鍋，用中大火將鍋子燒熱。加 1 大匙油，下洋蔥翻炒至開始變透明，約需 4 ～ 5 分鐘。薑黃粉和紅辣椒粉入鍋，再炒 30 秒。火力調整至小火，放入鷹嘴豆粉，繼續煮 2 ～ 3 分鐘，要不停攪拌。火力改成文火，倒入克

菲爾發酵乳並繼續攪拌。仔細觀察鍋中液體，煮到稍微變濃稠，大概需要 2 ～ 3 分鐘。將烤好的花椰菜倒入鍋中和醬汁拌勻，並將鍋子離火。試過味道後，再決定是否加鹽調味。

以中大火加熱另一只乾燥的小型醬汁鍋。倒入剩下的 2 大匙油，油一燒熱，即放入孜然籽和黑芥末籽，爆香至香料開始彈跳，且孜然籽開始上色，約 30 ～ 45 秒。鍋子離火，倒入乾燥紅辣椒片，稍微晃動一下鍋裡的油，待顏色轉為紅色後，快速將香料辣油倒在醬汁鍋裡的白花椰菜上。撒上香菜碎裝飾，趁熱上桌，並搭配米飯或印度抓餅（paratha，食譜詳見第 297 頁）一起食用。

石榴糖蜜烤奶油南瓜湯

我煮湯最喜歡用的方法就是先把某種蔬菜烤熟，再打成濃湯。這樣能夠得到食材的所有精華風味。這碗湯就是根據我個人的「湯品哲學」而做的，一碗裡有各種豐富飽滿的風味。食譜裡的奶油南瓜（butternut squash）可以換成橘色大南瓜（pumpkin），但我建議用甜度不要太高的品種。

4人份

奶油南瓜 680 克（1½ 盎司），去皮後切大塊

中型白洋蔥 1 顆（260 克 [9¼ 盎司]），去皮切丁

大蒜 4 瓣，去皮

冷壓初榨橄欖油 2 大匙，另外準備一些份量外的最後淋在湯上

黑胡椒粉 1 小匙

細海鹽

乾燥阿勒坡辣椒片 1 小匙

薑黃粉 ½ 小匙

伍斯特醬 2 大匙

石榴糖蜜（pomegranate molasses）1 大匙

杏仁條或杏仁片 ¼ 杯（約 25 ～ 30 克），裝飾用

風味探討

石榴糖蜜讓這道湯品酸中帶甜，如果您想要再酸一點，可以多加 1 ～ 2 小匙石榴糖蜜。

伍斯特醬能夠提鮮。

熱油能萃取出乾燥阿勒坡辣椒片的辣度和鮮紅的顏色，以及薑黃的天然色素。

利用熱能煸出薑黃的風味。

做法：

烤箱預熱至 204℃（400 ℉）

將奶油南瓜、洋蔥和大蒜放在大烤盤中，淋上 1 大匙橄欖油、黑胡椒粉及適量鹽巴。整體拌勻後，把蔬菜放入烤箱烤到熟透，且開始變成金黃色，約 35 ～ 45 分鐘。（如果大蒜開始焦了，需先取出，置於一旁備用。）蔬菜烤好後取出，全部倒進果汁機或食物調理機中。注入 2 杯（480 毫升）清水，並用高速把所有食材攪打均勻。

烤箱溫度降至 177℃（350 ℉）。

大醬汁鍋中放入剩下的 1 大匙橄欖油，並以中小火加熱。油燒熱後，放入乾燥阿勒坡辣椒片和薑黃粉，炒香 30 秒。將打好的奶油南瓜泥、伍斯特醬，和石榴糖蜜倒入醬汁鍋中，攪拌均勻。火力調整至中大火，先把湯煮到大滾。再將火力調小，讓湯在微滾的狀態繼續煮 5 分鐘。試過味道後，加鹽調味。

利用煮湯的時間烘烤杏仁。在烤盤上鋪烘焙紙，將杏仁單層平鋪在烤盤中，烘烤 8 ～ 10 分鐘至顏色轉為金黃。烤好後，倒入小碗中備用。

煮好的湯舀入湯碗中，撒點杏仁做裝飾，再淋上些許橄欖油，趁熱喝。

印度漬菜香料番茄玉米塔

印度香料漬菜的印地文是 Aachar，而印地文 aachari 則是製作印度漬菜時會用到的香料（可參考第 320 頁的「印度香料醃漬白花椰菜」，瞭解印式式漬菜和歐式漬菜的不同）。在這道菜中，印度漬菜用香料能讓夏季完熟番茄的風味更圓融飽滿。

直徑25公分（10吋）塔1個

融化的印度酥油（ghee）或無鹽奶油 2 大匙，另外準備一些份量外的塗抹模具用

新鮮番茄 2 ～ 3 個（總重量為 500 克 [1.1 磅]）

細海鹽

黑色或棕色芥末籽 1 小匙

孜然籽 1 小匙

葫蘆巴（fenugreek）籽 1 小匙

黑種草（nigella）籽 1 小匙

冷壓初榨橄欖油 2 大匙

義式玉米粉（polenta）或美式粗粒玉米粉（cornmeal）1 杯（140 克）

現刨葛瑞爾起司（Gruyère）粉 30 克（1 盎司）

現刨帕瑪森起司粉 30 克（1 盎司）

印度芒果粉 1 小匙

乾燥紅辣椒片（阿勒坡、馬拉什或烏爾法等品種）1 小匙（可省略）

奧勒岡（oregano）1 小匙（新鮮的）或 ½ 小匙（乾燥的）

風味探討

玉米塔上頭有烤番茄片、起司和香料，帶著柔軟、令人滿足的質地。

起司控（我就是！）可以加入更多起司。起司加熱冒泡的啵啵聲，以及上色的程度，都能幫助我們判定烘烤程度。如果起司烤到過黑，嚐起來會苦。

番茄的用量會因其寬度而略有不同。請盡量利用夏季盛產的「原種番茄」（heirloom tomato），因為它們有各種形狀、顏色和大小，豐富多元。

因為番茄加熱後會釋出大量汁水，可能會造成塔過濕。所以請利用「滲透」（osmosis）原理——先在番茄片上撒點鹽讓它出水，再放在廚房紙巾上吸乾水分。

番茄和印度芒果粉是塔中酸味的主要來源。

做法：

先在直徑 25 公分（10 吋）塔模裡塗上少許融化的印度酥油後，再鋪一層烘焙紙。把塔模放在墊有烘焙紙的烤盤上。

在另一個烤盤上鋪兩層廚房紙巾。番茄切成薄片，兩面皆撒點鹽後，放在準備好的烤盤上。蓋上另一層（或兩層）廚房紙巾，靜置 30 ～ 45 分鐘。

同時，利用時間準備綜合香料。將芥末籽、孜然籽和葫蘆巴籽放進乾燥的不鏽鋼小煎鍋中，用中大火烘出香味，約 30 ～ 45 秒。熄火，將香料倒進小盤中，稍微放涼。將已烘香且放涼的香料，放進香料研磨罐或研磨器中磨成粉。把黑種草籽放入磨好的香料粉中拌勻。（接下一頁）

將 3 杯水、橄欖油、印度酥油和 1 小匙鹽倒入大湯鍋中,並用中大火煮到大滾。緩緩倒入義式玉米粉,攪拌一下,並將火力調整為文火。繼續烹煮,需不停攪拌,以避免黏鍋。煮 15～20 分鐘到玉米粉變軟,且大部分水分都消失了。熄火,趁玉米粉還柔軟、具有熱度時倒入準備好的模具中,用曲柄抹刀(offset spatula)抹平表面。

用叉子在玉米塔表面戳洞,讓塔在烘烤時能受熱均勻。

烤箱預熱至 204℃(400 ℉)。

葛瑞爾起司粉和帕瑪森起司粉放入小碗中,混合均勻。先將一半的起司粉撒在玉米塔上,接著鋪番茄片,撒上綜合香料粉,並視情況加點鹽調味,最後再均勻放上剩下的起司粉。放入烤箱烤到起司融化,且轉為金黃色,約需 30～40 分鐘。將烤好的塔取出,連模具一起放涼 5～8 分鐘。玉米塔應該能輕鬆脫模,如果還是沾黏的話,用小水果刀沿著模具周圍劃一圈,讓塔鬆脫。把塔模放在罐頭或玻璃杯上,輕敲模具周圍,就能取下外圈。

在烤好的塔上撒印度芒果粉、乾燥紅辣椒片(若用)和奧勒岡。趁熱上桌品嚐。

麥芽醋烤豬肋排佐馬鈴薯泥

吃豬肋排時那種恣意、亂七八糟的景況，異常地令人放鬆：100% 不拘小節。坐好，幫自己倒杯酒，然後準備弄髒手，大快朵頤吧！我喜歡做美國南方口味的豬肋排，一點點酸、一點點甜、有很多香料，而且會辣。您可以依照我的方法做馬鈴薯泥，但如果有食物搗泥器或磨泥器，請盡量拿出來用。請注意：這道菜需要事先一到兩天準備。我喜歡自己把肋排切開成一根一根，這樣才能放進鍋中。但您也可以請肉販幫忙，甚至對半切。

4人份

肋排：

帶骨（豬）肋排 1.4 公斤（3 磅），
　處理方式請見「前言」說明

細海鹽

冷壓初榨橄欖油 1 大匙

不甜的白酒（如灰皮諾 [Pinot
　Gris]）2 杯（480 毫升）

麥芽醋（malt vinegar）1 杯（240
　毫升）+2 大匙（30 毫升）

石蜜（jaggery）或黑糖（壓實的）
　½ 杯（100 克）

黑胡椒原粒 12 顆

甜茴香（fennel）粉 2 小匙

肉桂粉 ½ 小匙

薑黃粉 ½ 小匙

卡宴辣椒粉 ¼ 小匙

馬鈴薯泥：

育空黃金馬鈴薯 570 克（1¼ 磅）

冷壓初榨橄欖油 ¼ 杯（60 毫升）+
　2 大匙（30 毫升）

71℃（160 ℉）的溫水 ½ 杯（120 毫
　升）

細海鹽

黑種草籽 1 小匙

大蒜 2 瓣，去皮切薄片

蝦夷蔥花 2 大匙，裝飾用

風味探討

麥芽醋和白酒在烹煮過程中能軟化肉質，而且它們所含的酸能與醃料中的暖味香料和石蜜形成對比。

馬鈴薯先用刨絲器刨，再過一次細目網篩，就能做出柔滑綿密的馬鈴薯泥。

做法：

肋排：先切除多餘脂肪，再沿著骨頭間切開成一根一根。用乾淨的廚房紙巾拍乾後，撒點鹽調味。橄欖油倒入鑄鐵或不鏽鋼大煎鍋中，以中大火燒熱，切好的豬肋骨分批放入，煎到每面酥黃，約 5～6 分鐘。煎好的肋排放到厚底的中型荷蘭鍋或有蓋的中型厚底醬汁鍋中。

將白酒、1 杯（240 毫升）醋、石蜜、黑胡椒原粒、甜茴香、肉桂、薑黃和卡宴辣椒粉全部放進果汁機，用高速攪打數秒至均勻。加入 1 小匙鹽調

味。把醃醬倒在肋骨上，蓋上鍋蓋醃製，放入冷藏，至少醃 4 小時，或放過夜。

烤箱預熱至 149℃（300 ℉）。用兩層鋁箔紙蓋住荷蘭鍋上半部，並把所有多出來的部分壓緊，務必密封不留縫隙。蓋上鍋蓋，放入烤箱加熱 2 小時。打開蓋子、拿掉鋁箔紙後，再放回烤箱，繼續加熱 1 小時。時間到後，肉應該已經相當軟，且能輕易與骨頭分離。用漏勺或料理夾取出肋排，放在盤子或托盤上。（接下一頁）

撇除湯汁裡多餘的浮油，把荷蘭鍋放到爐子上，用中大火加熱鍋中液體，需不時攪動，以免底部燒焦。將醬汁收到呈濃糖漿狀，約 15 ～ 20 分鐘。把肋排和盤中所有汁水倒回荷蘭鍋中，翻動肋排使其均勻裹附醬汁。倒入剩下的 2 大匙麥芽醋拌勻。試過味道後，再決定是否加鹽調味。鍋子離火，搭配馬鈴薯泥一起享用，並撒上蝦夷蔥花裝飾。

備註：如果有時間的話，可以把做好的肋排放冷藏冰一晚，讓多餘的油脂凝固在頂端，這樣就能夠輕易撇除；之後再放回爐子上收汁。

馬鈴薯泥：
馬鈴薯放入大湯鍋中，注入高過馬鈴薯 2.5 公分（1 吋）的鹽水。先用中大火煮到滾沸後，改用中小火繼續煮，要煮到馬鈴薯完全變軟，但還未糊爛，約 20 ～ 30 分鐘。瀝出馬鈴薯，置於一旁，稍微放涼到手能握取的程度。

把馬鈴薯的皮剝掉。用刨絲器上最小的洞刨馬鈴薯。將細目網篩架在大攪拌盆上，把刨好的馬鈴薯放到網篩上過篩。拌入 ¼ 杯（60 毫升）橄欖油和溫水，直到馬鈴薯泥鬆軟滑順。加適量鹽調味。

用中大火燒熱剩下的 2 大匙橄欖油，油熱時，放入黑種草籽和大蒜爆香，且待蒜片轉為淺金黃色，約需 30 ～ 45 秒。把完成的香料油倒在馬鈴薯泥上，趁熱上桌。

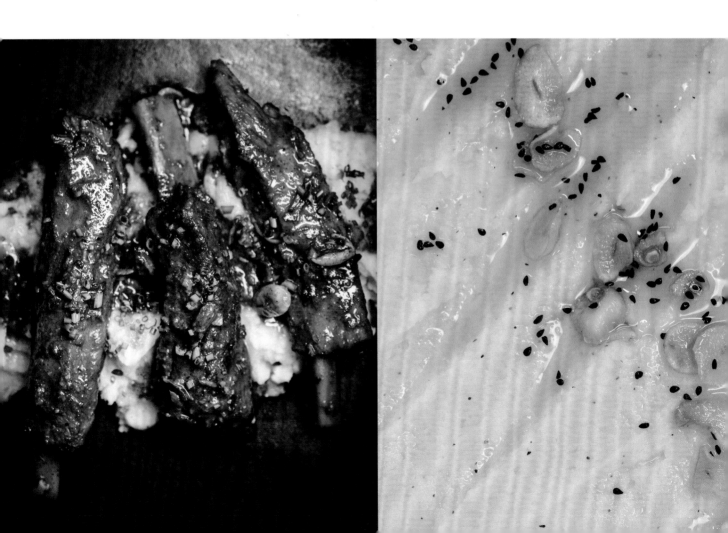

果阿臘腸麵包

我每次和家人回果阿時，都會吃大量的果阿臘腸（chouriço 或比較常見的拼法 choriz），這是葡萄牙殖民時期留下來的產物。果阿臘腸火辣中帶點醋味，所以很常用來入饌，增添風味，在餐廳常看到臘腸拌進抓飯裡，或塞進印度烤餅「南」（naan）等麵餅中，另外還有我阿姨常做的這種果阿臘腸麵包。您可以把食譜裡的果阿臘腸換成豆腐餡的果阿臘腸。但要小心：這種麵包一個永遠不夠。

12個麵包

麵包麵團：

全脂牛奶 ½ 杯（120 毫升）

無鹽奶油 ¼ 杯（55 克）

糖 ¼ 杯（50 克）

細海鹽 ½ 小匙

大蛋 1 顆，稍微打散

中筋麵粉 2 杯（280 克），另外準備一些份量外的當手粉

活性乾酵母（active dry yeast），1½ 小匙

餡料：

果阿臘腸 312 克（11 盎司）

中型白洋蔥 1 顆（260 克[9¼ 盎司]），切丁

冷壓初榨橄欖油 1 大匙

育空黃金馬鈴薯 1 個（190 克[6¾ 盎司]），去皮後切丁

大蛋 1 顆，加 1 大匙水稍微打散

黑種草籽或黑芝麻 2 大匙

風味探討

酵母菌會讓另外加入的糖（蔗糖）、牛奶裡的乳酸、和麵粉裡的糖發酵，產生二氧化碳氣體，使麵包質地蓬鬆。

澱粉酶（amylase enzyme）的來源有三個：酵母、蛋黃和麵粉。澱粉酶能協助將長澱粉分子切成葡萄糖，提供酵母菌養分，同時也有助於建立麵團的結構。

果阿臘腸是一種醃製肉類，裡頭含有酸和能夠增加辣度與風味的辣椒。

備註：如果您覺得買到的果阿臘腸風味稍嫌不足，請跟著我做。因為正統的果阿臘腸，出了果阿地區就很難找到，除了有些人會從頭自己做以外，可以試試我的改良配方：在每 455 克（1 磅）市售果阿臘腸中，加入 ¼ 杯（60 毫升）椰子醋或麥芽醋、2.5 公分（1 吋）的生薑（去皮後磨成泥）、1 大匙印度克什米爾紅辣椒粉（Kashmiri chilli）、1 小匙卡宴辣椒粉、1 小匙黃糖或石蜜、3 顆丁香（磨成粉）和 ½ 小匙的肉桂粉。

做法：

將牛奶、奶油、鹽和糖，一起用中小火加熱至 43℃（110 ℉），邊煮邊攪拌至奶油融化、糖完全溶解。鍋子離火，加入打散的蛋液。

麵粉和酵母放入桌上型攪拌機的攪拌盆中。裝上攪拌平槳，速度設定為低速，先乾攪拌勻這兩樣食材。慢慢地倒入牛奶液，將所有食材攪打成糰，約需 5～6 分鐘。麵團會很黏，

請用刮刀把麵團移到撒了些許麵粉的工作台面上。用手揉 1 分鐘讓麵團成型，整成球狀後，放入薄薄塗了一層油的碗中。

用保鮮膜蓋住碗，放到陰暗溫暖處進行第一次發酵，發酵時間大概是1.5～2 小時，麵團會膨脹到原本的兩倍大。（接 93 頁）

利用麵團發酵的時間製作內餡。大煎鍋先用中大火燒熱。果阿臘腸除掉腸衣，掰成小碎塊，放進熱鍋中。煎到肉開始上色，即可下洋蔥翻炒到變成透明，且臘腸也已經熟透。用漏勺舀出洋蔥臘腸到碗中，把油留在鍋裡。將橄欖油和馬鈴薯放入煎鍋，用中大火炒 10 ～ 12 分鐘，把馬鈴薯炒軟。熄火，將馬鈴薯盛到裝有臘腸的碗中，鍋裡如果還有多餘的油，就丟掉。將餡料拌勻，並放至涼透。

烤盤上鋪烘焙紙，接著將餡料依重量均分為 12 份。把每份餡料揉成球，放在鋪有烘焙紙的烤盤上，送入冷藏。

一旦麵團發酵成兩倍大，即可在兩個烤盤中各鋪上烘焙紙。輕輕抓起麵團

移到撒有些許麵粉的工作台面上，再揉一下。秤完總重量後，均分為 12 等分，並將每份揉成球。拿起一球麵團，從底部往上拉伸延展後，再往麵團內部中央折。將麵團轉 90 度後，再重複一次拉伸折合的動作。轉麵團（拉伸折合麵團的步驟），共要操作 3 ～ 4 次。將麵團稍微壓扁為直徑為 13 公分（5 吋）的小圓盤狀，在每片麵團中間放一球冰臘腸肉餡，接著麵團由外往內收，將內餡緊緊包住。輕柔地將包好餡的麵團滾圓後，放在準備好的烤盤上，接著繼續把其他肉餡包完。每個烤盤上各放 6 個包好的麵包，每個麵包之間間隔 4 公分（1½ 吋）。用一張烘焙紙鬆鬆蓋住麵包，靜置 1 小時，讓麵包進行二次發酵至體積變兩倍大。

烤箱預熱到 177℃（350 ℉）。在麵包上刷和了水的蛋液，頂部撒上幾小撮黑種草籽，放進烤箱烘烤至表面呈金黃色、輕碰會回彈，且用烤肉籤插入取出已無沾黏，約需 25 ～ 30 分鐘。烤程中途需將烤盤取出，調換上下前後方向。烤好後取出，連烤盤一起放涼 5 分鐘後，再把麵包夾到金屬冷卻架上。趁熱吃。任何剩下的麵包，可以一一用保鮮膜包好，收進密封容器或密封袋中，冷藏最多可放 1 週，冷凍可達 2 週。復熱方法：前一晚，先放冷藏解凍。隔天打開保鮮膜，放烤箱用 93℃（200 ℉）加熱。

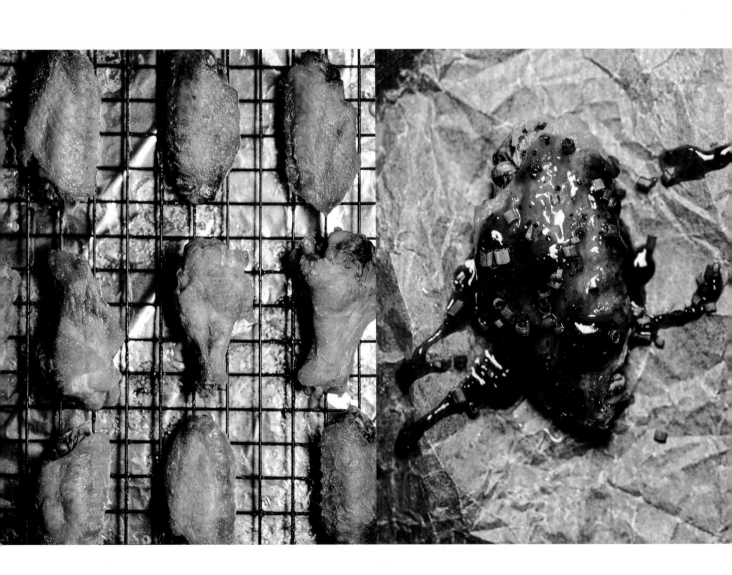

石榴罌粟籽烤雞翅

我先生麥可，和我不同，他是狂熱的運動迷，每年必看「超級盃」。我對這個年度盛事唯一能做的貢獻就是，幫他備好所有周邊——其中包括這道又甜又辣，讓人吃完後，還要把手指頭舔乾淨才罷休的雞翅。食譜裡的醬汁份量，除了夠裹上所有雞翅外，還能多出一些當蘸醬。

4人份的開胃菜

雞翅：

雞翅 910 克（2 磅）

泡打粉 2 小匙

細海鹽

醬汁（約可做出1杯[240毫升]量）：

無鹽奶油 ¼ 杯（55 克）

罌粟籽 2 小匙

乾燥紅辣椒片 2 小匙或卡宴辣椒粉 ½ 小匙

孜然粉 1 小匙

黑胡椒粉 1 小匙

石榴糖蜜 ¼ 杯（60 毫升）

美式黃芥末醬 ¼ 杯（60 毫升）

黑糖 2 大匙

細海鹽

蝦夷蔥蔥花 2 大匙，裝飾用

風味探討

濕度和乾燥天生就敵我分明。要做出香脆的雞翅，就一定要把水分引到皮表再吸掉。混用「在雞翅表面抹鹽」和「放到冰箱風乾」這兩種方法就能達到目的。我用傑·健治·羅培茲－奧特（Kenji López-Alt）的方法，在雞皮上塗抹泡打粉。泡打粉因為能使 pH 值上升，隨著加熱，有助於產生梅納反應，讓雞翅能快速上色。

石榴糖蜜和美式黃芥末醬裡頭的醋是這道菜主要的酸味來源。

在醬汁裡加入黑糖等甜味劑，不只能增加甜味，還能多添一分泥土芬芳，也能平衡石榴糖蜜的酸度。

做法：

雞翅：雞翅用乾的廚房紙巾拍乾後，放進中型碗裡，撒上泡打粉，並加鹽調味。翻拌一下，讓雞翅均勻沾上粉類。在烤盤中擺一個金屬網架，將雞翅一一排在架子上，放入冷藏冰一夜風乾。如果冰箱空間太小，可以在幾個小盤子上墊乾淨廚房紙巾，再擺上雞翅，放入冰箱風乾。過了 12 個小時後，如果紙巾太濕，就要抽換掉。

烤箱預熱到 232℃（450 ℉），在烤盤上鋪鋁箔紙，並把雞翅連同金屬網架一起放到烤盤上。先烘烤 15 ～ 20 分鐘後，翻面繼續烤 15 ～ 20 分鐘至雞皮開始轉為金黃香脆。用探針式溫度計測量雞翅內部溫度時，需達到

74℃（165 ℉）。將烤好的雞翅盛進大碗裡。

醬汁：奶油放入小醬汁鍋中，用中大火融化。當奶油融化時，放入罌粟籽、乾燥紅辣椒片、孜然和黑胡椒粉。攪拌加熱 30 秒至罌粟籽滋滋作響。鍋子離火，拌入糖蜜、黃芥末醬和糖。試過味道後，加入適量鹽調味。

將 ½ 杯（120 毫升）的醬汁倒在熱雞翅上，翻拌均勻。撒上蝦夷蔥蔥花裝飾後，將熱雞翅和做為蘸醬的剩餘醬汁一起送上桌。

檸檬萊姆薄荷汁

幾年前，在一趟經由中東飛回印度的航程中，我喝到一杯味道高雅細緻，用薄荷當裝飾的檸檬萊姆汁。那杯冷飲帶有柑橘類清亮的酸味與新鮮薄荷的香氣，涼爽又提神。您一定可以想像，這杯飲料在 16 小時的航程中有多受歡迎。我在此要重現那杯飲料，歌頌柑橘的豐功偉業。

6人份

糖 1 杯（200 克）

2 顆檸檬的皮（見「風味探討」）

2 顆萊姆的皮（見「風味探討」）

連葉帶梗的新鮮薄荷 1 把（55 克 [2 盎司]），另外準備一些份量外的葉子當裝飾

現榨檸檬汁 ½ 杯（120 毫升）

現榨萊姆汁 ½ 杯（120 毫升）

冰的無糖蘇打水或冰水 3 杯（720 毫升）

風味探討

檸檬和萊姆皮裡，充滿香氣的精油，會和薄荷一起在熱糖漿裡浸泡入味。這些精油會透過物質感覺影響我們的神經（請參考第 235 頁）。

萊姆和檸檬汁是這杯飲料的主要酸味來源。

不要用 Microplane 的特細齒刨絲刀來取柑橘皮，而要用專用的柑橘剝皮器。柑橘撥皮器較大的孔洞，能刮下稍微長一點的柑橘皮，之後會比較容易濾出，且濾出的柑橘皮還可以留下來當裝飾。如果您不想要糖漿太甜，可以把糖量減至 ½ 杯（100 克）。

做法：

糖和 1 杯水（240 毫升）倒入中型醬汁鍋裡混合均勻，以中大火煮到冒小滾泡，邊煮邊攪拌至糖完全溶解。鍋子離火，將糖漿倒入能嚴密蓋緊的大罐子裡。把檸檬和萊姆皮放入糖漿中。用手扭轉和擠壓整束薄荷（葉子和梗都要）後，一樣放入糖漿中。蓋上蓋子，整罐放涼至室溫。放涼後倒入檸檬汁和萊姆汁，攪拌均勻，蓋回蓋子，冷藏 1 小時。

將細目網篩架在中型碗上，濾出柑橘薄荷糖漿。留在篩子上的幾條柑橘皮當裝飾，其餘的柑橘皮和薄荷丟棄不用。

要上桌前，將 6 個細長玻璃杯裝滿冰塊，每杯倒入 ½ 杯（120 毫升）糖漿，再注入 ½ 杯（120 毫升）蘇打水，並攪拌均勻。擺上額外的薄荷葉和留下的柑橘皮裝飾。剩下的濃縮糖漿，裝進容器中，冷藏最多可保存 1 週。

藍莓黑萊姆冰淇淋

這個簡單又好吃的冰淇淋，利用了黑萊姆（Omani limes）的煙燻風味。黑萊姆常見於波斯和中東料理中，能夠讓克菲爾發酵乳和藍莓的酸香更加飽滿。乾燥的黑萊姆能在波斯和中東商店或香料專賣店裡找到，整顆的或磨成粉的都有。這個冰淇淋不需要額外加鹽，因為市售的奶油乳酪（cream cheese）在製程中就已經加過鹽了。

可做1公升（1夸脫）

整顆的黑萊姆 4 顆

克菲爾發酵乳或酪奶 2 杯（480 毫升）

糖 1 杯（200 克）

奶油乳酪 115 克（4 盎司），軟化至常溫，切小方塊

新鮮或冷凍的藍莓 140 克（5 盎司），若用的是冷凍的，不需事先解凍

風味探討

因為液體是冷的，而黑萊姆是乾燥的，所以務必冷藏浸泡過夜才能萃取出裡頭的酸度和柑橘香氣。

如果用的是黑萊姆粉，裡頭的苦味複合物會造成冰淇淋一天比一天苦。

糖、奶油乳酪和藍莓裡的果膠，能夠防止冰晶產生，維持冰淇淋柔滑的質地。

做法：

稍微把黑萊姆壓開個小縫後，放進密封容器中，倒入克菲爾發酵乳蓋過。蓋上蓋子，冷藏 1 晚待黑萊姆出味。

細目網篩架在大碗上，濾出液體，黑萊姆丟掉不用。將液體倒入果汁機中，放入糖和奶油乳酪。用高速攪打個幾秒至糖完全溶解，且看不到奶油起司碎塊。加藍莓，再以高速攪打數秒至藍莓化掉。

將冰淇淋基底放入冰淇淋機中，根據說明書設定「攪拌」（churn）功能。攪打完的冰淇淋刮到耐凍容器中，用一張烘焙紙（視容器表面大小裁剪）

緊貼住冰淇淋表面，冷凍至少 4 小時，直到定型。

另外一個不用冰淇淋機的方法是，把冰淇淋基底放在耐凍容器中，冷凍 1 小時後取出。用叉子、手持攪拌機、調理棒或食物調理機手動攪拌，打散冰晶，然後再放回冷凍庫。每隔 30 分鐘，取出攪拌，這樣的流程重複 3～4 次，冰淇淋即完成。總冷凍時間，要視每個人家裡的冰箱狀況而定。

冰淇淋盛盤後，先靜置 5 分鐘，使其稍微軟化再端上桌。剩下的冰淇淋放在冷凍庫最多可保存 5 天。

2 苦

味道是有人格特質的——或是說，在語言中的形容方式，會讓人有不同的感覺，但可憐的「苦味」常受到不公平的對待。天生的本能和後天習得的經驗，有助於形塑我們的生物行為，而慢慢地，我們逐漸演化為厭惡苦味的人。我調查了網路資料庫裡將近 56,000 道食譜，其中只有 0.8%用了「苦」（bitter）這個字。因為語言文字和人的本能會同時造成我們規避這個味道，所以含有「苦味」的東西，銷路總是不好，因此我們必須像處理帶苦味的藥物一樣，在外面包一層甜甜的糖衣，讓它比較可口。對於大部分的人來說，苦味是一種在烹調中，會讓人想設法移除、掩飾或淡化的味道。當我們形容食譜，或談論食物時，如果提到蔬菜，尤其是帶苦味的綠色蔬菜，我們通常會傾向強調它的「甘甜」，即使這種甜味非常的淡，或甚至味蕾感覺不到；有時食譜會教我們抓揉羽衣甘藍（kale），就是為了讓它們變甜。小時候，因為怕父母生氣，我只好勉強自己去欣賞苦瓜（印地文為 karela）等帶苦味的食物。然而，像巧克力和咖啡，只要它們混合了能讓原本強勁苦味變醇和的甜味劑，我倒是能不費吹灰之力就愛上。

苦味是如何形成的？

人類對於苦味分子很敏感，即使只有一點點，還是感受得到。和我們嚐到糖甜味的能力相比（要 25 微摩爾 / 升 [μmol/l] 才感覺得到），苦味複合物只要一點點，我們就能發現它的味道，如通寧水裡的活性成分「奎寧」，雖然只有 10,000 μmol/l，但還是嚐得出來，兩者整整差了 400 倍！此外，苦味停留時間也會比其他味道久。基因也會造成某些人對於食物裡的苦味敏感度非常高（雖然我沒做過詳細檢查，但我覺得我就是其中之一），這些人被稱為「超級味覺者」。因為苦味受體上基因序列的變異，超級味覺者厭惡苦味，而且通常偏好具甜味的食物。

嚐起來會有苦味的物質，其數量可能多過我們所能想像；和酸類或糖類有著類似的化學結構不同，苦味分子有很多種不同的形式。會造成苦味的物質實在太多了，植物裡的酚類（phenols）、類黃酮（flavonoids）、異黃酮（isoflavones）和萜烯（terpenes）只是其中一些。另外，值得注意的是，人體的苦味受體（T2R 家族）一直以來的運作模式是低選擇性、高敏感度，也就是說，它們無法區分不同種類的苦味物質，但即使量很少，都能感測的到。這類資訊一旦傳達到我們的大腦，我們即會對這個苦味做出回應。有些苦味物質同時還會造成「澀感」，如一些存在於鹽膚木、可可、葡萄酒和蘋果酒裡的酚類化合物。

如何測量苦味

為了降低食物中的苦味，植物育種人和食品公司花了許多時間。他們試過薹薹屬（Brassica）等多種植物，藉由選取適合的品系，希望能產出苦味較低的種類。在某些案例中，測量這些化學物質的方法也被用來預測這個植物吃起來會有多苦。

和測量鹹味的「喜好尺度」（hedonic scales）雷同，苦味也可以藉由詢問受試者並紀錄他們的感受與經驗來測量。有些食材，如啤酒，有它們自己的苦味量表，會計算苦味複合物的量，並且以量化啤酒苦味程度單位的方式來表達，即「國際苦味單位」（International Bittering Units, 或縮寫為 IBU）。但要記住，啤酒這種液體的成分相當複雜，甚至包括麥芽和發酵後產生的酸，這些都會影響味道的感受。所以即使啤酒的 IBU 很高，並不一定代表它很苦，而是要取決於啤酒裡的其他成分（請參考第 105 頁，「增加苦味的食材」）。

在世界上的每個文化中，幾乎都會烹煮苦味食物：在印度，我們會煮苦瓜、芥菜、葫蘆巴的葉子（印地文為 methi）；而在西方國家，刺棘薊（cardoons；譯註：朝鮮薊的一種）、多種苦味綠葉蔬菜和義大利菊苣都滿常見的。然而，因為我們天生就不喜歡苦味，所以我們通常不會主動找來吃。這種反感絕大部分可歸因於生物學和行為學。大部分我們會吃的苦味食物都是植物。而植物為了保護自己免於受到草食性動物或昆蟲的傷害或損害，所以靠著合成苦味分子，發展出了化學抵禦機制。植物自保的戰略影響了人類演化；因此，我們發展出了對苦味分子的高敏感度。我們的大腦天生就知道把苦味食物視為不討喜的，導致我們會避開和拒絕攝取。

但這是否代表所有帶苦味的食物都是危險的？要視情況而定，取決於苦味物質的種類和數量。苦味物質有兩種：（1）有害的：如有些帶苦味的生物鹼（alkaloids）就是有毒的，像是辣椒、茄子、番茄和馬鈴薯等茄科植物裡的生物鹼「癲茄鹼」（atropine，又稱為「阿托品」）；（2）被視為是有益的「植物營養素」（phytonutrients）。植物營養素能夠幫助我們遠離多種疾病，所以我們常被鼓勵要多吃富含植物營養素的綠葉蔬菜，像是甘藍菜葉（collards）和十字花科蕓薹屬的蔬菜，如球芽甘藍（Brussels sprouts）等。而有些生物鹼，如咖啡和茶裡的咖啡因，因為它們的風味令人上癮又能提神，所以漸漸地我們學會如何喜愛欣賞它們。

其他人們已經懂得喜歡和食用的苦味食物，同樣也具有提神的效果，如啤酒和巧克力。因為消費者在選擇時會高度受到苦味左右，所以植物育種人和食品企業積極研發，希望能降低其植物性食物產品中的苦味。因此，現在有許多蔬菜嚐起來已經沒有幾十年前那麼苦，選育苦味較低的蔬果品種也成為產業標準。此外，由於某些苦味複合物會造成健康問題，如球芽甘藍裡的「前甲狀腺腫素」（progoitrin），所以有些科學家主張培育不含這種化學物質的蕓薹屬植物。

食物裡的苦味也有可能是菌種造成的。有些菌會生成苦味物質，如起司裡，牛奶蛋白質在發酵過程中分解而產生的菌。苦味的第三個來源是焦糖化和梅納反應，在甜點和鹹食的烹調過程中，如果發生這兩個反應，就會產生苦味分子。

案例分析：脫除橄欖油和芥茉油的苦味

橄欖油和芥茉油裡頭的多酚屬植物營養素，但也是造成用這些油打出來的美乃滋會有苦味的原因。為了解決這個問題，我發現有個方法可以把多酚抽取出來。在仔細看了一篇關於植物廢料（plant waste）的研究文獻後，我發現橄欖油裡頭的多酚是高水溶性的，而且在溫度到達水的沸點時，溶解度最高。在沒有任何乳化劑的情況下，若把油水倒在一起，最後還是會分離。水可以帶走油裡面的苦味分子，這個方法同樣是適用於芥末油。

做法：將1杯（240毫升）的橄欖油或芥末油與1杯（240毫升）的滾水一起倒入大廣口瓶或容器中。蓋緊蓋子，小心地搖晃1分鐘左右。輕敲蓋子洩壓後，將液體靜置一旁，直到油水分離。液體一旦分層後，把水倒掉。接著就可以用留下來、已經脫除苦味的油來製作美乃滋或大蒜蛋黃醬。備註：如果把水倒掉後，留在容器裡的油看起來濁濁的，可稍微用小火加熱一下，就能恢復清透。

可增加苦味的食材

雖然一般來說，我們不會特意在煮食時加入苦味，但我們確實會烹煮和食用含有苦味的東西，而且這情況比您我想像地都還常發生。有些香料，如肉桂，其實嚐起來也有苦味，只是我們不會察覺到，因為它們的用量通常極少，而且味道會被料理中的其他主要味道蓋過。而像是焦糖化和梅納反應等能增加風味的反應，透過加熱，幾乎可讓所有餐食，多了豐富的苦甘風味。讓我們來瞧瞧一些常用來增加苦味的食材吧！

酒精：啤酒和葡萄酒

啤酒的苦味來自用於發酵的啤酒花（hop flowers，又稱「蛇麻」），啤酒花可以去除不必要的蛋白質，讓酒液澄清，但也會賦予啤酒其特有的苦味和香氣。啤酒花的苦味來源為異構化的 α 酸（alpha-iso acids），這種化學物質在啤酒製程中會產生變化。啤酒廠通常會單獨測量異構化 α 酸，以確保啤酒的品質。啤酒很適合用來滷煮肉類或海鮮，而且和帶有泥土氣息和木質味的香料風味很協和。啤酒也可以用來做出味道極佳的甜點：如黑愛爾啤酒（Darker ales）若和甜味劑一起加進蛋糕，或甚至是南瓜派、地瓜派等派點裡時（請參考第 129 頁「地瓜蜂蜜啤酒派」），能帶來苦甜的尾韻。

葡萄酒裡頭含有具苦味的酚類，槲皮素（quercetin）、單寧，以及其他物質。白酒的單寧含量滿低的（0.02%），但紅酒的單寧含量就高出許多（0.1% ～ 0.25%，或甚至更高）。然而，我們之所以感受不到這些苦味分子，是因為它們被香氣分子和其他複雜的酸類與糖類混合物蓋住了。單寧具澀感，會在口內留下乾乾的感覺，這種感受在喝紅酒時特別明顯。我做飯時，常用白酒當熬高湯的基底，或拿來滷肉（請參考第 89 頁「麥芽醋烤豬肋排佐馬鈴薯泥」）或蔬菜。煮豆子的時候，可試著用紅酒取代高湯。一般而言，紅酒的味道和紅肉比較相合，和魚比較不搭，但凡事總有例外。在歐洲一些國家，紅酒不只可用來搭配魚類料理，還可用來煮海鮮，如「法式紅酒醬煮魚排」（fish in red wine sauce，法文為 filets de poisson au vin rouge）。

生可可和熟可可（CACAO AND COCOA）

雖然這兩者的來源都是可可豆，但製作過程和味道截然不同。可可碎粒（Cacao nibs）是發酵過的可可豆經烘烤與碾壓脫殼後，所得到的小碎塊。之後可可碎粒會磨成粉並榨出大部分的油脂（可可脂），成為可可粉（cocoa powder）。當可可碎粒磨成粉，並和其他如奶粉和糖等物質混合後（本來在製作可可粉過程中被移除的可可脂，也會在這邊重新加入），就會變成巧克力。可可本身帶有苦味和酸味，加在巧克力裡頭的牛奶和糖能稍微掩飾這些味道。此處加入的牛奶和乳脂量，將決定巧克力要稱為「黑巧克力」或「牛奶巧克力」，而白巧克力則是含有至少 3.9% 的乳脂及不少於 12% 的乳固形物（milk solids）。荷蘭式可可粉或鹼化可可粉（Dutch or alkalized cocoa），是在烘過的可可碎粒中，加入食用鹼，從而達到酸鹼中和，並使可可裡的澱粉膨脹，這種方法做出來的可可粉是比較深的紅棕色。天然（Natural）可可粉通常指的就是未加鹼的可可粉，顏色比較淡，果味較濃。可可鹼（Theobromine，字根為 Theobroma，指的是「神的食物」）和咖啡因是熟可可裡的活性成分，與酚類物質一起造就出可可的苦味。

咖啡

廚房罐子裡深太妃糖色的咖啡豆，一開始原本是綠色，在經過高溫烘烤後，產生熱裂解（pyrolysis）和梅納反應，後者會產生香氣和味道分子，賦予每種咖啡豆獨特的風味。咖啡因是咖啡裡的活性成分，不只有提神的功用，還會讓這個飲料帶一點淡淡的苦味。咖啡豆裡其他會造成苦味的成分包括，綠原酸（chlorogenic acids）分解時的產物（苯基林丹 [phenylindanes] 是主要的苦味分子）和梅納反應的副產品，以及其他物質。咖啡和巧克力很適合配成一對，加一點即溶咖啡粉或義式濃縮咖啡粉到以巧克力為主要原料的蛋糕、餅乾或甜點中，能夠讓巧克力的風味更濃郁。

帶苦味的水果：柑橘和醋栗（CURRANTS）

水果和甜味似乎是同義詞，但其實許多水果都含有苦味因子。即使是完熟的李子，在它又酸又甜的果肉中，還是隱隱約約嚐得出一絲苦味。有些水果，特別是像葡萄柚等柑橘類，苦味就更明顯了。

檸檬、萊姆或柳橙的皮充滿香氣，但在刮取時，食譜常說要避開白皮層（white pith），因為這個部分非常苦（請參考第 66 頁「檸檬和萊姆」及第 98 頁「藍莓黑萊姆冰淇淋」，瞭解苦味在這道食譜中的角色）。建議用 Microplane 品牌的刨刀或柑橘剝皮器，刮下柑橘外皮有色的部分，這樣比較好控制，因為這些器具的刀面是短的，而且不會在同一處重複剝皮。

柑橘類水果還有兩個有苦味，但苦味強弱因柑橘種類而不同。其中之一是種籽，所以使用水果前，記得去籽，特別是要把檸檬或萊姆加進飲料、醃醬、印度香料酸辣醬（chutneys）和醬汁時。苦味的另一個來源則是果汁本身。柑橘類的果汁榨好後，如果放著不馬上使用，一下子就會開始產生苦味，這是一種稱為「後苦」（delayed bitterness）的現象。當裝有果汁的小液囊被擠壓破裂後，細胞就會釋出一種「酶」，這種酶會製造苦味物質「檸檬苦素」（limonin）。市面上帶苦味的果汁都會和甜一點的果汁混合在一起，以中和掉苦味，但其他的方法，如在果汁裡加入酶或用特殊的器材把苦味複合物抽掉，以及選取適合的品系來培育等，也都可以減少水果的苦味。某些時候，苦味反而是受到高度推崇的，尤其是「塞維亞柑橘果醬」（Seville orange [bitter orange]marmalade）裡的苦味。煮果醬時，苦橘皮，還有白色內果皮和籽都會一起煮（籽同時含有豐富的果膠，能夠幫助果醬凝結），然後會浸泡一晚，以萃取出更多的風味。製作「醃檸檬」時（請參考第 76 頁「四季豆佐醃檸檬法式酸奶油」，會用很多鹽，就是為了掩飾苦味。

其他帶苦味的水果包括蔓越莓、醋栗和越橘（lingon-berries）；這些水果會和糖、酸類與香料一起煮，讓苦味變淡。

茶

茶菁要變成紅茶茶葉，需經過脫水、菱凋（withering）、氧化、發酵和加熱等不同階段，在過程中會形成許多新的色素、香氣和味道分子。綠茶茶葉的製程則不同：會造成氧化的酵素很早就被破壞，讓茶葉的顏色不會繼續變深，且會跳過菱凋和發酵等步驟。

茶裡頭的化學成分，在相當程度上受到來源、熟成度和製作過程的影響，但大致上來說，酚類物質就是造成苦味的原因。紅茶裡的活性成分：咖啡因（2.5%～5.5%）、可鹼（0.07%～0.17%）和茶鹼（theophylline）（0.002%～0.013%）也會讓茶有苦味。太濃的茶會澀，所以泡茶時要避免一次加入太多茶葉，浸泡時間也不要太久。水溫也是能不能泡出一杯好茶的關鍵，通常紅茶要用 85℃（185 ℉）的水，綠茶則用 77℃（170 ℉）的水。我有時會把茶葉磨碎加到蛋糕的麵糊裡，增添一點暖香（如我的著作《季節》中，充滿濃濃香料味的「印度香料茶蘋果蛋糕」[Masala Chai Apple Cake]）；蛋糕麵糊裡的糖和香料能蓋過苦味。

烹飪用油脂

許多烹飪用油，如橄欖油和芥末油都帶有苦味。這些油中含有豐富的多酚 —— 屬於「植物營養素」的具苦味酚類物質。而這個苦味在美乃滋或大蒜蛋黃醬等乳濁液（emulsion）中，會變得非常明顯，這是因為多酚接觸到了空氣和水。以橄欖油來說，其中一個造成苦味的關鍵物質是水溶性的橄欖苦苷（oleuropein）；當它碰到美乃滋裡的水分時，就會讓它嚐起來有苦味。酚類物質同樣也是造成芥末油具有苦味的原因，製作第 316 頁的「咖哩葉芥末油美乃滋」時，您可能會注意到尾韻帶點苦。如果想避開苦味，可用葡萄籽油等其他的油，或是純橄欖油（透過精煉程序，降低酚類數量，但風味也會減弱）來製作，或是把橄欖油和芥末油的蓋子打開，靜置在廚房流理台上數日，讓它們「呼吸」一下，這樣就可以消滅一些酚類物質。關於如何脫除橄欖油和芥末油的苦味，我研發了一個快速又簡便的方法（請參考第 104 頁的「案例分析」）。就橄欖油而言，裡頭帶苦味的橄欖苦苷是水溶性的，且隨著溫度上升，溶解度也會增加，在水的沸點 100℃（212 ℉）時，溶解度達到最高。因為油水最後終究還是不相容，所以可以把溶有橄欖苦苷的水倒掉，將油分離出來。雖然我還無法找出造成芥末油苦味的確切物質，但我用上面的方法測試過芥末油，得到的結果是相同的，這代表造成芥末油帶有苦味的物質，同樣是水溶性的。這些「脫苦」後的油可以用來製作油醋醬或美乃滋（請參考第 316 頁「咖哩葉芥末油美乃滋」）等乳濁液，同時又能保住油本來的所有特色風味。在青醬等的一些調味料中，因為裡面除了油外，還有其他風味相當濃重的食材，所以油的苦味能被輕易蓋住，不讓人發現（請參考第 335 頁「脂質」）。

蔬菜和苦味綠葉蔬菜

和水果一樣，蔬菜也有會苦的，其中包括我童年的晚餐天敵——苦瓜。但現在身為一個大人，我已經懂得欣賞這個表面滿是疙瘩還帶苦味的蔬菜了。苦瓜切開去籽後，我會先把它泡在加了鹽和檸檬汁的水裡 30 分鐘左右，淡化苦味，然後再依食譜要求完成後續處理。其他種也帶苦味，但強度各不相同的蔬菜有：球芽甘藍、茄子、蕪菁和蕪菁甘藍（rutabaga；又稱「洋大頭菜」）。其中許多種都可透過加鹽調味或是用風味飽滿的脂肪與香料一起烹煮，來掩飾或降低苦味的感受度（請參考第 112 頁「球芽甘藍細絲沙拉」）。

苦味的綠色蔬菜種類很多：芝麻葉（還嚐得出來有很明顯的胡椒味）、刺棘薊、葫蘆巴、菠菜、比利時苦苣，和義大利菊苣。這些蔬菜常見的烹調方式是放在沙拉裡，讓它的外層能裹覆油醋醬等醬汁，也可以清炒，讓熱能柔化一些苦味。當比利時苦苣和義大利菊苣蘸上風味濃重的醬料，如青醬、各種調味的鷹嘴豆泥（hummus）或簡單的田園沙拉醬（ranch dressing，又稱「牧場沙拉醬」）時，感覺上苦味會被抵銷，吃起來就沒那麼苦了。

快速利用苦味食材提升風味的小技巧

+ 在甜咖啡口味或巧克力製成的甜點，如布朗尼、蛋糕或松露巧克力上頭，撒些帶苦味的無糖可可粉，會讓這些甜點的風味更飽滿。榛果和核桃等堅果加進這些甜點裡也會很對味。

+ 一點點即溶咖啡粉或義式濃縮咖啡粉就可以讓巧克力的風味更足，如第 133 頁「巧克力味噌麵包布丁」中所見。在製作巧克力口味的冰淇淋基底和蛋糕麵糊時加一點，和其他材料一起拌勻即可。

我不建議加煮好沒喝完的咖啡，因為裡頭有太多變數，特別是咖啡的濃度無法掌握，用即溶咖啡粉即可解決這個問題。

苦味與料理

+ 糖的焦糖化及糖與胺基酸所產生的梅納反應，都會產生一組複雜的顏色和風味分子，並讓食物染上一點苦甘味。慢煮過的蔥屬食材，如紅蔥、洋蔥，或甚至是青蔥，都能帶出迷人適宜的苦味。檸檬、萊姆和柳橙要榨汁製作飲料前，可先切半，並以高溫烙過，讓柑橘本身所含的糖焦糖化。

+ 可可豆（或粉）和咖啡豆（或粉）加進甜點，或甚至是沙拉裡，都能增加成品的口感並添一絲苦韻。我在當糕點師傅時，曾在咖啡豆外塗上可食用金箔，再擺在濃郁的巧可力甘納許蛋糕上。蛋糕上的咖啡豆不只是裝飾，還能解膩。

+ 有些堅果，如核桃，因為外皮含有單寧，所以嚐起來微苦。這些堅果稍微烘烤過後，苦味就會變淡，還能引出香氣；這些烘過的堅果可以讓沙拉與甜點多一些鬆脆的口感（請參考第 205 頁「鮮味如何產生」）。

+ 「芥末」因為是一種辣度的來源，所以我會在「火辣」（Fieriness）篇章中詳細討論它，但它值得特別先在這裡說說。芥末裡的辣度來自一種具苦味的複合物，是一種稱為「黑芥酸鉀」（sinigrin）的糖苷（glucoside）。當芥末粉和水調和後，酶會把黑芥酸鉀轉化為「火辣」的形式。芥末醬調好後，最好先放 15 分

鐘以上，再加到菜餚裡。調芥末醬時切記不要加任何酸或沸水，否則會在產生反應時殺死酶，這樣調出來的醬就會帶苦味，且不辣。

+ 越低的溫度，越能感受到苦味。

+ 酸類或鹽巴有助於掩飾蔬菜和水果中的苦味。在茄子上撒鹽和在苦味綠葉沙拉裡加油醋醬，都能讓苦味沒那麼明顯。

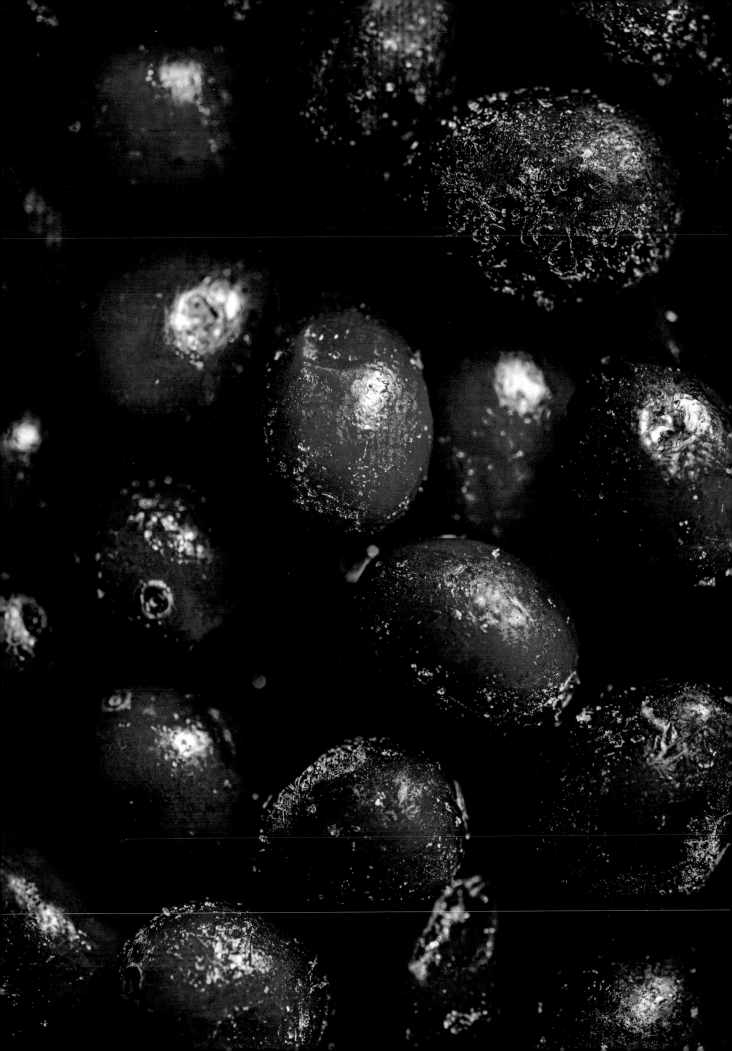

羽衣甘藍白豆蕈菇溫沙拉佐辣味中東芝麻醬

每年天氣比較冷的那幾個月，我就會常做這道快速又風味豐足的沙拉。這道菜的辣味來自中國南部廣東省的中式調味料「潮州辣椒油」（Chiu Chow style chilli oil）。這個調味料裡同時有新鮮和醃漬的辣椒，另外再加上大蒜、醬油和麻油增添風味。最常見，同時也是我最喜歡的牌子是「李錦記」的，幾乎在各大超市的國際食品區和亞洲超市都找得到。辣椒油使用前記得要先搖一搖或攪拌一下，讓裡頭的辣椒能均勻散開。這個沙拉也可以直接加在白飯（請參考第 310 頁）上，再舀一兩匙青蘋果酸辣醬（食譜請參考第 321 頁）或印度香料醃漬白花椰菜（食譜請參考第 320 頁），就會變成類似丼飯的一碗飽料理。

市面上還能看到許多種其他的中式辣油和辣醬，「老乾媽」的「香辣脆油辣椒」也很有名，而且也很適合加在這道沙拉中，但味道會有點不同，因為香辣脆油辣椒裡，除了辣椒、大蒜和薑外，還加了花椒、黑荳蔻和肉桂。

4人份

沙拉：

冷壓初榨橄欖油 1 大匙

紅蔥 1 個（60 克 [2 盎司]），切薄片

新鮮的褐菇（cremini mushroom）或香菇 170 克（6 盎司），切片

嫩的羽衣甘藍 1 小把（285 克 [10 盎司]），如拉齊納多（Lacinato）羽衣甘藍（又名「托斯卡尼羽衣甘藍」或「恐龍羽衣甘藍」），拔除中脈後，切成粗條

細海鹽

445 克（15½ 盎司）裝的罐頭白豆（如白腰豆）1 罐，瀝乾並洗淨

辣味中東芝麻醬：

中東芝麻醬（tahini）¼ 杯（55 克）

潮州辣椒油 3 大匙（請參考「前言」說明）

米醋 ¼ 杯（60 毫升）

細海鹽

沸水 1 ～ 2 大匙

風味探討

中東芝麻醬裡的微苦味，會被辣椒的暖香和醋的酸度蓋住。

除此之外，中東芝麻醬會形成一層柔滑的口感與脂肪，能裹附住沙拉裡的羽衣甘藍和豆子。

羽衣甘藍裡的苦味，用油、醋和加熱就能抵銷。

潮州辣椒油能提供由辣椒、大蒜、醬油和麻油構成的多元風味。

做法：

沙拉：把油放進大醬汁鍋中，開中大火燒熱。油熱後，下紅蔥，炒 4 ～ 5 分鐘至開始轉為金黃色。再放入蕈菇，繼續炒到微上色，大概 3 ～ 4 分鐘左右。加羽衣甘藍，撒適量鹽調味，再加熱 3 ～ 4 分鐘至菜的顏色轉為翠綠。鍋子離火，放入白腰豆拌勻。試過味道後，加鹽調味。倒進大的攪拌盆裡。

辣味中東芝麻醬：中東芝麻醬、辣椒油和醋全放進小碗中攪拌均勻。試過味道後，加鹽調味。如果醬料太濃稠，可加 1 ～ 2 大匙沸水稀釋。

把調好的芝麻醬倒在羽衣甘藍上，翻拌均勻後，即可上桌，趁溫熱品嚐。

球芽甘藍細絲沙拉

我曾被問道,有沒有什麼東西是我搬到美國後才第一次吃到的。有,那就是球芽甘藍(brussels sprouts)。我現在已經想不起來那時是哪道菜,和它的料理方式,但我仍記得球芽甘藍讓我想起《小人國》(Lilliputian)故事裡的奇怪高麗菜。球芽甘藍切成細絲做成沙拉或烤過,都極美味。因為有些人,特別是我先生,無論吃什麼東西都喜歡醬汁或醬料多一點,所以這道食譜做出來的沙拉醬份量會比較多,讓您可以有所選擇。

4～6人份

沙拉:

紅蔥 3 個(總重 180 克 [6½ 盎司])

冷壓初榨橄欖油 2 大匙

細海鹽

球芽甘藍 455 克(1磅)

切碎的核桃 50 克(1¾ 盎司)

蔥綠和蔥白切出的細蔥花 ½ 杯(24 克)

切碎的薄荷葉 2 大匙,裝飾用

乾燥紅辣椒片(如阿勒坡或馬拉什) 1 小匙,裝飾用

沙拉醬:

大蒜 2 瓣,去皮

法式酸奶油 1 杯(240 克)

現榨檸檬汁 2 大匙

黑胡椒粉 1 小匙

細海鹽

風味探討

沙拉醬裡調了酸、脂肪、鹽巴和香草,在口感上和爽脆的核桃與球芽甘藍形成對比,也能抵銷掉這些食材的幽幽苦味。

切好的蔬菜泡在冰水裡,可以淡化菜裡的硫磺味。

薄荷和法式酸奶油能透過物質感覺(chemesthesis),產生清涼感。

爽脆的紅蔥和核桃,能增加嘎吱嘎吱的口感。

做法:

沙拉:烤箱預熱到 149℃(300℉)。在烤盤上鋪烘焙紙。

紅蔥頭尾切掉不用,其餘切成薄片,放進小碗中,和油與一點鹽拌勻。把紅蔥片平鋪在準備好的烤盤上,烘烤 30 ～ 45 分鐘至酥黃,中途偶爾取出攪拌一下,以確保均勻上色。

利用烤紅蔥的時間,將球芽甘藍靠近菜梗的底部切除,再切成細絲。切好的蔬菜放進加了鹽的冰水中,浸泡 10 分鐘。

核桃放進小煎鍋中,用中小火烘香,且顏色開始轉深,約需 4 ～ 5 分鐘。完成後熄火,把核桃倒進小碗裡。

沙拉醬:大蒜用刀面壓成泥後,放進小攪拌碗中。將法式酸奶油、檸檬汁和黑胡椒粉倒進小碗中,和蒜泥攪拌均勻。試過味道後,視情況加鹽調味。

組合沙拉:將球芽甘藍瀝乾,平鋪在乾淨的廚房擦巾上,吸除多餘水分。完全吸乾後的菜絲放進大攪拌盆裡,接著放入蔥花、核桃、一半的沙拉醬,整體翻拌均勻。拌好的沙拉倒進大上菜碗中,以薄荷、乾燥紅辣椒片和紅蔥酥做裝飾,再將剩餘的沙拉醬擺在旁邊,一起上桌。沙拉若裝在密封盒內,冷藏最多可保鮮兩天。要吃之前先取出,退冰至常溫。

炙煎蘆筍佐「火藥」堅果瑪薩拉

這道蘆筍料理集香氣和味道於大成，如果您手邊有煙燻鹽，不妨加點試試，讓燒烤的效果更明顯。這道很適合放在烤肉旁當配菜，也很適合和烤蔬菜或肉類一起搭著吃。我有的時候午餐就吃這道炙煎蘆筍，加上原味歐姆蛋捲與一碗白飯（請參考第 310 頁）。

4人份

冷壓初榨橄欖油 4 大匙（60 毫升），
　　另外準備一些份量外的塗抹鍋具
　　用

蘆筍 455 克（1 磅），去除尾端粗梗

現榨萊姆汁 1 大匙

萊姆皮屑 1 小匙

片狀海鹽

私房「火藥」堅果瑪薩拉（食譜請參
　　考第 312 頁）1 大匙

切碎的香菜或平葉巴西利 1 大匙

萊姆 1 顆，切成四份（可省略）

風味探討

蘆筍在炙煎的過程中，原本有的微微苦味會減少，並會獲得一組全新的風味，其中包括焦糖化和梅納反應。

鹽並非在蘆筍下鍋時添加，因為片狀海鹽在這邊的作用是收尾的裝飾鹽。

觀察蘆筍在加熱過程中，如何轉為亮綠色。

做法：

將橫紋煎鍋或鑄鐵煎鍋放在爐上，開中大火燒熱。鍋子紋路上刷點油。

蘆筍放在大盤或烤盤中，淋上 1 大匙橄欖油，抓一下讓蔬菜裹上油。

蘆筍放進熱鍋裡炙煎 5～6 分鐘，用料理夾翻面，煎到顏色轉為亮綠色且出現一點焦斑或烤痕即可。將煎好的蘆筍放到大上菜盤中，淋上剩下的 3 大匙橄欖油和萊姆汁。最後撒上萊姆皮屑、片狀海鹽、「火藥」堅果瑪薩拉和香菜後，馬上端上桌品嚐。若喜歡的話，旁邊可再擺上檸檬角。

印度「帕扣拉」炸蔬菜

我母親最愛的早餐就是「帕扣拉」炸蔬菜（pakoras）。週末的時候，她常會起個大早，炸上一大批。但帕扣拉放涼後會變軟，所以我做了一些改良。我減少了額外添加的水分，而改讓蔬菜本身的水分來溶解乾料。天婦羅炸粉（Tempura batter flour）能大大提升酥脆度。剛炸好，熱騰騰的帕扣拉，若搭配下列幾樣調味料，會更美味：印度美極甜辣醬（Maggi Hot and Sweet Tomato Chilli Sauce，可在印度超市買到）、薄荷酸辣醬（食譜請參考第 322 頁）、南瓜籽酸辣醬（食譜請參考第 323 頁）和羅望子椰棗酸辣醬（食譜請參考第 322 頁）。您也可以用烤過的小麵包夾幾塊帕扣拉，再加點上述的調味料（擇一），這樣就是一份三明治了。

4人份

蔬菜：

中型褐皮馬鈴薯（russet potato）
  1個（215 克 [7½ 盎司]）

拉齊納多羽衣甘藍 1 小把，拔除中脈
  後，切成粗條

中型紫洋蔥1顆（260克[9¼ 盎司]），
  先切半後再切成薄片

生薑 2.5 公分（1吋），去皮後切末

青辣椒 1 條，切末

香菜葉 2 大匙（可省略）

麵糊：

鷹嘴豆粉 ¾ 杯（90 克）

天婦羅炸粉 ¼ 杯（40 克）

葛拉姆瑪薩拉 1 小匙，自製的（食譜
  請參考第 312 頁）或市售的皆可

薑黃粉 1 小匙

黑胡椒粉 ½ 小匙

細海鹽 ½ 小匙

葡萄籽油或其他沒有特殊味道的油
  3 杯（720 毫升）

印度芒果粉 1 大匙

風味探討

利用輕輕揉捏等外力來瓦解一些蔬菜的細胞，能夠釋出鎖在細胞內的水分，有助於把所有乾料兜合，形成麵糊。

使用最少的水分，再加上鷹嘴豆粉和天婦羅炸粉，能讓成品達到最酥脆的效果。

因為油溫需維持在 177℃（350 ℉），所以請用發煙點高於這個溫度的烹飪油，如葡萄籽油。

做法：

蔬菜：馬鈴薯削皮後，用刨絲器刨成粗絲放到大攪拌盆中。再將羽衣甘藍、洋蔥、薑末、辣椒末和香菜一起放進盆裡。

麵糊：鷹嘴豆粉、天婦羅炸粉、葛拉姆瑪薩拉、薑黃粉、黑胡椒粉和鹽放進中碗裡，攪拌均勻。乾粉類用細目網篩篩到蔬菜上，如果篩子上有任何留下來的黑胡椒顆粒，也一起倒在蔬菜上。抓拌 3～4 分鐘，讓所有蔬菜均勻裹上粉糊。如果還是需要一點水分才能裹附，可加 1～2 大匙。

將油倒入小的厚底鑄鐵鍋或醬汁鍋中，開中大火加熱到 177℃（350 ℉）。在烤盤裡鋪張烘焙紙，並擺上金屬網架。油溫一到，先丟 1 大匙麵糊試試，如果麵糊很快就浮到表面，表示油溫夠了。用兩隻餐匙輔助，一隻舀麵糊，另一隻塑形，並把麵糊推入油中。蔬菜麵糊分批下鍋炸，要炸到每個面都轉為金黃色，約 3～4 分鐘。用漏勺撈出炸好的帕扣拉，放到準備好的烤盤上瀝油。趁熱撒上印度芒果粉後，馬上端上桌。喜歡的話，可附上一些印度香料酸辣醬。

散葉甘藍鷹嘴豆扁豆湯

我喜歡在湯裡加一點微微的酸味，所以在絕大多數我煮的湯或寫的湯品食譜裡，一定會看到酸味食材。羅望子和番茄的酸味能讓散葉甘藍（collard greens）的苦味沒那麼明顯。紅扁豆很容易熟，所以其實不用像綠扁豆或棕扁豆一樣事先泡水，但我還是這麼做，因為這是我從印度家人那學到的習慣做法。種籽和豆類泡過水後，裡頭的化學成分會改變，讓它們更容易消化。如果您沒有時間，可以跳過浸泡的步驟，直接煮。根據您購入紅扁豆的地方，您可能會發現厚度和大小略有不同。印度賣的紅扁豆，比我在美國超市看到的寬且厚，所以需要比較長的烹煮時間，同時如果水吸收速度過快，也要視情況補水。

4人份

紅扁豆 ½ 杯（100 克）

冷壓初榨橄欖油 2 大匙

中型黃或白洋蔥 1 顆（260 克 [9¼ 盎司]），切丁

大蒜 4 瓣，去皮後切片

生薑 2.5 公分（1 吋），去皮後磨成泥

肉桂棒 5 公分（2 吋）

黑胡椒粉 1 小匙

紅辣椒粉 ½ ～ 1 小匙

薑黃粉 ½ 小匙

番茄糊 2 大匙

中型番茄 1 個（140 克 [5 盎司]），切丁

散葉甘藍 1 把（約 200 克 [7 盎司]），去除中脈後，切粗條

445 克（15½ 盎司）裝的罐頭鷹嘴豆 1 罐，瀝乾後洗淨

蔬菜高湯、「褐色」蔬菜高湯（請參考第 57 頁）或水 960 毫升（1 夸特）

羅望子醬 1 大匙，自製的（食譜請參考第 67 頁）或市售的皆可

細海鹽

切碎的平葉巴西利 2 大匙

切碎的香菜 2 大匙

抹了奶油的麵包或印度南餅（naan），佐餐用

風味探討

羅望子和番茄會讓這道由苦味綠葉蔬菜和蔬菜煮成的湯，尾韻帶一點微酸。

做法：

挑掉扁豆裡的碎石和雜質後，放在細目網篩上，用冷自來水沖洗。洗好後，倒進小碗，注入 1 杯（120 毫升，這裡有誤！1 杯應該是 240 毫升）清水蓋過，浸泡 30 分鐘。

橄欖油倒進大醬汁鍋中，開中大火燒熱。油熱後，下洋蔥炒到透明，約 4 ～ 5 分鐘。接著放入蒜片、薑泥炒香，約 1 分鐘。再加入肉桂棒、黑胡椒粉，紅辣椒粉和薑黃粉，翻炒 30 ～ 45 秒，炒出香氣。倒入番茄糊攪拌均勻，繼續加熱至開始轉為褐色，約 2 ～ 3 分鐘。

放入番茄丁和散葉甘藍，拌炒到葉菜轉為亮綠色，大概 1 ～ 2 分鐘。將泡水的扁豆瀝乾，與鷹嘴豆以及蔬菜高湯，一起倒進鍋中。先煮滾，再調為文火，慢慢等扁豆煮軟熟透，約 25 ～ 30 分鐘。最後拌入羅望子醬，試過味道後，視需要加鹽調味。

上桌前，加入巴西利和香菜拌勻，趁熱搭配抹上奶油的熱麵包片或南餅一起食用。

印度綜合香料葡萄柚氣泡飲

我先生很愛吃葡萄柚，所以有一年為了給他驚喜，我種了一顆矮種紅寶石葡萄柚樹。這棵種在大花盆裡的小植物，雖然只有幾呎高，但卻能結出相當大，圓滾滾的黃皮葡萄柚。切開後的香氣，真是難以言喻。有的時候，我會將它們榨汁後，加進用印度茶飲綜合香料（chai masala）煮成的簡易糖漿裡。我製作簡易糖漿的時候，會用完整的香料，而不用香料粉，這樣做出來的風味比較淡雅細緻，能襯出柑橘的香氣。

8人份

糖 ½ 杯（100 克）

生薑 5 公分（2 吋），去皮後切成薄片

肉桂棒 2.5 公分（1 吋）

黑胡椒原粒 10 顆

綠荳蔻豆莢 2 個，稍微壓裂

八角 1 個

現榨葡萄柚汁 2½ 杯（600 毫升）（約由 2 ～ 3 個粉紅葡萄柚榨出）

1公升（4½ 杯）裝的無糖蘇打水 1 瓶，事先冰鎮

風味探討

綜合香料能襯托葡萄柚的苦味，讓整體的風味更完整。

透過加熱和泡水的方式能萃取出整顆香料的香氣和味道分子。

無糖蘇打水和葡萄柚汁都具酸味，而蘇打水裡的碳酸化作用會讓我們口腔內的受體感受到氣泡感（請參考第 67 頁的「碳酸飲料」）。

額外加的糖以及葡萄柚汁裡原本存在的糖，都能淡化葡萄柚汁裡頭的苦味。

做法：

將 1½ 杯（360 毫升）的水和糖倒入中型醬汁鍋中，接著放入薑、肉桂棒、黑胡椒原粒、綠荳蔻和八角。用中大火煮到大滾後，馬上移鍋離火。加蓋浸泡 10 分鐘。使用細目網篩把簡易香料糖漿濾到瓶子或罐子裡，並將濾出的香料丟掉。您應可得到 1½ 杯（360 毫升）的糖漿。將糖漿放入冰箱冰鎮。

取一只大冷水壺，混合冰透的糖漿和葡萄柚汁。將 8 個高身玻璃杯裝滿冰塊，接著先在每個杯中倒入 ½ 杯（120 毫升）葡萄柚糖漿，再各加 ½ 杯（120 毫升）蘇打水後拌勻。如果有剩下的糖漿，可裝入密封容器內，冷藏最多可保存 1 週。

印度香料咖啡冰淇淋

我在印度念中學的時候，每天中午午休時都會有個小吃攤販停在學校前面。在他的腳踏車後面接了一個很大的金屬箱子，裡面裝滿了冰塊和用金屬容器盛裝的印度傳統冰淇淋（kulfi）。我其實很猶豫要不要稱 kulfi 為印度冰淇淋，因為它真的不是冰淇淋，而是一種冷凍的甜點。對於冰淇淋而言，冰晶是個瑕疵，但 kulfi 上往往有一定數量的冰晶，且質地也比軟綿的冰淇淋再稍微硬實一點。Kulfi 是能在家自己做的超簡單點心之一，只是需要事先做規劃，這樣才有充足的時間可以結凍。

6人份

重乳脂鮮奶油（heavy cream）1 杯
（240 毫升）

400 克（14 盎司）裝的罐頭奶水
（evaporated milk）1 罐

400 克（14 盎司）裝的罐頭煉乳 1 罐

即溶義式濃縮咖啡粉或即溶咖啡粉 1
大匙

細海鹽 ¼ 小匙

綠荳蔻豆莢 2 個，壓開

肉桂棒 5 公分（2 吋）

八角 1～2 個

烤香的榛果磨成粉 35 克（1½ 盎司）
（可省略，請參考第 126 頁「榛果
烤布丁」，瞭解烘烤榛果的方法）

風味探討

此處用牛奶脂肪來萃取整顆香料裡的風味分子，為的是得到較淡雅的風味，以襯托咖啡。如果想要香料味重一點，可以在牛奶裡直接加 ½ 小匙的香料粉。如果想要咖啡味淡一點，就把咖啡粉的量減少為 ½ 大匙。

這邊的即溶咖啡粉有兩個用途：首先，它溶解速度很快，既能提供相當濃郁的咖啡風味，又不會增加液體量，否則會影響冷凍後的 Kulfi，無法達到正確的質地。太多的水也會造成過多的冰晶形成，因為它會改變脂肪、蛋白質和糖等食材之間的比例。

奶水在這裡是一道「捷徑」，能快速得到焦糖化的乳糖香味，這是印度正統 Kulfi 的特色風味。請參考第 185 頁「印度口味牛奶玉米布丁」，那裡會詳細說明奶水的用法，以及它在印度甜點中所能帶來的濃縮風味。

做法：

將鮮奶油、奶水、煉乳、即溶咖啡粉、鹽、綠荳蔻、肉桂棒和八角，全放入中型醬汁鍋裡，攪拌後開中大火加熱，煮到咖啡粉溶解，且整體混合均勻。液體煮滾後，即可離火。撕一張保鮮膜貼在液體表面，以免結出硬皮。以這樣的狀態，讓香料泡在液體中，於常溫中靜置 1 小時。時間到後，取出所有香料丟掉。將液體倒進 6 個耐凍的小烤盅或 Kulfi 專用模具中。用保鮮膜或 Kulfi 模具蓋子蓋好，放到冷凍庫，冰凍至少 6 小時使其硬實，能過夜更好。

做好的 Kulfi 可以直接放在小烤盅裡端上桌，如果是用專用模具，需先用水沖幾秒，再倒扣，輕拍底部，讓 Kulfi 鬆脫。最後加上一些烤過的榛果裝飾。

烤水果佐咖啡味噌芝麻醬

咖啡、味噌和中東芝麻醬加在一起的組合，也許不常見，但請聽我說。這個醬真的很棒，有種像是奶油糖果的味道。我比較喜歡把這個醬加在以水果為主的甜點裡。但這道甜點無論您在什麼時間做，或是重複做了多少次，每次的味道都會因水果的種類、成熟度和產地而有所不同。這道甜點是吃完重口味的大餐後，想來個清淡甜蜜結尾時的好選擇。咖啡味噌芝麻醬也可以淋在香草冰淇淋、綠荳蔻冰淇淋，或微甜的希臘優格上頭。想要讓味道多點刺激辛辣的話，可以加幾大匙結晶糖薑粒（crystallized ginger）。咖啡味噌芝麻醬的用量只需一點點，風味就很足夠，上桌時，可把剩餘的放在旁邊。

4人份
烤水果：

無鹽奶油 2 大匙，另外準備一些份量外的塗抹模具用

藍莓 340 克（12 盎司），新鮮的或冷凍的皆可（若用冷凍的，無需事先解凍）

新鮮無花果 340 克（12 盎司），縱切成兩半

現榨萊姆汁 2 大匙

楓糖漿 2 大匙

黑胡椒粉 ½ 小匙

細海鹽 ¼ 小匙

咖啡味噌芝麻醬
（可做出¾杯[180毫升]）：

白味噌 2 大匙

楓糖漿或蜂蜜 ¼ 杯（85 克）

中東芝麻醬 ¼ 杯（55 克）

即溶義式濃縮咖啡粉或即溶咖啡粉 ¼ 小匙

細海鹽

風味探討

白味噌能讓帶苦味的咖啡和中東芝麻醬多了迷人的鹹鮮。這個醬很適合用來搭配水果和帶甜味但酸度明顯的菜餚。

讓水果在本身釋出的汁液中烤，能藉由焦糖化和梅納反應產生許多新的風味分子。

不同於加熱後就會失去明亮花青素顏色的紫高麗菜，藍莓加熱後仍能夠保住顏色。其中一個原因是藍莓果膠的存在，藍莓果膠常用於食品工業，當成花青素的穩定劑。藍莓果膠能夠結合好幾種花青素，形成一個面對加熱或甚至是酸性物質也能保持穩定的複合體。

做法：

水果：將烤箱預熱至 190℃（375℉）。

在 20×25 公分（8×10 吋）的烤盤內，抹上一點奶油，並將其放在墊有烘焙紙的烤盤中；這麼做的目的是為了接住任何可能因滾沸而流出來的汁液。將藍莓和無花果放進中型攪拌碗，淋上萊姆汁和楓糖漿，再撒點黑胡椒粉與鹽巴。整體拌勻後，連汁液一起倒進準備好的烤盤中，單層鋪平。把奶油分成小塊，隨意放在水果上。入烤箱烤至無花果開始焦糖化，且水果開始出水，約 25 ～ 30 分鐘。時間到後取出。

利用烤水果的時間，製作咖啡味噌芝麻醬。將味噌、楓糖漿、中東芝麻醬、¼ 杯（60 毫升）清水和咖啡粉一起放進小碗中，攪打至滑順。試過味道後，加適量鹽調味。

最後，在溫熱的烤水果上，淋幾大匙醬，並把剩下的放在旁邊一起端上桌。這道甜點，也可以再配上幾球冰淇淋或希臘優格一起食用。

榛果烤布丁

每到孟買炙熱又潮濕的夏天時，我們就會吃上好幾碗冰涼的烤布丁（在印度稱為「焦糖布丁」）。有的時候，我們會直接用現成的布丁預拌粉製作，有的時候，則會從頭一步一步慢慢做。這裡所呈現的結合了我幼時最愛吃的甜點，以及我長大後才懂得欣賞的風味。焦糖石蜜的味道苦中帶甘，和烤布丁的奶滑與榛果的香氣相輔相成。這道食譜有兩個做法，取決於您有沒有空。您可以把榛果浸泡在牛奶裡，自己做出榛果味的牛奶（我強烈建議這個方法），但也可以跳過這個步驟，直接用高品質的榛果精或榛果奶精。備註：如果要自己浸泡榛果味牛奶，需提前 1～2 天製作。

直徑20公分（8吋）的圓形布丁1個

塔塔粉（cream of tartar）⅛小匙

糖 ¾ 杯（150 克）

全脂牛奶或榛果味牛奶 2 杯（480 毫升）（食譜請參考第 128 頁）

400 克（14 盎司）裝的罐頭煉乳 1 罐

榛果精 1 小匙或榛果奶精 2 大匙（若用的是全脂牛奶的話）

細海鹽 ¼ 小匙

大蛋 4 顆

風味探討

塔塔粉為酸性，能藉由幫助蔗糖「轉化」（invert），產生葡萄糖和果糖，來防止焦糖結晶。葡萄糖和果糖會干擾蔗糖結晶化，所以焦糖就可以維持在液態的形式。

無論是隔水燉鍋或水浴法，都是為了讓雞蛋的蛋白質緩緩凝結，形成布丁的質地。榛果經烘烤，再泡到牛奶中出味，能強化其所含的香氣分子。

雖然氣泡不會影響布丁的味道（我還是很開心地一口接一口），但有些人認為會造成口感不佳。所以為了要讓布丁液中的氣泡將到最少，不要用打蛋器把蛋打散，而是改用刮刀拌合。

另一個會產生氣泡的來源是榛果味牛奶。我用了史黛拉・帕克斯（Stella Parks）的小技巧，史黛拉是 BraveTart 一書的作者，也是「認真吃」（Serious Eats）網站上的糕餅專家，她建議加熱烤布丁基底的蛋奶卡士達醬，這麼做能夠減少大部分的氣泡。

做法：

烤箱預熱至 163℃（325 ℉）。

在小醬汁鍋中，混合 ¼ 杯（60 毫升）的水和塔塔粉。把糖倒進醬汁鍋中央，這樣才不會黏到鍋邊。開中大火加熱，不要攪拌，煮到糖開始焦糖化，且轉為深咖啡色，約需 6～8 分鐘。將煮好的焦糖倒進直徑 20 公分（8 吋）的圓形蛋糕模中，並旋轉一下模具，使焦糖均勻分佈在底部。（接 128 頁）

牛奶、煉乳、榛果精（若用的是原味牛奶）和鹽一起放進中型醬汁鍋，開中大火加熱，邊煮邊用刮刀輕輕攪拌。加熱到燙但還未滾沸的程度後，移鍋熄火。

將雞蛋打入大攪拌盆中，用橡皮刮刀慢慢地把蛋黃弄破，再輕輕地和蛋白拌勻。要避免大力攪拌至起泡，或過度拌合雞蛋，否則會把空氣攪進去。一手拌蛋，另一手緩緩倒入溫熱牛奶液，每次 ½ 杯（120 毫升），攪拌蛋液的手不要停，重複同樣的步驟，直到倒完所有牛奶液，且和蛋液完全混合均勻。將細目網篩架在中型帶柄大壺或有尖嘴的碗上，倒入蛋奶液過篩，以去除所有結塊。

抓住刮刀的平邊，騰空舉在準備好的焦糖層正上方，沿著刮刀平邊慢慢倒入蛋奶液，以免攪動到焦糖層。烤盤以兩層鋁箔紙牢牢封住。

燒水壺裝水煮沸。準備一個深且寬，裝的下圓形蛋糕模具的烤盤或鍋子。在深烤盤裡放一個圓形的金屬網架，或用鋁箔紙做一個厚實、直徑 20 公分（8 吋）大的環，讓蛋糕模可以架高，不要直接碰觸到深烤盤底部。

小心將蛋糕模放到深烤盤中央的金屬網架或鋁箔紙環上，往深烤盤裡注入煮好的沸水到距離蛋糕模頂部 1.2 公分（½ 吋）的地方。將蛋奶液放入烤箱烤到大致成形，但中央仍稍微晃

動的程度，約 45 ～ 50 分鐘。小心取出蛋糕模，放在冷卻架上，等到涼透至常溫後再放入冰箱，冷藏一夜至完全定型。

隔天，拆開鋁箔紙蓋子，用一把銳利的小刀沿著烤布丁邊繞一圈。準備一個大上菜盤，蓋在蛋糕模上。雙手牢牢抓緊模具和盤子後，倒扣，輕拍模具底部，讓烤布丁能順利落到盤子上。若模具內還有殘留的焦糖液，請通通刮到布丁頂部。冰冰吃或涼涼吃皆可。吃不完的用密封容器裝好，放冰箱冷藏最多可保存 3 ～ 4 天。

榛果味牛奶

這個步驟需要多一天的工序，但成果相當值得。牛奶裡濃郁美妙的榛果風味，讓我無法跳過這個步驟。第一天先製作榛果味牛奶，第二天再用入味的牛奶取代原味牛奶 + 榛果精或榛果奶精，後續則依照食譜所示，完成烤布丁。拌入榛果時要小心，避免產生氣泡。

可做2杯（480毫升）榛果味牛奶

生的榛果 200 克（7 盎司）
全脂牛奶 2 杯（480 毫升）

做法：
烤箱預熱至 177℃（350 ℉）。

烤盤中鋪烘焙紙，放上榛果，送入烤箱烘至開始轉為金黃且散出香味，約 12 ～ 15 分鐘。將榛果取出，倒進果汁機或食物調理機，用瞬速打幾秒，將榛果稍微打碎即可。不要把榛果打成粉，否則會包入過多空氣，之後會產生氣泡。

將牛奶倒入帶柄的有蓋大壺，輕輕地倒入榛果碎粒，加蓋密封，放冰箱冷藏一晚，讓榛果的風味能釋放到牛奶中。若把榛果浸泡在牛奶中 24 ～ 48 小時，可得到更濃的風味。

在製作布丁當天，在細目網篩裡墊一塊打濕的起司過濾紗布（che-esecloth），然後將網篩架在中碗上。

將榛果牛奶倒入網篩內過濾，濾出的榛果顆粒丟棄不用。濾出的牛奶量如果略少於 2 杯（480 毫升），可加全脂牛奶補足。用這個榛果味牛奶做布丁，就可以不使用榛果精或榛果奶精。

地瓜蜂蜜啤酒派

地瓜每個月都會輪值出現在我家餐桌上，甚至連我的狗「史努比」都很愛它。這個派的各組成部分，可以拆成好幾天製作。底下是您也許會覺得有用的建議順序，尤其是當您準備在感恩節烤這個派時，會非常管用。第一天：烤地瓜、濃縮啤酒液和準備派皮，但先不「盲烤」（blind bake）。第二天：盲烤派皮，準備地瓜卡士達和烤派。當然，您也可以趕在一天內完成所有步驟。

直徑23公分（9吋）的派1個

派皮：

- 無鹽奶油 ¼ 杯（55 克），切成小塊，並軟化至常溫，另外準備一些份量外的塗抹模具用
- 黑糖（壓實的）¼ 杯（50 克）
- 大蛋 1 顆，稍微打散
- 杏仁粉（almond flour）200 克（7 盎司），去皮的（blanched）或未去皮的皆可
- 細海鹽 ½ 小匙

派餡：

- 地瓜 455 克（1 磅），橘肉的品種尤佳（如 Garnet 或 Jewel）此處關於地瓜品種建議刪掉，因為台灣市面上的地瓜，絕大部分都是國產品種
- 360 毫升（12 液量盎司）裝的黑啤酒 1 瓶
- 黑糖或石蜜（壓實的）½ 杯（100 克）
- 蜂蜜 ¼ 杯（85 克）
- 大蛋 3 顆，另外加 3 個蛋黃
- 薑粉 2 小匙
- 綠荳蔻粉 1 小匙
- 薑黃粉 ½ 小匙
- 細海鹽 ¼ 小匙
- 全脂牛奶 ½ 杯（120 毫升）
- 重乳脂鮮奶油 ½ 杯（120 毫升）
- 玉米澱粉 1 大匙

風味探討

「熱能」在這道食譜中，扮演很重要的關鍵。啤酒裡的苦味因加熱，造成酒裡的水分蒸發而濃縮。派皮裡的堅果經加熱後，會產生一組全新的風味分子，且這組風味分子的種類會因使用的堅果不同而有所差異。熱能同時還能幫助蛋、堅果和糖結合在一起，形成派皮的結構。

地瓜升溫到一定程度後*，澱粉酶（amylase）會分解儲存在蔬菜細胞裡的澱粉，釋出帶有甜味的糖分子，讓烤地瓜比生地瓜更甜。這也是為什麼地瓜最適合用烤的，因為不僅可帶出甜味，還能增加香氣。根據研究指出，「烤」地瓜會比水煮或微波的，多出至少 17 種新的香氣分子，而且裡頭大多數都是高濃度的。「烤」也有助於糖類焦糖化和梅納反應的產生。

做法：

派皮：在直徑 23 公分（9 吋）的圓形塔模底部墊一張烘焙紙，並輕輕刷上少許奶油。

糖和奶油放進桌上型攪拌機的攪拌盆中，用攪拌平槳以中低速攪打成均勻的淺褐色，且體積鬆發，約 4～5 分鐘。關掉機器，用橡皮刮刀把黏在盆邊的食材刮下來。加蛋，繼續用中低速打 1 分鐘至均勻。倒入杏仁粉和鹽，再用中低速攪打成團，約 3～4 分鐘。將麵團直接從攪拌盆刮到準備好的模具中。

用一個平底小碗或量杯的底部（可以在麵團上鋪一張烘焙紙），把麵團推開壓平，直到均勻覆蓋模具底部和周圍。（接下一頁）

---

* 審訂註：溫度到達 40℃ 以上作用，但到 70℃ 之後澱粉酶就失去作用。

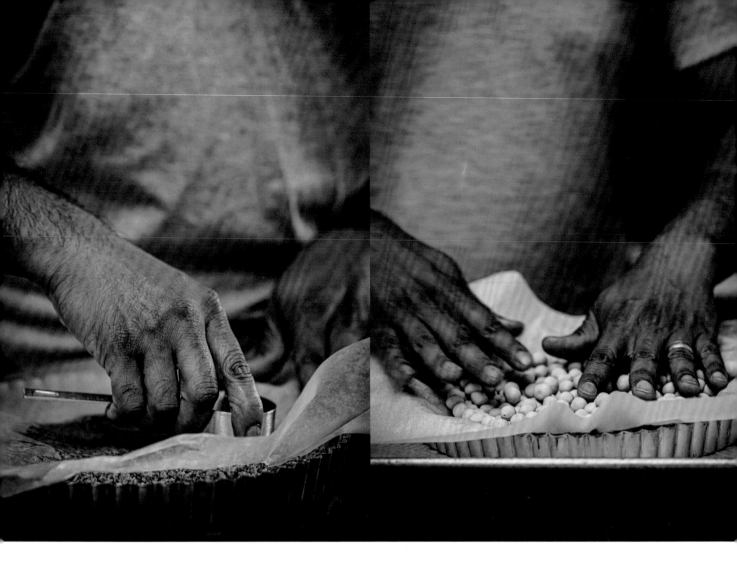

派皮用保鮮膜封好，冷凍至少1小時定型。派皮可以事先準備，用密封袋封好，冷凍最多可保存2週。

在填入餡料前至少1小時，要盲烤（半烤）派皮。烤箱預熱至177℃（350 ℉），並將烤架置於烤箱內部下⅓處。烤盤裡墊烘焙紙後，擺上塔模。用叉子在整片派皮底部戳滿洞，取一張大烘焙紙蓋住派皮，再將派石（pie weights）壓在上頭。入烤箱烤到周圍微微開始上色，約15～20分鐘。將模具放到冷卻架上，放涼5分鐘。取下派石和烘焙紙。

餡料做法：將烤箱預熱至204℃（400 ℉）。地瓜洗淨、沖掉泥土後，用廚房紙巾拍乾。把地瓜放進深烤盤或直接放在舖有鋁箔紙的烤箱烤盤上。放入烤箱烤到完全變軟，約35～45分鐘。等放涼到手能拿取的程度後，撕掉外皮，並用食譜調理機把地瓜肉打成泥，應該能得到340克（12盎司）的地瓜泥。地瓜泥一涼透，就可以繼續調內餡，也可以把打好的地瓜泥，裝進密封容器，冷藏一晚。這個步驟可以提前1～2天完成。

要完成派餡製作時，先把啤酒倒進中型厚底深醬汁鍋，並開中大火煮滾。因為啤酒加熱後會冒泡，所以要盯著爐火，以免噗鍋。煮滾後，轉小火，繼續煮到液體量只剩¼杯（60毫升）左右，共需20～30分鐘。煮好後，放涼到常溫，再繼續下面的步驟。

烤箱預熱至177℃（350 ℉）。在大攪拌盆中，放入濃縮後的啤酒、地瓜泥、糖、蜂蜜、雞蛋、蛋黃、薑粉、綠荳蔻粉、薑黃粉和鹽，攪拌均勻後，再慢慢倒入牛奶和鮮奶油，繼續

攪拌到糖完全溶解。取一小碗，放入玉米澱粉和 1½ 大匙的清水，調成芡汁。將芡汁倒入蛋奶液中，攪拌均勻。也可以把所有食材放入高速果汁機（又稱「破壁機」），用高速快速攪打成滑順的泥狀（我比較喜歡這個方法，因為能夠打出質地絲滑的內餡）。

把打好的蛋奶醬倒入大醬汁鍋，開中小火加熱，需持續攪拌和刮鍋壁，直到餡料用探針式溫度計測量，已達 74℃（165℉），且明顯開始變濃稠，約需 10 ～ 12 分鐘。煮好後快速將鍋子離火。細目網篩架在大量桶上，將煮好的蛋奶醬過篩，濾除任何結塊。

將餡料倒入盲烤好的派皮內，放入烤箱烤到餡料凝固，且用探針式溫度計插入餡料中央，已達 85℃（185℉），約需 25 ～ 30 分鐘。地瓜餡應該是周圍定型，但中央還有一點晃動。烤好的派移到金屬冷卻架上，放涼到室溫後，再上桌品嚐。

備註：
您也可以用同樣的步驟，製作南瓜派，只需把地瓜泥換成 430 克（15盎司）的無糖南瓜泥即可。派皮也可以自由更換，自製的或市售的皆可。

大部分的派皮都會吸收一點餡料的水分，尤其是堅果粉做的派皮更是如此。這是因為堅果在冷卻時會釋出其油份，同時吸收空氣中的水分（大部分的堅果，包含杏仁，都具吸濕性[hygroscopic]）。我試過用蛋白做「防水」派皮，但從來沒有成功過。底下是一個真的有用的方法：融化 3大匙白色或黑色的苦甜巧克力，並用料理刷刷在派皮表面。等巧克力定型變硬後，再倒入蛋奶餡，及接續烘烤的工序。

巧克力味噌麵包布丁

這個布丁集所有我最愛的東西於一身。因為本身質地很濃郁，所以我喜歡趁它還溫熱，有點黏糊的時候單獨吃，但我也不反對在上頭加一大球香草口味或綠荳蔻口味的冰淇淋。如果您買的到上頭有罌粟籽或芝麻的猶太哈拉麵包（challah）或布里歐許麵包，一定要買來做做看。我很喜歡布丁裡有種籽帶來的額外酥脆口感。最好能提前一天製作，讓麵包有足夠的時間可以吸取液體。

8～10人份

猶太哈拉麵包或布里歐許麵包 455 克（1磅）

無鹽奶油 2 大匙，切成小塊，另外準備一些份量外的塗抹烤盤用

苦甜巧克力（可可含量 70%）255 克（9 盎司），切碎

即溶咖啡粉或即溶義式濃縮咖啡粉 1 小匙

酸櫻桃乾 85 克（3 盎司）

重乳脂鮮奶油 1½ 杯（360 毫升）

白味噌 ¼ 杯（40 克）

全脂牛奶 1½ 杯（360 毫升）

糖 ¾ 杯（150 克）

大蛋 3 顆 +1 個蛋黃，稍微打散

細海鹽 ¼ 小匙（可省略）

風味探討

咖啡能夠讓巧克力的風味更飽滿。您可以選用適合的巧克力與咖啡種類，及其烘焙程度（咖啡豆和可可豆都會經過烘焙的程序），讓成品有更濃郁的煙燻味。

味噌會提高麵包布丁的鹹味和甜度，因為味噌本身就含鹽，所以製作過程中不需要再另外加鹽。

酸櫻桃能讓這道甜點有討喜的酸味。

做法：

如果您的麵包不夠乾硬，請先將烤箱預熱到 93℃（200℉）。在烤盤中擺上金屬網架，把麵包切成 2.5 公分（1 吋）見方小塊。將麵包塊一一放到網架上，送入烤箱烘到完全乾燥，約 45 分鐘～1 小時。您也可以把麵包塊放在廚房流理台上一晚，常溫風乾。

在 23×30.5×5 公分（9×12×2 吋）的長方形烤盤裡抹上奶油，並放入乾麵包塊。

巧克力切碎後，先倒一半入大攪拌盆中，和即溶咖啡粉一起混合均勻。剩下的巧克力和酸櫻桃乾先撒在麵包上，再拌入。表面不能留有任何巧克力或櫻桃乾，否則會有燒焦的危險。

鮮奶油放入小醬汁鍋中，用中大火溫熱。煮到剛剛好開始冒滾泡時，馬上沖到大攪拌盆裡的巧克力上。攪拌到巧克力和咖啡粉完全融化，且整體細緻柔滑。將 ½ 杯（120 毫升）的巧克力咖啡糊倒入小攪拌碗中，加入味噌後，攪拌至滑順，沒有結塊。再把調好的巧克力味噌，倒回大攪拌盆裡，和剩下的巧克力咖啡糊一起拌勻。把牛奶、糖、全蛋、蛋黃和鹽（若用）也一起放進大攪拌盆中，混合均勻。將液體倒在烤盤裡的麵包塊上，用保鮮膜蓋住，靜置 1 小時。若能冷藏隔夜，效果更佳。

準備烘烤時，先將烤箱預熱至 163℃（325℉）。拆掉保鮮膜，在布丁奶糊表面隨意放上小奶油塊。把烤盤放入烤箱，烤到布丁表面香酥，且質地變結實，約需 1 小時。溫熱吃或常溫吃皆可。

3

鹹

「鹽」這個字就像一把大傘，下面包含了一大群分子。在化學上，鹽是酸鹼中和的產物；同時包含正負電離子。對於大部分的料理人來說，鹽就是烹煮時或上桌前，撒在食物上的迷你白色結晶物。但鹽其實遍佈於廚房各處。當醋（醋酸）遇到小蘇打（碳酸氫鈉），會起化學反應。留下來的液體中就含有一種稱為「乙酸鈉」（sodium acetate）的鹽。當泡打粉加進蛋糕麵糊時，裡頭的活性成分會產生反應，而形成鹽。某些人廚房裡的大理石流理台，就是用一種稱為碳酸鈣（calcium carbonate）的鹽製成的。

鹽是能夠讓我們的味覺達到平衡的關鍵因素。（備註：未滿 4～6 個月的人類，其實嚐不到鹹味，因為當時鹹味受體尚未發育完全。）沒了鹽，食物嚐起來平淡無味；太多鹽又會造成味蕾負擔。有的時候，我們會添加比平時更多的鹽，如醃漬橄欖等蔬果，或製作醃檸檬時（食譜請參考第 318 頁）。在這篇中，您將學到鹽對味道的效用、如何用不同的鹽增進食物風味，以及怎麼謹慎用鹽。

鹹味如何產生

食鹽（氯化鈉 [NaCl]）裡的每一顆結晶都是由一種金屬──鈉（[Na+]）和一種氣體──氯（[Cl-]）結合而成的。鹽是很重要的鈉來源，能夠讓我們的骨骼健全（加上「鈣」等其他金屬，一起合力發揮作用）。鹽裡的鈉和氯也會帶有電荷（electric charges），在我們身體裡充當「電解質」。

純的鹽（氯化鈉）嚐起來的味道跟海水一樣，但和海水不同的是，它沒有氣味，因為氯化鈉是一種無味的物質。而海水一聞就錯不了的獨特氣味，其實是海藻所生成的一種揮發性物質「二甲硫醚」（dimethyl sulfide），擴散到大氣中的味道。我們要嚐鹽，一定要先讓它溶於水。即使是撒在沙拉或奶油麵包片上的片狀鹽，也是先經過唾液溶解後，我們才嚐的出它的味道。鹽溶解後，帶正電的鈉分子和帶負電的氯分子會分離，其電荷會開始活動。我們的神經與大腦會透過電流溝通，而鹽就是產生這種電能的主要貢獻者之一。這種電流同時還能讓我們嚐出食物裡的鹽。

雖然純鹽很鹹是個普世皆知的事實，但每個人嚐到的鹹味還是會有一點點差別。依據水裡的鹽濃度，受試者會回報嚐到其他的味道。低濃度時，有些人形容味道微甜；而濃度很高時，開始會嚐到苦味和酸味。低濃度時之所以會感受到甜味，可能和水有關。而高濃度時，則是因為鈉啟動了苦味和酸味的受體。人體之所有會有這樣的感覺是有原因的：我們需要鹽來維持身體的電解質平衡，但太多鹽又會對身體造成傷害。經由長期演化，甜味漸漸成為一種回應，能告訴我們這個食物是營養的；苦味和酸味則像是一個信號，通知我們食物可能有毒。鹽在很低的濃度時，能嚐到的甜味，會鼓勵我們多吃點鹽，而高濃度時所帶來的苦味和酸味，則會藉由「厭惡反應」保護我們。

氯化鈉以外的鹽，除了鹹味外，還帶有其他許多種不同的味道。用於製作鹽醋口味洋芋片的乙酸鈉和雙乙酸鈉（sodium diacetate），味道又鹹又酸──鹹味來自鈉，而酸味來自醋酸（醋）。

如何測量鹹味

根據來源和目的，測量鹽量的方法有很多種。在我工作過的實驗室中，我們會用電解質分析儀（electrolyte analyzer）直接讀取研究樣本的數值，並顯示在電腦螢幕上。這個數值會告訴樣本裡有多少鈉和多少氯。

但要測量鹹味，或一道菜嚐起來可能會有多鹹，研究人員會用一種主觀的計量方式，稱為「喜好尺度」（hedonic scale）。這個工具會將受試者喜歡或不喜歡這個味道，以及喜好～不喜歡的程度考慮在內。這個方式很像一個評審在食品展中，要決定哪個果醬或柳橙果醬會勝出；有一群受試者會品嚐各式各樣的食品樣本，接著他們會在問卷中，針對他們的反應寫下評比。他們的反應之後會轉換為數值，便於食物科學家與研究人員分析。有些研究人員也會紀錄受試者對於特定味道的臉部反應，並在研究報告上記下這些觀察結果。

常見的鹽與種類

因為我父親的故鄉附近沒有機場，所以我們總是搭火車去拜訪他住在印度北邊「北方邦」（Uttar Pradesh）的家人。我每次都會選最靠近窗戶的臥鋪位，然後整趟旅程一直盯著窗外的景色。一離開大都市，外頭的風光就有可能從青蔥蓊鬱的山丘，再變成塵土飛揚的沙漠。沿著印度西部海岸，我們能看到一大片平原延伸，這些平原切成許多大方塊。有些裡頭有水，有些則是有一堆一堆白色、曬乾的鹽。這些是印度的鹽田，會把水圈起來，透過日曬蒸發得到鹽。

大部分的食用鹽都來自大海，但其實也有產自陸地岩石的鹽。當雨水混合了空氣裡的二氧化碳，就會變成弱酸性，而當雨水落到岩石上時，就會溶解上頭的鹽和其他礦物質。這些含有高度浸出鹽（leached salts）的水，最後會流到大海，也就是鹽量積累的地方。我們吃的鹽是從海水、沼澤、鹽湖、和甚至是鹽礦或岩石中提煉出來的；溶解這些鹽的水分經過蒸發、受熱或抽乾而消失，最後留下來的東西就是超市裡或廚房裡的鹽。

有些鹽會經過好幾道淨化和純化的程序，以去除多餘的礦物質，產出最純粹的鹽，稱為「精鹽」，也就是我們從小到大，最熟悉的那種鹽。但近幾年來，市面上可看到越來越多種不同的鹽。在我家附近的超市，陳列香料那一排可看到一整區的鹽，各式各樣不同的顏色和形狀，應有盡有。其中有一些是添了其他風味的。您不需要把這些通通買回家；其中只有一些會對您的料理有所幫助。

底下是我怎麼分類我家的鹽。

基本鹽

這些鹽是我做菜時會用到的鹽，溶解速度都很快的（雖然還是會有些微差異）。

食鹽／餐桌鹽

就是餐廳桌上有孔小玻璃罐裡的鹽；鹽的立方體結晶很小，所以可以很輕易地通過鹽罐蓋子上的洞。大部分的餐桌鹽都來自地底下的鹽礦，且會經過淨化手續，移除所有其他物質。因為結晶體相當微小，所以溶解在水裡的速度很快。

因為鹽天生就具有吸濕性—會吸收空氣中的水，所以結晶常常會受潮結塊—因此餐桌鹽裡會加一些防止固結劑（anticaking）（每個國家的法規和規範不同，所以會用不同的防止固結劑）。您有時也會看到桌上鹽罐或大罐一點的鹽裡有生的米粒或咖啡豆，就是為了防止結塊。

在某些國家，因為公共衛生考量，會在鹽裡加碘或氟化物。該不該用加碘鹽或加氟鹽呢？我不會用，而且除非您的飲食或飲用水（有些地方會在飲用水裡加氟，以強化和保護牙齒）裡極度缺乏這兩個成分，又或是在醫生建議之下，否則兩者您都不需要。

粗鹽

粗鹽的結晶顆粒，顧名思義，比餐桌鹽的大。使用前最好先用杵臼或研磨器磨細，再撒在食物上調味或當作最後的裝飾鹽。製作醃檸檬（食譜請參考第 318 頁）時，我比較喜歡用粗鹽，因為它溶解的速度較慢，所以萃取出苦味複合物的過程也會相對穩定。慢火燉湯時，也可以加點粗鹽調味，或是烤肉時，直接撒在魚或肉上頭。

岩鹽

和餐桌鹽一樣，岩鹽的來源也是鹽礦。我做「洛克菲勒烤生蠔」（Oyster Rockefeller）時，會用這種鹽（食譜請參考我的另一本著作《季節》）。生蠔連殼放在厚厚的岩鹽上，能夠很均勻地受熱。您也可以用岩鹽來烹煮全魚或馬鈴薯及甜菜等蔬菜。

岩鹽受熱後，會在食物外形成一層硬皮，就像是保護膜一樣，能留住食物的水分，因此能造就鮮嫩的質地。上桌時，會敲掉外層的鹽封，只吃裡頭的食物。

岩鹽的另一個用處是加在古老的手動冰淇淋製作容器裡。岩鹽與水調和後，放進容器中，能維持冰凍的低溫。一個內有冰淇淋基底的小桶子，放進裝有岩鹽水的大容器裡，接著開始手動攪打，直到結凍。做菜時，我不會用這種鹽來調味。

細海鹽

這是到目前為止，我的首選烹飪或烘焙用鹽，無論鹹食或甜點都適宜。細小的結晶體，溶解速度快，而且價格相對實惠，又容易取得。海鹽的成分就是海水蒸發後所留下的

鹽，且除非標籤特別說明，否則通常是未精煉的，而這也表示它含有礦物質。

猶太鹽（Kosher Salt）

猶太鹽是一種特殊的粗鹽，深受餐廳大廚和許多料理人喜愛，因為它溶解速度快，而且具有容易就能用手指抓取的質地。它的結晶呈現輕盈寬大的平面片狀，所以易於附著在食物上面。因為這些片狀結晶比一般的鹽面積大，密度較低，所以在調味和烹煮時，您最後實際加入的鹽量是比較少的，能避開攝取過多鹽分的風險。

猶太鹽在我心中是第二明的烹飪用鹽，原因有二：猶太鹽的品質因廠牌而有很大的差異（莫頓 [Morton] 和鑽石牌 [Diamond Crystal] 是北美最常見的兩大品牌），而且銷售軌跡仍未遍佈全球，所以研發和撰寫食譜的時候，我還是首選細海鹽。

花俏鹽（Fancy Salts）

這些鹽本身帶著有趣的質地、顏色和風味，所以比較適合撒在成品上當裝飾，而不是加入菜餚裡做基本調味——雖然您一定也會看到有人用它們來做菜。

片鹽

這是一種很棒的鹽，有著大又扁平的結晶，外型就像雪花一樣，可加在菜裡調味，也可當成收尾的裝飾鹽。我的食材櫃裡一定會屯一盒「莫頓」的片鹽；這種片狀、鬆脆的結晶，撒在巧克力豆餅乾或布朗尼上，能創造出絕妙的口感。

莫頓的片鹽來自英國埃塞克斯郡（Essex County）江河入海口的海水，並且在很大的鹽田裡曬乾。等鹽結出片狀結晶後，就鏟起，送入烤箱再度乾燥。

還有幾種不同形態的海鹽，也是餐廳大廚熱愛的好物，如鹽之花（fleur de sel）和灰鹽（sel gris）。鹽之花是海水在某種特定的天氣情況下蒸發時，其表層初形成的鹽結晶。它也是世界上最貴的鹽之一。灰鹽的灰色來自鹽田底部黏土裡的礦物質。若想細細品嚐這些鹽的完整風味、樣貌和質地，最好的方法是撒在成品上。

印度黑鹽（Kala Namak）

Kala Namak 在印地文中，是「黑鹽」的意思，產自印度北部、尼泊爾、孟加拉和巴基斯坦的鹽礦與鹽湖。這種鹽之所以非常珍貴，是因為它具有硫磺氣味。雖然名為「黑」鹽，但實際上它的大塊鹽結晶是很深的紅色。磨成粉末之後，呈現粉紅色。

黑鹽開採出來後，會放在窯裡加熱數小時，加深它的顏色和風味。黑鹽獨一無二的風味和顏色來自鐵硫（iron sulfur）複合物。在印度，黑鹽常撒在路邊攤小吃、燉煮料理和蔬菜上頭，當裝飾鹽；我會把它撒在烤肉或蔬菜上，或代替精鹽，加到烤肉醬裡。黑鹽的硫磺味在菜裡並不持久，大概 30 分鐘就不見了，所以上桌前再加比較合適。它的風味和熱辣滾燙的食物很搭，加在第 164 頁的「香料水果沙拉」裡也很棒。印度黑鹽現在越來越普遍，在許多香料專賣店和印度超市裡都找得到。

加味鹽

市面上能看到許多種加味鹽，有些加了香料和增香食材，如香草或檸檬皮，有的則是有自然生成的風味和漂亮的顏色。夏威夷海鹽分成鹽裡含夏威夷特有紅泥土（alaea）的紅海鹽，以及夏威夷黑鹽（Hiwa Kai）兩種。火山紅土讓夏威夷紅海鹽帶著淡紅色和泥土氣息，很適合用來準備夏威夷特色菜「卡魯瓦嫩烤豬肉」（Kalua pork）。夏威夷黑鹽的顏色與風味則是「碳」造成的。

另一種產自印度的鹽——喜馬拉雅玫瑰鹽（sendha namak），其有名的淡粉色，來自礦物質。這種鹽據說（未經證實）對身體有益，所以現在越來越受歡迎，但它的滋味確實可口，再加上美麗的淡淡粉紅色，適合各種用途。

說到「煙燻鹽」，真的可謂種類繁多，風味依據其煙燻時所用的食材而定。煙燻鹽的結晶，從片狀到細粉狀都有，如果您想加一點煙燻風味，但又無法真的煙燻時，這種鹽就能派上用場。推薦您在烤肉或蔬菜上試試。

調味料

保存在鹽或鹽滷水裡的食物，如橄欖、沙丁魚和漬菜，加到菜餚裡也能增添鹹味，所以菜中如果有這些食材，務必少放點鹽。各種類型的味噌也都帶鹹味（還有滿滿的鮮味），所以您可以好好利用這個特點（請參考第 133 頁的「巧克力味噌麵包布丁」）。許多廚房常備的物品，都有無鹽或低鈉的版本，讓我們在烹調時能更容易掌控調味；因此我做飯時，會選用低鈉雞高湯、薄鹽醬油和無鹽奶油。

鹹味與料理

+ 鹽撒在成品上，當作收尾細節時，能增添口感，讓鹹食與甜點有嘎吱嘎吱的脆度。撒在鹹味派點、水果或巧克力口味的甜點時，則能同時增加口感與風味對比。

+ 鹽會影響蛋白質的溶解度；有些蛋白質在濃鹽水中，溶解速度會加快，有些則會停止溶解並沈澱。當鹽溶解於水時，會分裂成帶正電和帶負電的離子，而帶負電的氯離子，會讓蛋白質上的負電增加（蛋白質本身就帶負電），造成蛋白質的結構改變。把鹽撒在肉的表面上，或把肉浸在鹽滷水裡，都會讓一些肌肉蛋白，和肌凝蛋白（myosin）變得更容易溶解。當肉在烹煮時，肌肉蛋白裡可溶解與不可溶解的部分會黏在一起，並抓住水分子，讓肉變得柔嫩多汁。以絞肉為例，鹽會溶解肌凝蛋白和封住脂肪和水，因此能增加軟嫩度和保水度。做漢堡排和「卡巴」（kebab）烤絞肉時要記住，準備好要料理時再加鹽，否則肉的水分會跑掉。

+ 鹽很喜歡水，具有吸濕性。撒在水果和蔬菜表面時，會透過滲透作用，引出蔬果裡頭的水分。當鹽溶解於蔬菜切面的水分時，會形成高濃度的鹽水。所以現在蔬菜表面的鹽濃度太高，與裡頭細胞內的鹽，處於不平衡的關係，因此蔬菜內部的水分會開始向外移，試著校正這個不平衡。料理人可以利用這個特點，用鹽引出蔬菜的水分。製作漬菜時，如「印度香料醃漬白花椰菜」（食譜請參考第 320 頁），用這個方法可以讓蔬菜質地變結實，而在第 87 頁的「印度漬菜香料番茄玉米塔」中，則能防止水分讓塔皮變軟爛。

+ 煮蔬菜時，在一大鍋沸水裡加鹽，能夠縮短烹煮的時間，因為會讓形成蔬菜纖維結構的「半纖維素」（hemicellulose）解體。此外，加了鹽會產生滲透作用，比只用清水煮，能明顯地減少蔬菜的營養流失。煮馬鈴薯等澱粉含量高的蔬菜時，需要加更多鹽到滾水裡，這是因為澱粉很容易結合鈉，所以會讓我們覺得不夠鹹。煮義大利麵時，也要比平常煮其他東西時，多放一點鹽。鹽會減少義大利麵在烹煮時，於表面形成的膠狀層，因此可以讓麵不要變得太黏。

+ 滲透作用的原理同樣適用於肉類。鹽醃肉（鹹肉），如義大利沙拉米臘腸和醃製鮭魚，在製作過程中，就是用鹽（有些會加糖）引出食材中多餘的水分，並隨著時間推移，改變蛋白質的結構。浮到表面的水分會蒸發，所以在缺水和高濃度鹽分的情況下，可以防止有害微生物滋長，也能讓肉充滿風味。

+ 底下是一些方便的鹽重量換算：
+ 細海鹽 1 小匙 =5.7 克
+ 鑽石牌猶太鹽 1 小匙 =3.3 克
+ 莫頓猶太鹽 1 小匙 =6.2 克
+ 粗鹽 1 小匙 =6.2 克

快速用鹽提升風味的小技巧

+ 雖然我可以給您一些如何在食物裡加鹽的指引，但要加多少鹽還是看您個人偏好和口味而定。有個原則我要一而再，再而三的強調：做菜的時候，一定要盡可能地試吃。這會讓您有個概念，知道需要加多少鹽才夠。在不能試味道的情況下，如生肉或甜點麵團與麵糊，我會準確地告訴您要加多少鹽。料理中若有含鹽量已經很高的食物或食材，之後鹽就要加少一點，或甚至不用再加鹽。像是「川香棒棒雞」（食譜請參考第 243 頁）這類的菜餚，因為雞肉在烹煮前，就已經透過醃醬和乾粉吸了不少鹽分；所以雞肉煮熟後，我會先試吃一隻看看，再決定最後上桌前，要裹在雞肉最外層的醬要不要加鹽。

+ 使用加味鹽，或含有食物天然色素的鹽，如用甜菜染的紅鹽，或紅 / 黑色火山鹽（lava salts）來塗抹酒杯的邊緣。做法是：在小盤子裡倒一些加味鹽（如果對味的話，您還可以加一些細冰糖）。稍微用水、萊姆汁或檸檬汁沾濕空杯的杯緣，然後把杯子倒過來，壓在鹽巴上。

+ 有些調味料是保存在鹽裡的，如橄欖、蛋黃、罐頭沙丁魚、醃檸檬與醃萊姆，這些東西若加進食物裡，能增添鹹味。但因為它們的鹹度可能頗高，所以我建議在加了鹹味食材後，要先試試菜餚的味道，再視情況加鹽。

+ 鈉會取代天然存在於植物果膠裡的鈣，因此能讓豆子和馬鈴薯比較快熟，而且也會比較鬆軟（請參考第 292 頁「奶香黑豇豆豆糊湯」和第 144 頁「火藥香料烤薯條」）。

鹽和味道間的相互作用

+ 無論甜或鹹，我們在所有食物裡都會加一點鹽，讓各種風味更飽滿。至於要加多少鹽則端視您的味覺敏感度。如果您常加比較少量的鹽到食物裡，那您的味蕾就會適應調整，能感受較少量的鹽，會比較容易注意到食物天生帶有的鹹味。因此，每次下廚做菜時，記得要先試試味道，再視情況加鹽。

+ 我煮不加料的原味印度香米飯時，絕對不加鹽。鹽一碰到像印度香米這類充滿香味的米飯時，會讓香氣盡失。不加鹽並不會影響原味印度香米飯的味道，事實上，還會讓它更好吃。但如果我要做抓飯（請參考第 220 頁「果阿蝦仁橄欖油番茄抓飯」）和第 80 頁「印度家常起司香草抓飯」）或印度香飯（biryani）時，我就會加鹽，因為裡頭加了多種包含香料和香草在內的食材，這些都需要鹽才能讓風味更好。

+ 鮮魚、鹹魚、醃橄欖或番茄，本身的含鹽量就可能滿高的，所以如果菜餚裡用了這些食材，之後調味時就要多加留意。

+ 鹽會讓苦味沒那麼明顯。在印度的時候，每次我父母煮茄子，一定會先撒鹽，靜置 30 分鐘。之後吸掉滲出的水分，苦味分子就能被蓋住。

+ 富含澱粉的食材會結合鹽裡的鈉，讓食物嚐起來沒那麼鹹。所以如果湯或高湯太鹹，可以加幾大塊馬鈴薯或一球生（濕）麵團到湯裡，讓它們吸收過多的鹽分（上桌前撈出來丟掉）。同理可證，如果烹煮的是以澱粉為增稠劑的醬汁，如奶油炒麵糊或烤白花椰拌薑黃克菲爾發酵乳（食譜請參考第 83 頁），就要多加一點鹽。

+ 添加烹飪用酸，如檸檬汁或醋會讓食物嚐起來比較鹹。如果不想在料理中加太多鹽，就可以利用此原理。

+ 富含鮮味的食材，會大大增加對鹹味的感知。您可以在做飯時用薄鹽醬油或溜醬油（tamari）試驗看看。

+ 鹽會影響甜味。高濃度的鹽會讓食物嚐起來甜度降低。撒一點鹽在超甜、過熟的水果，如桃子或芒果上，然後注意看看甜味如何變淡。也可以想想鹽如何抵銷掉焦糖糖果和巧克力裡頭的甜味，在甜食裡加鹽，是現在越來越流行的風潮。

+ 太多鹽會瓦解脂肪，破壞其風味。太多鹽也會造成肉中的血紅蛋白（hemoglobin）放久之後，變成棕色。

吐司披薩

這道披薩，無論形狀或形式都絕對不正統，但卻是我小時候常吃的早餐。當我開始比較熟悉廚房的一切後，每個週日我都會準備早餐，而這個披薩就是常出現的菜單。之所以會如此美味，完全歸功於醬汁。

4片吐司披薩

無鹽奶油 ¼ 杯（55 克）或冷壓初榨橄欖油 ¼ 杯（60 毫升）

三明治麵包（吐司）4 片

私房配方速成義大利紅醬（食譜請參考第 316 頁）或市售披薩醬 ¼ 杯（60 毫升）

長期熟成（sharp）切達起司絲 ½ 杯（40 克）

中型青椒 1 個（200 克 [7 盎司]）

中型番茄 1 個（140 克 [5 盎司]）

細海鹽

現磨粗粒黑胡椒粉

切碎的香菜或扁葉巴西利 2 大匙

乾燥紅辣椒片（如阿勒坡）1 小匙

風味探討

吐司披薩中鹹味的主要來源是番茄紅醬，接著是起司。

蔬菜能提供不同的口感，和麵包與醬汁形成對比。

做法：

烤箱預熱至 177℃（350 ℉）。先在烤盤內鋪烘焙紙，再擺上一個金屬網架。

每片麵包分別抹上 1 大匙奶油後，放到網架上。麵包朝上的那一面均各塗抹 1 大匙番茄紅醬，接著各撒上 1 大匙起司絲。青椒和番茄切圓形薄片，

各取 4 片後，其餘收起來，留作他用。每片麵包上各擺一片青椒和一片番茄，並加點鹽和黑胡椒粉調味。最後在蔬菜上放剩餘的起司絲。入烤箱烤至起司融化、麵包香酥，約 10 ～ 12 分鐘。取出麵包，每片撒上 ½ 大匙香菜葉和一些乾燥紅辣椒片做裝飾。馬上上桌品嚐。

火藥香料烤薯條佐羊起司蘸醬

這個薯條未經油炸，但切成細長火柴棒狀的薯條，用手抓著吃，和一般薯條沒兩樣，而且印度酥油還提供了讓人感到舒心的堅果香氣。使用火藥香料（gunpowder masala）時，絕對不要小氣，您的用量可以比我食譜寫的更多，或是在上桌時，多附上一些供人取用。這道菜所用的烹調手法，取材自採取血液時會用到的原理——用檸檬酸和檸檬酸鈉（sodium citrate）當「螯合物」（chelate），結合和抓住鈣和鎂等離子，在這裡的作用是增加口感。

2～4人份

薯條：

現榨檸檬汁 ¼ 杯（60 毫升）

細海鹽 1 小匙，視需求增加

小蘇打粉 ¼ 小匙

薑黃粉 ⅛ 小匙（可省略）

大褐皮馬鈴薯 3 顆（總重 910 克［2 磅］）

融化的印度酥油 2 大匙

私房「火藥」堅果瑪薩拉（食譜請參考第 312 頁）2 大匙

蘸醬：

軟質羊起司或法國白乳酪（fromage blanc）140 克（5 盎司），軟化至室溫

全脂原味希臘優格 2 大匙

切碎的平葉巴西利 1 大匙

現榨檸檬汁 1 大匙

檸檬皮屑 1 小匙

大蒜 1 瓣，去皮磨成泥

黑胡椒粉 ½ 小匙

細海鹽

風味探討

印度酥油能提供炸物裡受人喜愛的「油香味」。不管是羊起司或法國白乳酪，在乳製品加工處理時都會加鹽；其鹹味，能和充滿香料暖味的溫熱薯條相互融洽呼應。

印度酥油屬高發煙點的油脂，比 232℃（450 ℉）還高，所以不像葡萄籽油或芥花油，在如此高溫時會降解。

粉質重的馬鈴薯品種，如褐皮馬鈴薯，比較適合做成薯條，因為它們的含水量比蠟質品種（澱粉含量低）低。這道菜也可以使用育空黃金馬鈴薯。粉質馬鈴薯在烹煮時，只會流失少量的水分，所以能做出飽滿、紮實的薯條。蠟質馬鈴薯，因為烹煮時會流失大量的水分，所以薯條會呈現空心狀。

當薯條在水裡煮到半熟時，澱粉會在表面糊化，有助於形成脆殼。

鹽水裡的鈉會取代馬鈴薯果膠裡的鈣，造成馬鈴薯的細胞分離，讓薯條內部形成柔滑的質地。

檸檬汁裡的檸檬酸同樣也會和果膠產生反應，它會結合因鈉而分離出來的鈣，讓口感更棒。檸檬酸還可以防止薯條因梅納反應而顏色過深，導致賣像不佳。

小蘇打粉和檸檬酸反應後會形成檸檬酸鈉，可以結合和抓住鈣質，提升薯條質地。

薑黃粉在此處的功用是「增色」。

做法：

薯條：取一中型醬汁鍋，倒入 4 杯水（960 毫升）水、檸檬汁、鹽、小蘇打粉和薑黃粉（若用）拌勻。拌好的液體會稍微起泡。

利用煮馬鈴薯的時間，將烤箱預熱至 218℃（425℉），並將烤架置於烤箱內部中央。在兩個烤盤內，鋪上鋁箔紙，且各放一個金屬網架。

馬鈴薯削皮後，切成約 1×9 公分（⅜×3½ 吋）的細火柴棒狀。將薯條放入預先拌好的檸檬鹽水中。先用大火煮到滾沸，改為文火，續煮 1 分鐘到薯條剛好變軟，但還未崩解。小心瀝出薯條後，放到大碗裡。輕輕地和印度酥油拌勻，再加入適量鹽調味。

把薯條平均分配到兩個烤盤，單層鋪平且每根間要留下足夠的間隙，以均勻受熱。烤到顏色微微變成金黃色，約 20 ～ 25 分鐘，烤程中途需調換烤盤方向，並用鍋鏟或料理夾翻動薯條。烤好的薯條應該是外酥內軟。將其取出，每盤各撒上 1 大匙「火藥」堅果瑪薩拉。

蘸醬：在一小碗中，把起司、優格、巴西利、檸檬汁、檸檬皮屑、大蒜和黑胡椒粉調勻，試過味道後，再視個人口味加鹽調味。

將剛出爐的薯條和蘸醬一起端上桌。

印度家常起司甜菜沙拉佐芒果萊姆醬

每當吃到完熟的印度芒果時，心中總有無以倫比、難以用筆墨形容的喜悅。芒果在熟成的過程中，裡頭的澱粉會轉化，變成柔軟酸甜、香氣四溢的果肉，那味道讓我想起過往在果阿度過的炎熱暑假。雖然芒果當成甜點吃就已經很美味，但加進鹹食裡也毫不遜色。充滿甜蜜果味的芒果，再加上萊姆，讓這道甜菜沙拉吃起來很清爽。要用熟度剛好的芒果，這樣吃完才不會在嘴裡留下粉筆味。可想而知，我會推薦用印度芒果，但香檳芒果（champagne mangoes）也是很棒的選擇。印度家常起司可在印度超市和大部分一般超市的起司區找到。

4人份+1½杯（360毫升）醬汁

醃醬：

原味無糖克菲爾發酵乳、酪奶或優格 1杯（240毫升）

細海鹽 2 小匙

孜然粉 ½ 小匙

薑黃粉 ½ 小匙

紅辣椒粉 ½ 小匙

現磨黑胡椒粉 ½ 小匙

硬質印度家常起司 400 克（14 盎司），自製的（請參考第 334 頁「案例分析」）或市售的皆可

甜菜沙拉：

中型甜菜 4 個（總重 455 克 [1 磅]），紅甜菜和黃甜菜混合尤佳

冷壓初榨橄欖油 2 大匙，另外準備一些份量外的塗抹鍋具用

細海鹽

芒果萊姆沙拉醬：

完熟芒果丁 140 克（5 盎司）

克菲爾發酵乳或酪奶 ½ 杯（120 毫升）

葡萄籽油或經過「脫苦」處理的冷壓初榨橄欖油（請參考第 104 頁「案例分析」）¼ 杯（60 毫升）

現榨萊姆汁 1½ 大匙

美式黃芥末醬 1 大匙

現磨黑胡椒粉 ¼ 小匙

紅辣椒粉 ¼ 小匙

細海鹽

盛盤裝飾：

芝麻葉（arugula leaves）200 克（7 盎司）

冷壓初榨橄欖油 1 大匙

現磨黑胡椒粉 1 小匙

細海鹽

印度芒果粉 2 小匙（待續）

風味探討

印度家常起司本身沒有鹹味，所以醃醬裡一定要多放一點鹽，讓起司可以吸收。

沙拉醬能帶來鹽以外的第二層風味。

雖然印度家常起司是種能夠輕鬆在家自行製作的起司之一，但做這道菜時，我比較喜歡用市售的，因為正確的形狀和結構在這裡非常重要。市售的印度家常起司在製作時，經過相當大的壓力重壓，迫使蛋白分子合併在一起，所以能形成硬質、紮實的起司，經過切整和烹煮，仍能保有原來的形狀。專業的製造商才有能夠產生足夠壓力的器材；這點在家裡滿難做到。但在這本書裡，我還是納入了自行製作的方法（請參考第 334 頁的「案例分析」），不然的話，市售的就非常棒了。

做法：

將克菲爾發酵乳、鹽、孜然粉、薑黃粉、紅辣椒粉和黑胡椒粉全放入小碗中拌勻。試過味道後，可依需求再多加點鹽。把醃醬倒入大密封袋。

將印度家常起司切成 2.5x5x1.2 公分（1x2x½ 吋）左右的小方塊，放入裝有醃醬的袋子裡，把袋子封好，輕輕搖晃一下，讓起司均勻裹到醃醬。起司置於室溫下醃製 1 小時，若想醃久一點，需冷藏。

烤箱預熱至 204℃（400℉）。

利用起司醃製的時間，準備甜菜。甜菜削皮、去除頭尾後，切成四等份。把甜菜放到一般烤盤或深烤盤中，淋上橄欖油，並加鹽調味。烤 30 ～ 45 分鐘，要烤到中心也變軟，用刀子能輕鬆插入的程度。取出烤好的甜菜，放涼 10 分鐘備用。

烤甜菜的同時，可以調製沙拉醬。把芒果、克菲爾發酵乳、油、萊姆汁、芥末醬、黑胡椒粉和紅辣椒粉放入果汁機中，用低速攪打至均勻滑順。試過味道後，依個人口味加入適量鹽調味。

要組合沙拉前，再煎起司。用中大火燒熱鑄鐵橫紋煎鍋或中型不沾醬汁鍋，並在鍋裡刷一點橄欖油。用料理夾小心夾出密封袋裡的起司，分批放入熱鍋裡煎到表面金黃，且稍微有點焦痕，每面約煎 2 ～ 3 分鐘。

最後，把芝麻葉和橄欖油放入大攪拌盆中拌勻後，再加點鹽和黑胡椒粉調味。放入煎好的起司塊，淋上幾大匙沙拉醬。上桌前一刻，再撒點印度芒果粉。將剩下的沙拉醬附上旁邊一起送上。

綠橄欖臘腸填料

我很喜歡填料（stuffing）的概念；就像一塊空白的石板，等著填上各種具個人特色的風味。綠橄欖是我給加州的頌歌，而果阿臘腸、番紅花和醋則代表了我的印度出身。

（接 151 頁）

8～10人份

巧巴達麵包或酸種麵包 455 克（1磅）

無鹽奶油 ½ 杯（110 克），另外多準備一些份量外的塗抹鍋具用

番紅花花絲 20 條

細海鹽

果阿臘腸 310 克（11 盎司）

韭蔥 1 根（300 克 [10½ 盎司]），去除頭尾後，切成細圈

中型黃洋蔥 260 克（9¼ 盎司），切成薄片

大蒜 4 瓣，去皮後切薄片

翠玉蘋果（Granny Smith）或其他適合烘焙、硬身微酸的蘋果 2 顆（每顆約 200 克 [7 盎司] 重），去核後切成小丁

酸櫻桃乾 85 克（3 盎司）

核桃仁（walnut halves）½ 杯（60 克）

蘋果醋或麥芽醋 ¼ 杯（60 毫升）

170 克（6 盎司）裝的罐頭中型綠橄欖 1 罐，瀝乾後切對半

低鈉雞高湯 3 杯（720 毫升）

大蛋 2 顆，稍微打散

切碎的香菜 2 大匙，裝飾用

切碎的平葉巴西利 2 大匙，裝飾用

風味探討

泡在鹽水裡的綠橄欖，味道強烈，能和果阿臘腸的奔放風味分庭抗禮。要補強市售果阿臘腸的風味，可參考第 91 頁「果阿臘腸麵包」的解說。

蘋果和櫻桃能帶來鮮明的甜味和淡淡的酸味。

番紅花加一點鹽增加摩擦力磨成細粉後，比單用花絲，更顯色，風味也更濃厚。

把麵包烘乾能讓它脫水，對之後會發生的焦糖化和梅納反應有所幫助，也可以讓麵包像塊海綿一樣，吸進所有液體。

填料一開始需加蓋烤，讓雞蛋的蛋白質改變其形狀，形成蛋白質網絡，抓住各種不同的食材與風味分子。最後再開蓋低溫烤，能讓填料的表面更香脆，也可以降低燒焦的風險。

做法：

烤箱預熱至 93℃（200 ℉），並在烤盤內鋪烘焙紙。用刀切或手撕把麵包分成 1.2 公分（½ 吋）見方小塊，接著將它們單層平鋪在烤盤上，放入烤箱烘乾，約需 1 小時。取出乾燥的麵包塊，放到涼透後，倒入大攪拌盆中。

將烤箱溫度提高到 177℃（350 ℉）。在 23×33×5 公分（9×13×2 吋）的陶瓷或玻璃烤盤中，塗上些許奶油。

一半的番紅花花絲和少許鹽一起磨成細粉後，置於一旁備用。剝除果阿臘腸的腸衣，並將肉餡分為小塊。小火燒熱中型醬汁鍋，下臘腸肉餡炒 8～10 分鐘至開始上色。放入奶油，繼續拌炒至融化。把火力調大，加韭蔥和洋蔥，炒到開始轉為透明，約 4～5 分鐘。再下大蒜翻炒 1 分鐘後，放入完整的番紅花花絲和番紅花粉。（接 151 頁）

倒入蘋果、櫻桃乾和核桃，翻炒 1 分鐘左右，至果乾膨起。淋上醋後，移鍋離火。輕輕地拌入橄欖，接著是乾麵包塊。加適量鹽調味後，把拌好的料倒入準備好的烤盤中。

取一中碗，先將 1 杯（240 毫升）高湯和雞蛋打勻後，再注入剩下的高湯，攪拌均勻。將液體倒在烤盤裡的麵包料上頭，並輕輕翻拌一下，使其分佈均勻。做到這個步驟，可以讓麵包料靜置 30 分鐘再烤，或用保鮮膜包住，放入冷藏冰一晚。

要烤的時候，把保鮮膜拆掉。如果是冰箱剛取出的，需先連同烤盤一起放在流理台上自然退冰到常溫，大概需要 15 分鐘。取一張鋁箔紙，把烤盤牢牢封住後，放入烤箱烤 40 分鐘。接著將溫度降到 149℃（300 ℉），拆掉鋁箔紙，繼續烤 20 ～ 30 分鐘，直到頂部變成金黃酥脆，且液體幾乎消失。用燒烤籤或刀子插入填料中央再拔出，應該要無沾黏。烤好的填料自烤箱取出後，至少需放涼 10 分鐘。最後撒上香菜和巴西利裝飾即可品嚐。

咖哩葉烤番茄

我第一次正式接觸園藝，是搬到奧克蘭的家，有了後院之後。我在那裡種了各種東西——在外面商店很難找到的食材，和我愛吃的東西等。而番茄則屬於後者。有的時候我的番茄熟得很漂亮，但有的時候就勉勉強強；因為需要消耗掉半生不熟或是風味不足的番茄，於是我想了這道食譜。這道菜我會配上烤得酥酥熱熱的酸種麵包一起當開胃菜，然後在旁邊另外擺上鹽和黑胡椒。成品裡頭的油因為泡過咖哩葉和大蒜，所以味道相當好，最棒的吃法就是用麵包沾光光。若使用煙燻片鹽，能再多添一層風味。至於番茄，您可以用任何品種和顏色，所有的小番茄，或甚至是一些小型或中型的番茄都可以；太大的番茄需要切半再烤。如果能找到連藤一起成熟的番茄，會讓這道菜看起來更吸引人。

將近910克（2磅）

冷壓初榨橄欖油 ½ 杯（120 毫升）

小番茄 910 克（2磅）

大蒜 4 瓣，帶皮

新鮮咖哩葉 3 ～ 4 束

芫荽籽 1 大匙，略壓碎

稍微壓碎的黑胡椒原粒 1 小匙

粗海鹽或片鹽

烤酥的麵包，佐餐用

風味探討

這道菜是一場用熱能來濃縮和注入風味分子的實驗。番茄放在橄欖油裡烤時，汁液會蒸發，進而濃縮其內含的鹽、糖、麩胺酸鹽和其他風味。

咖哩葉和香料裡充滿香氣的風味分子在加熱時會釋放出來，而且由於這些分子都是高脂溶性的，所以會被油吸收。

做法：

烤箱預熱至 160℃（320 ℉）。將橄欖油倒入 23×30.5 公分（9×12 吋）的長方形烤盤中。

番茄仔細用自來水沖洗掉所有泥土後拍乾，放入長方形烤盤中。將大蒜連皮壓碎後，丟進烤盤裡。最後放入咖哩葉，芫荽籽、黑胡椒粒和鹽，翻拌均勻。

入烤箱烤 1 小時左右至番茄爆開，且微微產生焦糖化。烤完後取出，放涼一陣子再端上桌。烤好的番茄，加蓋冷藏，最多可保存 2 週。搭配烤酥的麵包，溫溫地吃或常溫品嚐皆可。

北非小米沙拉佐芝麻烤胡蘿蔔與菲達起司

我的朋友潔西卡‧瓊斯（Jessica Jones）到奧克蘭來幫美國公共電視服務網（PBS）拍紀錄片（她是製作人）的時候，帶了一道裡頭有滿滿烤胡蘿蔔和各種綠色香草，味道超級好的北非小米（couscous）沙拉。那個時候，我們剛搬到奧克蘭，家具都還沒到，所以我們就坐在毫無一物的木頭地板上，迅速掃光那碗沙拉。如果要評分，我會說那是我人生中吃過風味最飽足的美食之一。這樣的評比可能有點偏頗，但在我心中潔西卡就是一個樣樣精通的完人。現在這道用北非小米做的料理，改編自潔西卡的版本，同樣簡單但優雅。

4人份配菜

北非小米：

胡蘿蔔 455 克（1 磅），去皮後，縱切成半

大蒜 8 瓣，去皮

冷壓初榨橄欖油 3 大匙

黑芝麻 1 小匙

白芝麻 1 小匙

乾燥紅辣椒片（阿勒坡、馬拉什或烏爾法等品種）1 小匙

細海鹽

黑胡椒粉 ½ 小匙

低鈉雞高湯、「褐色」蔬菜高湯（請參考第 57 頁）或清水 1 杯（240 毫升）

月桂葉 2 片

北非小米 ¾ 杯（135 克）

切碎的香菜或平葉巴西利 2 大匙

捏碎的菲達起司 ¼ 杯（30 克）

切碎的薄荷 2 大匙

沙拉醬：

米醋 ¼ 杯（60 毫升）

深焙芝麻油 2 大匙

楓糖漿 1 大匙或蜂蜜 2 小匙

乾燥紅辣椒片（阿勒坡、馬拉什或烏爾法等品種）½ 小匙

細海鹽

紅蔥 1 顆（60 克 [2 盎司]），切薄片

風味探討

觀察醋如何影響我們感受紅蔥麻油沙拉醬裡的鹽。酸味會增加我們對鹹味的敏感度，所以最後鹽的用量可以比平常少。

紅蔥要切得夠薄，這樣泡到酸（如醋）裡，才能快速醃漬。請留意紅蔥裡桃紅色的花青素，泡到醋裡後，顏色如何稍微轉深。低酸鹼值會讓顏色更鮮艷。

做法：

北非小米：烤箱預熱至 218℃
（425℉）。

將胡蘿蔔與 4 瓣大蒜放入深烤盤或
一般烤盤中，淋 1 大匙橄欖油，撒上
雙色芝麻及乾燥紅辣椒片，用手抓揉
一下，讓胡蘿蔔和蒜瓣能均勻裹上增
香油料。加入適量鹽和黑胡椒粉調味
後，放入烤箱烤 25 ～ 30 分鐘，至
胡蘿蔔表皮變脆，且裡頭熟透軟化。
烤的時候，要隨時留意蒜瓣，以免烤
焦；蒜瓣烤到有點上色且微帶焦痕即

可。蒜瓣如果上色太快，可先用料理
夾取出。

同時，把高湯和剩下的 2 大匙橄欖油
倒入中型醬汁鍋中，開中大火燒熱。
將剩下的 4 瓣大蒜壓碎，和月桂葉
一起投入高湯中。加適量鹽調味後，
等高湯煮沸。北非小米入鍋，攪拌一
下後，鍋子離火。加蓋，待北非小米
吸入全部高湯且體積變大，約 5 分
鐘。用叉子鬆拌完成的北非小米。

沙拉醬：將醋、芝麻油、楓糖漿和乾
燥紅辣椒片放入小碗中，攪拌均勻。
加鹽調味後，再拌入紅蔥，靜置 15
分鐘。

上桌前，將香菜和北非小米拌合，再
擺上烤胡蘿蔔與大蒜。最後再點綴一
些菲達起司和薄荷即完成。淋一圈沙
拉醬，溫溫地吃或放涼至常溫再吃
皆可。

烤番茄羅望子湯

在寒冷的日子或心情不好時，這碗充滿胡椒香的番茄湯，絕對可以派上用場。這碗湯裡充滿各種對比鮮明的風味，很適合配上一片抹了奶油，上面再加上長期熟成切達起司或鹹味菲達起司的麵包。顏色鮮紅的克什米爾辣椒粉（Kashmiri chilli powder），辣度並不高，在印度超市、進口食材商店或香料專賣店都能找到。

4人份

大的完熟番茄 680 克（1½ 磅），每顆切成四等份

大蒜 4 瓣，去皮

黑色或棕色芥末籽 1 小匙

芫荽籽 1 小匙

孜然籽 1 小匙

薑黃粉 1 小匙

黑胡椒原粒 1 小匙

阿魏（asafetida）¼ 小匙

冷壓初榨橄欖油 2 大匙

細海鹽

紅辣椒粉 1 小匙

黑糖或石蜜 1 小匙，視情況增加

羅望子醬 1 大匙，自製的（食譜請參考第 67 頁）或市售的皆可

冷壓初榨橄欖油或芥末油，裝飾用

粗粒黑胡椒粉，裝飾用

烤過並塗上奶油的麵包片，佐餐用

風味探討

番茄富含各種不同的味道分子，包含鹽在內；番茄預先烤過，除了能讓裡頭的鹽份濃縮，還能產生除了原有的鹽、糖和麩胺酸鹽以外的新風味分子。

羅望子帶有酸味，能讓番茄的甜酸鮮等味道更飽滿。

加一點點糖，能讓番茄與羅望子的酸不要太搶戲。

湯溫熱的時候先試試味道，再和喝剩放涼的比較，看看味道有無差別，如此便可觀察溫度如何影響人體對鹹味和酸味的感受度。如果想要湯辣一點，可以把克什米爾辣椒粉換成¼～½小匙的卡宴辣椒粉，和一大撮優質的乾燥紅辣椒片。

做法：

烤箱預熱至 218℃（425 ℉）。

番茄各切成四等分後，放入一般烤盤或深烤盤中。加大蒜、芥末籽、芫荽籽、孜然籽、薑黃粉、黑胡椒原粒和阿魏。淋上橄欖油，撒入調味的鹽。切面朝上，放入烤箱，烤 30 分鐘至開始上色。如果大蒜開始焦了，可先取出置於一旁備用。烤好的番茄和鍋中所有香料，倒入果汁機或食物調理機中。

放入辣椒粉、糖、3 大杯（720 毫升）清水和羅望子醬。以瞬速攪打至均勻滑順，試試味道後，視情況添加鹽或糖做最後調味。

將熱湯盛入四個碗中，滴幾滴橄欖油或芥末油，再撒上大量的黑胡椒粉。搭配酥熱的烤奶油切片麵包一起吃。

印度芒果粉香料煎雞肉沙拉

這是我週間的午餐沙拉，本身材料非常簡單，只用了一點點萊姆汁和少許的印度芒果粉增加酸度，但真正重磅直擊的是雞肉的飽滿風味。煎好的雞肉也可以當三明治的夾料，做為早午餐或野餐餐點，旁邊再附上一點美乃滋。其他材料我會看家裡剩些什麼，有的時候我會放 2 大匙的新鮮香草，像是薄荷、香菜和龍蒿（tarragon）。這道沙拉用雞胸或雞腿來做都很適合。

因為雞肉需要醃製，所以您需要提前幾個小時準備。這裡有個我在家準備未來一週餐點時，常用的小撇步——雞肉先放冰箱醃 1 小時，然後分成小批，連醃醬一起用密封袋裝好，放到冷凍庫裡。要烹調雞肉的時候，可提前一晚把雞肉移到冷藏室解凍或直接取出放在流理台等完全退冰後，再著手料理。

4人份

去皮去骨的雞腿肉 4 塊（總重約 455 克[1 磅]）

冷壓初榨橄欖油 ¼ 杯（60 毫升）+2 大匙（可參考第 104 頁「案例分析」，預作「脫苦」處理），另外再準備一些份量外的塗抹鍋具用

紅酒醋 ¼ 杯（60 毫升）

芫荽粉 1 小匙

孜然粉 1 小匙

紅辣椒粉 1 小匙

細海鹽 1 小匙，可視個人口味增加

現磨黑胡椒粉 ½ 小匙，可視個人口味增加

奶油萵苣 2 顆（總重 400 克[14 盎司]），取下生菜葉，撕成適口大小

紅蔥 3 顆（總重 180 克[6½ 盎司]），切成薄片

小番茄 340 克（12 盎司），切對半

現榨萊姆汁 2 大匙

細海鹽

現磨黑胡椒粉

印度芒果粉 1½ ～ 2 小匙

風味探討

醃雞肉的醬料能夠補強風味，同時也是「濕式鹽漬」的鹽水溶液。

醃醬裡的醋，含有鹽和酸，能提供良好的環境讓鹽擴散，其他食材也可增進雞肉的風味。鹽和酸加在一起會影響蛋白質的結構，增加雞胸肉的保水度。這樣做出來的雞胸肉會更鮮嫩多汁。

做法：

雞腿肉用乾淨的廚房紙巾拍乾後，放入密封袋中。取一中碗，混合 ¼ 杯（60 毫升）橄欖油、醋、芫荽粉、孜然粉、紅辣椒粉、鹽和黑胡椒粉。將醃醬倒在雞肉上，搖一搖袋子，讓雞肉均勻裹上醃醬後，把袋子封緊。放入冰箱醃製至少 4 小時，最多 8 小時。準備要煎的時候，將裝有雞肉的密封袋置於流理台至少 15 分鐘，自然退冰到常溫。

開中大火燒熱橫紋煎鍋，在鍋內紋路上刷少許油。用料理夾取出袋中雞肉，稍微在袋內刮一下，讓多餘的醬汁流回袋中。將雞肉放入熱鍋，每面約煎 4 ～ 5 分鐘，需達到全熟（探針式溫度計顯示 74℃ [165 ℉]），且兩面均炙上焦痕。煎好的雞肉移到盤中，靜置休息 5 分鐘後，把雞肉切成條狀。

在大碗內擺上生菜、紅蔥圈和小番茄。萊姆汁和剩下的 2 大匙橄欖油在小碗內調勻後，倒在蔬菜上。加適量鹽和黑胡椒粉調味，翻拌均勻。上桌前，把雞肉擺在沙拉上，再撒上印度芒果粉。

義式培根辣味炒牛肉

這道料理的前身是一道我從小吃到大的經典果阿料理，會澆在熱騰騰的白飯（食譜請參考第 310 頁）上吃。正統做法並不會用義式培根（pancetta），但我發現加了義式培根會隱約多一分風味。如果您很愛吃肉和馬鈴薯，這道菜寫了您的名字。這道炒牛肉很適合和第 291 頁的「椰味燜高麗菜」一起搭著吃。

4人份

義式培根丁 115 克（4 盎司）

育空黃金馬鈴薯 2 顆（總重為 445 克 [15½ 盎司]），去皮後切成 1.2 公分（½ 吋）見方小塊

細海鹽

冷壓初榨橄欖油 2 大匙

黃洋蔥 2 顆（總重為 500 克 [18 盎司]），先切半後再切成薄片

大蒜 6 瓣，去皮後切末

生薑 2.5 公分（1 吋），去皮後磨成泥

丁香 6 個，磨碎

黑胡椒粉 1 小匙

肉桂粉 1 小匙

薑黃粉 1 小匙

腹脅牛排（flank steak）455 克（1 磅）

麥芽醋或蘋果醋 2 大匙

新鮮香菜 ¼ 杯（10 克），切碎

生辣椒 2～3 條，切末

風味探討

義式培根是一種鹽醃肉類，在醃製的過程中，建立了許多風味物質。經加熱烹煮後，會釋出油脂和鹽分，為菜餚添加風味。

補強風味的各種食材經熱油烹煮後，可萃取出脂溶性的刺激風味分子。洋蔥的嗆味經烹煮幾分鐘後，就會變淡，讓人更容易嚐到它的甜味，也可以緩解口中的辣度。

做法：

以中小火燒熱不鏽鋼或鑄鐵大醬汁鍋。放入義式培根丁，逼出油脂，並炒到開始上色，約 5～8 分鐘。馬鈴薯入鍋，加鹽調味。煎煮 30 分鐘左右，至馬鈴薯轉為金黃色，外酥內軟。將完成的馬鈴薯和義式培根盛到中碗裡。

原鍋倒油，開中大火燒熱。下洋蔥爆炒至透明，約 4～5 分鐘。放入大蒜和生薑，翻炒 1 分鐘左右至透出香氣。放磨碎的丁香、黑胡椒粉、肉桂粉和薑黃粉，同樣炒出香味，約 30～45 秒。炒好的洋蔥和香料一起盛入小碗，鍋子留在爐上，繼續開中大火加熱。

牛排用廚房紙巾拍乾後，逆紋切成 1.2×2.5 公分（½×1 吋）條狀。加鹽調味後，把牛柳放入燒熱的醬汁鍋中。爆炒 4～5 分鐘到肉軟嫩，呈三分熟（用探針式溫度計測量，達 54℃ [170 ℉]）。轉小火，刮起鍋底渣滓和牛肉釋出的油水混拌均勻。加入煮熟的馬鈴薯、洋蔥和義式培根拌炒。淋上醋後，試試味道，看看是否需要再加點鹽。鍋子離火盛盤，加上香菜和生辣椒裝飾，趁熱吃。

羊排佐青蔥薄荷莎莎醬

包裹著羊排的調味料，就像一件充滿各種風味的外套，而青蔥薄荷莎莎醬則像一條翠綠的披巾，為羊排妝點上華麗的色彩，讓這道菜可成為晚宴上的「嬌點」。如果不想要蒜味這麼重，可將用量減半。莎莎醬可用黎巴嫩蒜蓉醬（Toum；食譜請參考第 315 頁）取代，或蒜蓉醬和莎莎醬一起上桌，雙種醬料供君選擇。

4人份

羊排：

羊肋骨 8 支（總重為 910 克 [2 磅]）

現榨檸檬汁 ¼ 杯（60 毫升）

冷壓初榨橄欖油 4 大匙（60 毫升）

印度芒果粉 1 小匙

黑胡椒粉 1 小匙

紅辣椒粉 1 小匙

甜茴香籽 1 小匙，稍微壓裂

印度黑鹽（kala namak）2 小匙，
　可視需求增加用量

莎莎醬（可做出1½杯[360毫升]）：

冷壓初榨橄欖油 ½ 杯（120 毫升）

現榨檸檬汁 ¼ 杯（60 毫升）

新鮮薄荷 1 把（55 克 [2 盎司]），
　切碎

青蔥 4 根，蔥白和蔥綠都切成細蔥花

大蒜 4 瓣，去皮後切末

黑胡椒粉 1 小匙

青辣椒 1 根，切末

細海鹽

風味探討

印度黑鹽在這裡是扮演「鹽漬」的角色，同時也能增添羊排的風味。

醃醬裡的鹽和酸會改變羊排的蛋白質結構。以紅肉來說，堅硬的膠原蛋白會開始溶解，肌肉組織因為留住水分而膨脹變軟。這樣煮出來的肉就會柔嫩多汁。

做法：

羊排：羊排用乾淨的廚房紙巾拍乾後，放入大密封袋。取一小碗，將檸檬汁、2 大匙橄欖油、印度芒果粉、黑胡椒粉、紅辣椒粉、甜茴香籽和印度黑鹽混合均勻後，倒在羊排上。袋子封好後搖一搖，讓羊排裹上醃醬。放入冷藏，醃製至少 2 小時，若能醃 6 小時更好。

準備料理羊排前一小時，先準備莎莎醬。在帶蓋的碗中，放入橄欖油、檸檬汁、薄荷、蔥花、蒜末、黑胡椒粉和辣椒末攪拌均勻，試試味道後，加鹽調味。加蓋置於一旁備用。

準備煎羊排時，先把自冰箱取出的羊排，連袋子一起放在流理台退冰至少 15 分鐘，羊排需回溫到常溫後，才能下鍋煎。

分批煎醃好的羊排。在不鏽鋼或鑄鐵大煎鍋中，放 1 大匙橄欖油，以中大火燒熱。當鍋子夠燙時，用料理夾先取出四支羊排，放進鍋中，每面煎 3～4 分鐘（一分熟）或 5～6 分鐘（三分熟）（用探針式溫度計測量肉中心，一分熟為 62.8℃ [145°F]，三分熟為 71℃ [160°F]）後夾起。再下另 1 大匙橄欖油燒熱，把剩下的四支羊排煎完。煎好的羊排放到盤子上，用鋁箔紙鬆鬆蓋住，靜置休息至少 5 分鐘後再上桌。

上桌前，在羊排上淋點青蔥薄荷莎莎醬，即完成。

香料水果沙拉

大部分的食譜都是為了表述當下的某個論點,之後便成為滋養其他版本的靈感來源;這些日後的版本體現了意念與想法如何隨著時間演變。這道沙拉最初始的開端,出現於我為《舊金山紀事報》寫的專欄,乃取材自印度的一種街頭小吃——香料水果(fruit chaats)。

4人份

黃油桃或黃色蜜桃 1 顆(260 克 [9¼ 盎司]),已熟但摸起來仍硬身

李子 1 顆(85 克 [3 盎司]),已熟但摸起來仍硬身

混色葡萄 400 克(14 盎司)

薄荷葉 12 片

萊姆汁 2 大匙

楓糖漿 ¼ 杯(60 毫升)

石榴糖蜜 2 大匙

乾燥紅辣椒片(阿勒坡、馬拉什或烏爾法等品種)1 小匙

甜茴香籽 ½ 小匙,稍微壓裂

現磨黑胡椒粉 ½ 小匙

印度黑鹽 ½ 小匙,可隨需求增加用量

風味探討

印度黑鹽能讓香料的味道更完整,因為它一碰到水,就會釋出獨特的硫磺香氣。

鹽和甜味劑透過滲透和浸漬作用,有助於引出水果裡的汁液。

做法:

桃子先切半,去掉果核後,再切成薄片,放入大攪拌盆中。李子也是用同樣的方法處理。再將葡萄也放入攪拌盆中,最後是薄荷。

取一小碗,將萊姆汁、楓糖漿、石榴糖蜜和乾燥紅辣椒片混合均勻。

甜茴香籽放入小煎鍋,以乾鍋中大火烘到開始轉為褐色並透出香味,約 30 ～ 45 秒。迅速將烘好的甜茴香籽倒進杵臼,磨碎後倒在水果上。加入黑胡椒粉和印度黑鹽,輕輕拌勻。試試味道,若需要,可再加更多印度黑鹽。加蓋,放冰箱冷藏至少 30 分鐘後,再上桌品嚐。

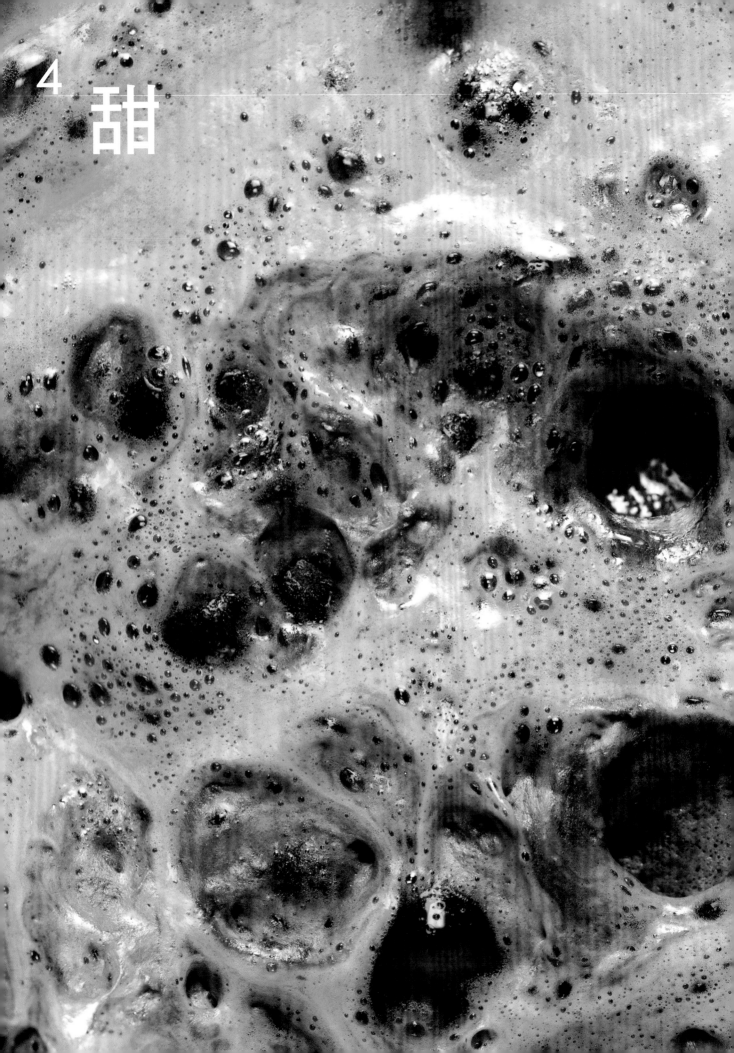

4 甜

我在「**Sugar, Butter, Flour**」當西點師傅的時候，每天的工作內容包括準備大量的糖霜，還有組合多種酥皮派點和蛋糕。各種不同的糖裝在許多個巨大的桶子裡，為了避免混用，上頭貼了整齊統一的標籤。但很遺憾，有一天不知為何，糖桶的蓋子被其他人調換了，所以我錯用了一大堆玉米澱粉，而非糖粉來做糖霜。結果您一定可以想像得到，我做了一堆完全沒有味道、質地像是白堊土一樣的糊狀物。當時除了清理乾淨，再從頭開始做以外，別無其他選擇。碳水化合物是人類主要的能量來源，而我們有辦法嚐到糖類甜味的能力，逐漸演化為一個指引，能夠幫我們找到可以提供新陳代謝所需能量的食物。糖類也和幾種我們想要在麵包和蛋糕等烘焙品中達到的口感質地有關。在製作醋等酸類、葡萄酒等酒精類，和麵包與優格時，都需要經過發酵，而細菌和酵母菌在作用中主要的能量來源也是糖類。

甜味是如何形成的？

當您一口咬下完熟的李子，舔著甜筒裡的冰淇淋，或吃上滿滿一湯匙的蜂蜜時，您會嚐到甜味。這些食物裡頭的糖類，就是造成甜味的原因（請參考第 331 頁「碳水化合物與糖類」），但有些蛋白質與其他物質（如參考第 333 頁「胺基酸、肽和蛋白質」）也會產生甜味。當我們攝入甜食和飲料時，糖分子會溶解在唾液中，接著直接傳達到味覺受體。組成分子比較複雜的碳水化合物，如澱粉，則會先被澱粉酶分解為個別的糖，像是「葡萄糖」，之後我們才會嚐到甜味（葡萄糖在嘴裡的甜味非常淡，您可以自己做做實驗。先不要喝水或吃東西至少 30 分鐘，然後把一小塊麵包放在舌頭上，您應該能感受到淡淡甜味）。這些嚐起來有甜味的成分會傳導並和甜味受體（T1R2 和 T1R3；T= 味道，R= 受體）依不同強度結合，接著會傳給大腦信號，告訴我們食物是甜的，以及有多甜。

甜度估量表

要製作能夠估算不同食材間相對甜度的度量方法，每種甜味劑都需要和桌糖（蔗糖）比較甜度差異。越不甜的東西，數值越低。許多糖的替代品，無論是甜菊（stevia）等天然物質，或三氯蔗糖（sucralose，俗稱「蔗糖素」）等人工代糖，甜度都比桌糖高出許多。

請記住下表所列的甜味劑中，有許多種在市面上是以固體或液體的狀態販售，而且在蛋糕和冰淇淋等食譜中的表現也會不同。其中有幾種甜味劑，如乳糖、蜂蜜、楓糖漿、糖蜜和龍舌蘭（agave），本身就有獨特的香氣和味道，會影響成品最後的風味。

精煉的純糖，具有甜味，但沒有任何特別的香氣。

糖類	甜度（%）
澱粉	0
纖維素（Cellulose）	0
乳糖	20
麥芽糖（Maltose）	30
半乳糖（Galactose）	35
楓糖漿	60
葡萄糖	70
糖蜜	70
蜂蜜	97
蔗糖（桌糖）	100
高果糖玉米糖漿（High-fructose corn syrup）	120
龍舌蘭	140
果糖（Fructose）	170
阿斯巴甜（Aspartame）	180
甜菊	250
糖精（Saccharin）	300
三氯蔗糖（Sucralose，即 Splenda 代糖）	600

＊和蔗糖相比

可增加甜味的食材

有幾種液態和固體的糖類，被用來當甜味劑。有些，如白糖，除了甜味外，沒有特殊的風味，但也正因這種中性的味道，不會影響其他食材的風味顯現，所以常用於烘焙品等食譜中。底下的資訊會告訴您各種不同糖類的特點——它們是什麼，以及怎麼用最好。

非碳水化合物的甜味劑及代糖

有些胺基酸和蛋白質具有甜味。幾年前，我的朋友潔西卡介紹我認識「神秘果蛋白」（miraculin）——存在於「神秘果」（miracle berry）中的蛋白質，我發現它影響味道的結果實在是太驚人了。神秘果蛋白能讓所有酸的東西，如醋和萊姆都變成甜的。您可以自己試試看，先嚼一下神秘果，等幾分鐘後，再直接吃檸檬片。結果是，檸檬不酸了，還帶甜味。

市面上可看到一些代糖，有些提煉自植物，如甜菊，其他的則是人造合成的，如阿斯巴甜。這些物質會提供甜味，熱量很低，或甚至零卡路里，且和糖不同，它們在體內不會形成代謝作用，但不適合用於烘焙，效果不好。

因為許多種代糖的化學組成都和真正的糖不同，所以如果用來做蛋糕或餅乾，無法達到糖能產生的質地，這是因為它們無法幫助發酵，或無法讓蛋糕變得鬆軟。在所有甜味劑中，只有糖精和三氯蔗糖是耐熱的，其他的代糖皆不耐烘焙的高溫，會變得不穩定。除此之外，許多種代糖的甜度是桌糖的好幾倍（請參考第 169 頁「甜度估量表」），所以用量一定要相對調整，還有些會在口中留下相當明顯的餘味，並影響最終成品的味道。因為它們不是真的糖，所以完全無法促成能夠建立風味與顏色的反應，如焦糖化或梅納反應，所以如果用代糖來做蛋糕，將無法達到預期的咖啡色。

其他存在於食物中的糖類

許多水果都具有甜味，只是甜度各異。當水果成熟時，細胞會把一些儲存的澱粉轉化為像是葡萄糖和果糖等具甜味的糖。蔬菜擁有適量的葡萄糖和果糖（0.3% ～ 4%）及蔗糖（0.1% ～ 12%）。乳品裡最主要的糖為乳糖，依據動物種類和品種，乳糖含量為 4% ～ 6%（牛奶中的乳糖含量大約是 4.8%，會因牛的品種而有些微差異）。

快速利用甜味增進風味的小建議

+ 燒烤或炙烤水果，以及烘烤甜麵包或甜點時，可在食物上加點石蜜或顏色最深的原糖（raw sugar），如馬斯科瓦多糖（muscovado）。這些糖用於製作翻轉蛋糕（upside-down cakes），效果也非常好。

+ 調製飲料和雞尾酒時，可在杯口先沾一圈柑橘類果汁（至於要用哪種柑橘，端看飲料種類，請選用能讓風味更飽滿的），再蘸另外用盤子裡盛裝的原糖和少許片鹽。

+ 煮焦糖的時候，若把一般砂糖換成石蜜、紅糖，或深色原糖，能得到更饒富趣味的味道。煮的時候，要特別留意糖焦糖化的過程，因為這些顏色比較深的糖，導熱速度較快，所以很有可能一瞬間就變成深色焦糖。

+ 楓糖漿和蜂蜜可以加在一起，用來浸泡多種香料，如黑胡椒、肉桂、芫荽、甜茴香和綠荳蔻，以及各種帶香味的食材，如橙花、薰衣草、香蘭葉（pandan）和薑黃葉。若用的是乾燥香料，需先壓裂、

乾烘 30 ～ 45 秒，等烘出香味後，再投入糖漿中。用花朵或葉子泡芳香糖漿時，需先溫熱液態的甜味劑，再浸入花與葉子，等候數小時，待出味後再使用。

+ 糖可以和柑橘類的果皮、泰國萊姆／青檸的葉子或咖哩葉，以及香草莢或綠荳蔻等香料一起磨碎，做成「香味糖」。這些糖放在密封容器內保存，幾乎不會過期變質，可在上桌前當成甜點或飲料的裝飾糖。

甜味與料理

+ 在疊高的鬆餅上淋一圈楓糖漿、蜂蜜或金黃糖漿（golden syrup，又稱「果葡糖漿」，兩者結合在一起的口感，相當討喜。

+ 趁熱在炙烤或烤水果上，撒一點粉狀的石蜜或帕內拉紅糖（panela），能增加口感和甜味。

+ 用金黃糖漿、蜂蜜或楓糖漿做糖汁，淋在烤好的小麵包（請參考第 91 頁「果阿臘腸麵包」）上，能讓麵包看起來閃閃動人，味道又甜滋滋。

+ 在蛋糕上撒些糖粉，和抹上一層糖霜，能夠增加視覺效果，且在口感與味道上也能產生對比。

+ 不容易溶解的粗粒冰糖，放到薑味餅乾（gingersnap cookies）和我小時候最愛吃的「波露夢」巧克力夾心餅乾（Bourbon cookie）裡，能形成具有對比性的口感。

+ 烘焙時，糖除了提供甜味外，還扮演了數種重要的角色：

+ 在需要靠細菌和酵母菌發酵的麵包中，糖是這些微生物的能量來源，會產生二氧化碳和酸，讓麵包蓬鬆有空氣感。

+ 糖類在焦糖化和梅納反應中會產生金黃的色澤，與多種我們會聞到和嚐到的風味分子。

+ 糖能當保濕劑，能吸收和保持濕度，防止食物乾掉老化。

+ 糖對於蛋糕和麵包是否能澎起，貢獻良多，因為它有助於維持氣泡的存在。

+ 麵粉和糖混合後，糖會干擾麵筋的形成，讓蛋糕或派點的口感不會過硬，美味可口。

+ 浸漬作用：糖和鹽一樣，是吸濕和引水的。當糖撒在藍莓等薄皮的水果上，或蘋果等厚皮水果的切片上時，水果細胞裡的水分就會開始往外流到皮表，帶出一些香氣和味道分子。當水流失時，細胞就會軟化，而流出的果汁集合起來就變成美味的水果糖漿。您也可以用葡萄酒、利口酒、醋和加了糖的水等風味濃郁的液體，再加上香料一起來浸漬水果。第 319 頁的「淺漬甜桃」和第 164 頁的「水果沙拉」就是運用這個原理。有的時候，會透過加熱來加快浸漬作用引出食材風味分子的速度，如第 266 頁「（生薑胡椒）洛神花飲」中製作簡易薑味糖漿的過程所示。

+ 較高的溫度會讓我們覺得甜點比較甜，相反地，如果是雪酪或冰淇淋等溫度低的甜點，我們會比較感受不到裡頭的甜味。

+ 西點師傅和糖果製作者因為知道糖加熱後會有何反應，所以能夠操控糖，將它們形塑成各式各樣美味且令人興奮的甜食。當糖的飽和溶液（saturated solution，即在定量的水，以及特定的溫度下，無法再溶解更多的糖，）加熱後，糖分子的物理性質會改變。依據不同的溫度，您可以把糖做成軟糖（請參考第 196 頁「薄荷棉花糖」）或像是棒棒糖之類的硬糖。糖加熱時，很容易結晶；為了避免這情況產生，西點師傅會使用酸性物質，如塔塔粉或檸檬汁，或添加玉米糖漿等轉化糖（invert sugar）。

+ 做飯時知道甜味劑的正確用量很重要，因為加太多不但會搞砸整道菜的風味，還會嚐不到菜餚中的其他味道。

+ 糖能讓酸類更可口。添加甜味劑可以讓檸檬凝乳中的檸檬或萊姆水裡的萊姆等酸性物質的酸味柔和一點。

+ 糖可以掩蓋苦味。把糖放入咖啡內攪一攪，糖會立即和苦味分子相互作用，並抑制苦味。在生高麗菜裡加糖，能減少蕓薹屬蔬菜本身帶有的苦味。當糖經過加熱產生焦糖化時，會同時產生苦味和甜味分子，這就是我們低溫長時間烹煮洋蔥，或煮甜點用的焦糖時（請參考第 126 頁「榛果烤布丁」），希望得到的結果。

+ 少量的糖能讓菜餚味道更鮮美，但我發現鹽的提鮮效果更棒。

+ 有些加了像是辣椒等熱辣刺激食材的食譜，同時也會寫明需要加微量的糖，這是為了稍微降低辣度。許多印度果阿經典的料理（甚至是一些泰式咖哩的食譜）中，會加「棕櫚糖」（palm jaggery），讓料理不會過辣。

+ 帶甜味的料理酒，如紹興酒和味醂，可以用來提升滷肉和熱炒裡的肉香。這些酒裡的糖，同時對風味的生成也有所幫助，能產生像是焦糖化和梅納反應等效果。

+ 以擁有濃郁糖味與泥土氣息為特色的甜味劑，如糖蜜、石蜜、原糖和紅糖，非常適合加到烤肉醬裡和用於燒烤，因為它們能夠產生更深厚豐富的風味調性（請參考第 89 頁的「烤肋排」）。

甜味劑名稱	顏色與質地	香氣與味道	描述	用處	廚房料理筆記
石蜜/印度蔗糖塊	石蜜有許多種顏色，從淺棕色到深褐色皆有。若是由棕櫚科植物的蜜汁提煉出來的，就會擁有較深，像是糖蜜的顏色。一般市售的石蜜有原塊狀或粉末狀的。記著一定要放在乾燥、密封的容器中保存，並遠離光線，因為它很容易就會吸收空氣中的水分。	甜度比一般糖低，帶有礦物質的味道與淡淡的鹹味。從棕櫚糖提煉出來的石蜜，味道相當不同，能嘗到一絲焦糖味。	石蜜是一種未精製糖，提煉方法是把生甘蔗汁或未發酵的棕櫚樹（椰子樹）樹液放到大鍋裡煮滾。	一種常用於印度料理的甜味劑。可以和糖一樣，撒在甜點或麵包上收尾，或是在烘焙和製作冰淇淋時加一點。在大多數的食譜中，可以取代紅糖。	我比較喜歡印度商店裡那種，預先磨成粉，裝在罐子裡的石蜜，因為它使用上方便許多。原塊的石蜜可以用刀子切碎後，放進密封盒或密封袋中保存。如果糖塊太硬，可以用耐操的工具磨碎或切成小塊。
帕內拉紅糖	一種堅硬的固態糖，可分為顏色較淺的（西文稱blanco），與顏色較深的（西文稱oscuro）。	味道和糖蜜很像；顏色較深的，風味比較濃郁。	屬非精製糖，藉由濃縮甘蔗汁取得。	一種常用於中南美洲料理的甜味劑。在不同國家和語言中，有不同的名稱（piloncillo/chancaca/rapadura）。比石蜜的質地更紮實一點，市面上見到的通常是錐形塊狀。	可當紅糖的替代品。使用前需用鋸齒刀磨碎或切碎。如果太硬，可以用微波爐加熱數秒，讓它稍微軟化。
紅糖	棕色的結晶糖，又可細分為淺色的黃糖和深色的黑糖。	擁有獨特、類似糖蜜的風味，顏色越深，糖蜜味越重。	屬於精製糖，把糖蜜加到砂糖中，即可獲得紅糖。		因為很容易受潮，所以要儲存在乾燥的容器中。用於鹹食或甜點皆可。
原糖	一種淨化過的糖，可分為許多種類：德梅拉拉糖（Demerara），是白糖與額外添加的糖蜜；巴貝多斯糖/馬斯科瓦多糖（Barbados/Muscovado），是一種濕潤，深色，顆粒細緻的糖；托比那多原糖（Turbinado）有著淺棕色的結晶；「蘇加納」天然純蔗糖（Sucanat）是一種以品牌命名的糖，外觀為細小棕色的糖粒結晶。	德梅拉拉糖：風味類似太妃糖；巴貝多斯糖/馬斯科瓦多糖：深厚濃郁的糖蜜風味；托比那多原糖：淡淡的焦糖味；「蘇加納」天然純蔗糖：濃烈的煙燻糖蜜味。	各種不同等級的原糖，皆是從淨化過的甘蔗榨汁殘渣中提煉出來的。		馬斯科瓦多糖就風味上激似石蜜，所以可以成為替代品。「蘇加納」天然純蔗糖不容易溶解於液體中，所以使用前需先磨成粉。
白糖	純白色，糖粒結晶大小有許多種——從粗粒到極細白糖皆有。	單純的甜味，沒有任何香味。	從甘蔗或製糖甜菜中提煉出來的精糖。		極細白糖的溶解速度很快，所以很適合用於烘焙和製作甜點；是我必備的烘焙糖，我寫的甜點食譜幾乎都是用這種糖。用於甜點或鹹食皆可。
糖粉	一種白色粉狀，顆粒細如粉塵的糖。	除了甜味外，沒有特殊香氣或味道。	把精製白糖磨成粉後，再混合少量，避免受潮結塊的玉米澱粉後，即為糖粉。		裝在小篩子裡撒在甜點上做裝飾，但是需於上桌前再操作，因為糖粉吸收水分的速度很快，會變黏黏的。由於溶解速度快，又含有少量玉米澱粉，所以可以快速讓醬汁變稠。糖粉裡的玉米澱粉和小顆粒的糖，在烘焙時會影響餅乾和蛋糕最終的形狀與質地。
金黃糖漿	濃稠、淡金黃色的液體。	明顯的奶油味。	由糖（蔗糖）提煉而來，但屬於一種「轉化糖」。	用於英式料理，特別是烘焙。	用來當甜點的甜味劑，但也可以刷在烤好的麵包表面。

甜味劑名稱	顏色與質地	香氣與味道	描述	用處	廚房料理筆記
糖蜜	濃厚、黏稠的深棕色液體。	蔗糖糖蜜：初級糖蜜/A級糖蜜/甘蔗糖漿/淡味糖蜜/巴貝多斯糖蜜是最甜的；二級糖蜜/B級糖蜜/濃味糖蜜則有淡淡的苦味；三級糖蜜/C級糖蜜/赤糖糊因為含糖量最低，所以最甜，但有明顯的苦味。	在甘蔗與製糖甜菜煉糖過程中，所獲得的未精製甜味劑。	見於北美洲和歐洲料理，同時可用於鹹食和甜點。	製作鹹食和甜點時，使用淡味糖蜜、濃味糖蜜或一般糖蜜皆可。除非食譜特別說明，否則千萬不要用赤糖糊（blackstrap molasses），因為它有很重的苦味，且糖含量低很多，通常會造成不理想的質地和風味。
蜂蜜	市面上賣的通常是濃稠的液體。蜂蜜粉是把蜂蜜脫水後，再磨成細粉的固態蜂蜜。生蜂蜜（Raw honey）則是未經高溫消毒的蜂蜜。	不同來源的蜂蜜，香氣和味道也會不同。其中一些來源包括橙花、丁香和麥蘆卡樹（manuka）等。	蜂蜜是蜜蜂採集花蜜後的產物。		用於甜點與鹹食皆可。
楓糖漿	市面上賣的通常是液態。楓糖漿粉是把楓糖漿裡的水分脫除後的產物。A級（Grade A）楓糖漿依顏色又可細分為四種：淺琥珀色（金色）中等琥珀色深琥珀色極深色	A級楓糖漿淺琥珀色：味道細緻中等琥珀色：味道香醇深琥珀色：味道濃厚極深色：味道非常強烈	是從北美洲楓樹的樹液中提煉出來的一種非精製液體。		用於甜點與鹹食皆可。
玉米糖漿	以液態販售。可分為三個等級：淡色、黑色（dark；加了焦糖色的食用色素）和高果糖玉米糖漿。	淺色玉米糖漿加了香草調味，黑色玉米糖漿則是加了焦糖調味。	玉米澱粉製作過程中的產物。		可用於烘焙和鹹食。在製作冰淇淋時很有用，因為能夠防止糖結晶。
椰棗糖漿或椰棗糖蜜（建議用silan牌；請參考第324頁）	市面上看到的通常是黏稠的液體；顏色很深，類似焦糖色。	有烤物、水果和類似糖蜜的風味，帶一點淡淡的酸味。	把椰棗放入滾水裡，萃取其中的糖液再經過濃縮而成的非精製甜味劑。	用於波斯、中東和北非料理。	用於甜點與鹹食皆可。
土耳其蜜糖（Pekmez）	市面上看到的通常是濃稠的液體	有水果和類似糖蜜的味道，依據所用的水果，風味略有不同。	濃縮多種高含糖量的水果，如葡萄、無花果、桑椹和/或椰棗而成。	用於土耳其、亞塞拜然和希臘的料理中。	用於甜點與鹹食皆可。
麥芽糖漿及其萃取物	濃厚、黏稠的棕色液體。	有類似麥芽的香氣。	從大麥等發芽的全穀物中提煉出來的未精製甜味劑。	目前所知，人類最早使用的甜味劑之一。	用於烘焙、甜點與鹹食皆可。

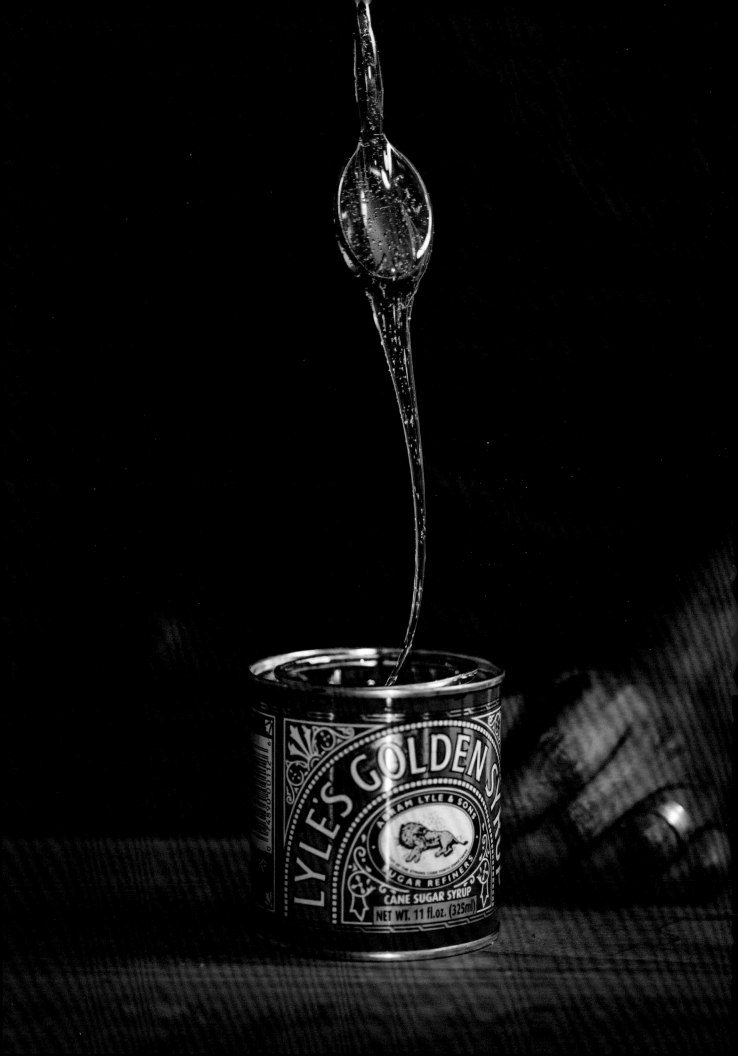

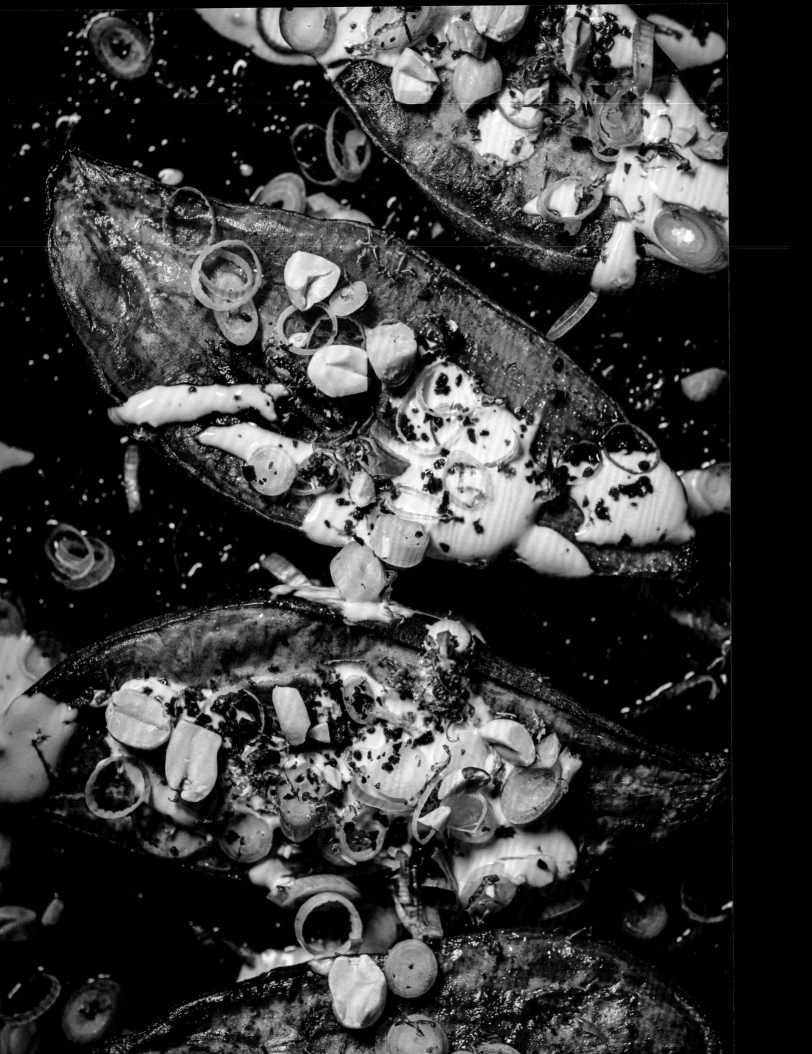

烤地瓜佐楓糖法式酸奶油

每個人都有自己喜歡的廚房常備品,而克菲爾發酵乳和法式酸奶油則是我最愛的其中兩樣。我試了很多種新方法,想要增進(烤箱)烤地瓜的風味,然後我發現「先蒸烤後乾烤」的方法很棒,特別適合這道既要保住口感,又想在過程中增加香氣分子的菜餚。首先,先把地瓜蒸烤到半熟,留住地瓜裡的水分,接著不加蓋繼續用烤箱乾烤,這樣就能產生厚實的風味。建議用香氣足的堅果,烘過的榛果是個替代花生的好選擇。

4人份

烤地瓜:

地瓜 4 條(每條 200 克 [7 盎司]),
　黃肉的品種尤佳(關於品種的說明
　建議刪掉,因為台灣會用本產的地
　瓜)

無鹽奶油 2 大匙,回溫至常溫

細海鹽

醬汁:

法式酸奶油或酸奶油(sour cream)
　½ 杯(120 克)

楓糖漿或蜂蜜 1 大匙

現榨萊姆汁 1 大匙

魚露 2 小匙(可省略)

黑胡椒粉 ½ 小匙

細海鹽

裝飾:

細蔥花 2 大匙(蔥白蔥綠皆要)

烘過的花生 2 大匙

乾燥紅辣椒片(阿勒坡、馬拉什或烏
　爾法等品種)1 小匙

萊姆皮屑 ½ 小匙

風味探討

這裡選用奶油做為脂肪來源,是因為它有較高的發煙點。當奶油融化時,會分裂為個別的組成分子——脂肪、水、糖和乳固型物(milk solids),之後會經歷焦糖化和梅納反應。

烹煮時水分蒸發,糖類就會濃縮。

魚露能增加醬汁裡的鮮味,但您可以用純素魚露(vegan fish sauce)代替。

花生和青蔥能讓綿軟的地瓜和醬汁,多了脆脆的口感。

做法:

地瓜:把烤箱預熱至204℃(400℉)。

地瓜用自來水刷洗乾淨後,縱切成片,切面朝上擺在深烤盤中。刷上奶油並撒點鹽調味。用鋁箔紙蓋住烤盤,並用力壓緊邊緣,牢牢封住。先烤 20 分鐘後,拆掉鋁箔紙,將地瓜翻面,再放進烤箱,不加蓋,續烤 20 分鐘,直到地瓜熟透鬆軟;用刀子能輕易插進中央。從烤箱取出,靜置 5 分鐘。

醬汁:取一小碗,放入法式酸奶油、楓糖漿、萊姆汁、魚露(若用)和黑胡椒粉拌勻。試過味道後,加適量鹽調味。

上桌前,在溫熱的烤地瓜上淋幾大匙楓糖法式酸奶油醬汁。撒上青蔥、花生、乾燥紅辣椒片和萊姆皮屑。剩餘的醬汁另外盛裝,一起端上桌。

香脆胡蘿蔔佐大蒜薄荷芝麻醬

做這道菜時，盡量試試看能不能買到各種不同顏色的胡蘿蔔。彩色的胡蘿蔔從閃閃發亮的碎米脆衣中透出來，成為脆口又好看的健康零嘴。如果您很喜歡蒜味，想要再濃一點，可以多加幾片蒜瓣。裹在胡蘿蔔外頭的脆衣用碎米（食譜請參考第 310 頁）或麵包粉來製作都可以。印度芒果粉（生芒果曬乾後磨成粉）與印度黑鹽在印度商店和香料專賣店都能找到，且同時有結晶塊狀和粉狀兩種可供選擇。這道胡蘿蔔料理搭配第 253 頁的香草優格醬也很對味。

4人份

大蒜薄荷芝麻醬：

中東芝麻醬 ¼ 杯（55 克）

滾水 ¼ 杯（60 毫升）

現榨檸檬汁 2 大匙

大蒜 1 瓣

乾燥的薄荷 1 小匙，磨碎

卡宴辣椒粉 ¼ 小匙

細海鹽

胡蘿蔔：

大蛋 2 顆

黑胡椒粉 2 小匙

卡宴辣椒粉 ½ 小匙

細海鹽

碎米 200 克（7 盎司），自製的（食譜請參考第 310 頁）或市售的皆可

冷壓初榨橄欖油 ½ 杯（120 毫升）

幼嫩的胡蘿蔔 455 克（1 磅），縱切成半

印度芒果粉 1 大匙

印度黑鹽 1 小匙

風味探討

除了胡蘿蔔本身的甜味外，這道菜的重點是聲音和口感。用熱油半煎炸裹了粉衣的胡蘿蔔時，所發出的滋滋聲，還有隨著蒸氣衝上來的香味，以及碎米酥脆的口感，全部加在一起形成了獨特的聽覺與口感饗宴。

市面上販售的薄荷有兩種：辣薄荷（peppermint，又名「胡椒薄荷」）和綠薄荷（spearmint），兩者間我比較喜歡用辣薄荷，因為它含有幾種不同的香氣成分（薄荷醇、薄荷酮 [menthone]、乙酸薄荷酯 [menthyl acetate] 和桉葉油醇 [1, 8-Cineole]），能讓薄荷味濃一點。如果您喜歡薄荷味淡一點的，就用綠薄荷。

最後添加的印度黑鹽能賦予獨一無二的風味與鹹度。

做法：

大蒜薄荷芝麻醬：取一小碗，放入中東芝麻醬、滾水、檸檬汁、大蒜、辣薄荷、和卡宴辣椒粉，調成濃稠的醬料。試過味道後，加適量鹽調味。這個醬可以提前一天製作，裝在密封容器裡冷藏保存。

胡蘿蔔：烤盤上墊一層報紙或廚房紙巾，然後擺上金屬網架。

準備兩個中型淺盤或口徑大到能放入胡蘿蔔的寬口碗。將蛋打入其中一個盤子，加上黑胡椒粉、卡宴辣椒粉和適量鹽一起攪散。碎米則倒入第二個盤子，並撒上適量鹽後，拌勻。

把油倒入中型醬汁鍋中，開中大火將油燒至 177℃（350 ℉）。

同時，讓胡蘿蔔均勻裹上蛋液。讓多餘蛋液滴回盤中後，把胡蘿蔔放入碎米中，小心將碎米緊緊壓在胡蘿蔔上。裹好後，甩掉多餘粉屑。

胡蘿蔔分批下鍋半煎炸至呈現均勻的金黃色，約 3～4 分鐘，胡蘿蔔的中心也必須熟透才行。用漏勺撈出完成的胡蘿蔔，放到金屬網架上瀝油。瀝過油的胡蘿蔔，趁熱放到大上菜盤裡，撒上印度芒果粉和印度黑鹽。旁邊擺上大蒜薄荷芝麻醬，趁熱上桌。

蜂蜜薑黃烤鳳梨雞肉串

土耳其「卡巴」烤肉（kebab）的魅力總是讓我著迷。我很喜歡看它們在熱木炭烤爐上或炭火泥爐（tandoor）裡，華麗地旋轉翻烤著。經驗、直覺、香氣和質地全部都和判斷烤肉完成的時機有關。烤肉串上的蔬菜和水果扮演了兩個角色：不僅能添加風味和顏色，還能確保雞肉在烹煮時不會移位。肉串烤好後，可以搭配薄荷酸辣醬（食譜請參考第 322 頁）和瑪薩拉印度抓餅（食譜請參考第 297 頁）一起享用。

4～6人份

醃醬：

現榨萊姆汁 ¼ 杯（60 毫升）

冷壓初榨橄欖油 ¼ 杯（60 毫升）

大蒜 8 瓣，去皮後磨成泥

蜂蜜 2 大匙

黑胡椒粉 2 小匙

芫荽粉 2 小匙

紅辣椒粉 2 小匙

薑黃粉 2 小匙

細海鹽 2 小匙

肉串：

去皮去骨雞胸肉 680 克（1½ 磅），
　　切成 2.5 公分（1 吋）見方小塊

完熟的鳳梨 455 克（1 磅）

大 的 紫 洋 蔥 1 顆（300 克 [10½ 盎
　　司]）

中型青椒 1 顆（200 克 [7 盎司]）

中型紅甜椒 1 顆（200 克 [7 盎司]）

中型黃甜椒 1 顆（200 克 [7 盎司]）

冷壓初榨橄欖油 4 大匙（60 毫升）

黑胡椒粉 ½ 小匙

細海鹽

裝飾：

香菜葉 2 大匙

萊姆 1 顆，切成 4 或 6 等分

風味探討

蜂蜜和鳳梨都能提供甜味，會和這道料理比較偏暖調的風味形成對比。

鳳梨和雞肉在要串肉串時，才能放在一起。生鳳梨含有鳳梨蛋白酶（bromelain），這是一種酶（酵素），會透過蛋白水解（proteolysis），把蛋白質分子分解為比較小的（胜）肽（peptides）。所以如果鳳梨和雞肉一起放入醃醬中，雞胸肉的蛋白質就會被酶分解，影響雞肉的質地；經過烹煮後，雞肉表面會變得很易碎、肉質鬆散。但是，鳳梨蛋白酶只要一經加熱，就無法分解蛋白質了。

做法：

醃醬：萊姆汁、橄欖油、大蒜、蜂蜜、黑胡椒、芫荽粉、辣椒粉、薑黃粉和鹽，全放入小碗中攪拌均勻。

肉串：雞肉用乾淨的廚房紙巾拍乾後，放入密封袋中。倒入醃醬後封緊，拿起來搖一搖，讓雞肉均勻裹到醃醬。放冷藏醃製至少 4 小時，能醃隔夜尤佳。

準備要烤肉時，把裝有雞肉的袋子自冰箱取出，放在流理台上退冰至少 15 分鐘，讓雞肉回復到常溫。

將鳳梨、洋蔥、三色椒類都切成小塊，放入大碗中。倒入兩大匙橄欖油和黑胡椒粉，以及適量鹽後，翻拌均勻。

把洋蔥、椒類、鳳梨和醃好的雞肉塊，交錯串到烤肉籤上。最後把剩下的醃醬倒在串好的肉串上。

橫紋煎鍋用中火燒熱，在鍋裡紋路上刷一點剩下的油。把肉串分批擺上，邊煎邊轉，同時邊刷上剩下的醃醬和橄欖油。煎烤 10 ～ 12 分鐘，當蔬菜和雞肉都熟透軟化，均勻上色且烙上點點烤痕，雞肉內部溫度也達 74℃（165 °F）時，便是完成了。如果某些肉串熟的速度比其他的快，可移到鍋中火力較弱之處，繼續加熱。烤好的肉串放到盤中，鬆鬆地蓋張鋁箔紙，稍微放涼 2 ～ 3 分鐘後再端上桌。

撒點香菜葉裝飾，旁邊附上萊姆角，即完成。

瑪薩拉香料切達起司玉米麵包

我是那種會在披薩上額外加更多起司的人，所以這個玉米麵包就是要用來歌頌我對起司的愛。麵包裡各種風味紛呈：長期熟成的切達起司、一顆顆會在嘴裡爆開的甜玉米粒，還有乾燥紅辣椒片帶來的一點點辣度。

4～6人份

融化的印度酥油或無鹽奶油 ½ 杯（120 毫升），另外準備一些份量外的塗抹烤盤用

中筋麵粉 2 杯（280 克）

美式粗玉米粉（medium-grind cornmeal）2 杯（280 克）

泡打粉 1 大匙

芫荽粉 1 小匙

甜茴香粉 1 小匙

乾燥紅辣椒片（阿勒坡或馬拉什）1～2 小匙

薑黃粉 ½ 小匙

卡宴辣椒粉 ¼ 小匙

長期熟成切達起司絲 1½ 杯（120 克）

甜玉米粒 1 杯（144 克），新鮮的或冷凍的皆可（若是冷凍的，使用前需先退冰）

黑糖或石蜜（壓實的）¼ 杯（50 克）

蜂蜜 ¼ 杯（85 克）

大蛋 4 顆，需回溫至常溫

全脂牛奶 2 杯（480 毫升），退冰至常溫

細海鹽 2 小匙

風味探討

在麵粉和玉米粉等乾粉裡添加甜玉米粒，能夠讓甜味更有深度。

黑糖和蜂蜜除了提供甜味外，還能幫助麵包在烘焙時膨脹成理想的結構。它們同時也和焦糖化及梅納反應有關，能夠生成新的風味分子。

印度酥油和切達起司等乳製品的脂肪，再加上蛋黃裡的脂質，是玉米麵包的油脂來源，能夠讓質地、味道和香氣更加絕妙。

薑黃粉最主要的功用是讓玉米麵包能有好看、黃澄澄的顏色。

甜茴香籽能放大我們對麵包中甜味的感知。

做法：

烤箱預熱到 204℃（400 ℉）。在 23×30.5 公分（9×12 吋）的深烤盤裡抹上些許印度酥油。

取一大碗，把麵粉、玉米粉、泡打粉、芫荽粉、甜茴香粉、乾燥紅辣椒片、薑黃粉和卡宴辣椒粉混合均勻。先舀出 3 大匙混合好的乾粉備用。

將 1 杯（80 克）的切達起司、甜玉米粒和預留的 3 大匙乾粉放進中碗裡，翻拌均勻。

另取一大碗，將融化的印度酥油、黑糖、蜂蜜、雞蛋、牛奶和鹽，攪拌均勻且糖全部溶解。

在放在大碗裡的乾粉中央挖個洞，倒入液態食材。攪拌至整體融合，無乾粉殘留。用刮刀將起司玉米粒拌入麵糊中。完成的生麵糊倒入抹了油的深烤盤中，並用刮刀抹平表面。撒上剩下的 ½ 杯（40 克）起司絲。入烤箱烤至邊緣金黃，用烤肉籤或小刀插入麵包中央後取出，已經無粉糊沾黏，約需 25 ～ 30 分鐘。完成後，趁熱享用。

印度口味牛奶玉米布丁

在印度北部馬圖拉（Mathura）的街道上，販售印度甜點（印地文 *mithai* 是各式印度甜點的總稱）的小販，正攪拌著一大鍋放在瓦斯爐上的滾沸牛奶。牛奶裡的水分大部分都蒸發了，讓乳香味越來越濃，而慢慢焦糖化的乳糖則賦予了牛奶可口的風味。這個熱牛奶之後能夠做成許多種不同的印度乳製甜點，其中包括牛奶米布丁（*kheer*）。在這道食譜中，用罐頭奶水（evaporated milk）就能獲得相同的焦糖風味，而且能夠節省許多烹煮的時間。經典的 kheer 是用米做的，但用義大利玉米粉（polena）來製作，質地同樣美妙，吃了讓人身心舒坦。

4～6人份

牛奶玉米布丁：

黑糖（壓實的）½ 杯（100 克）

番紅花花絲 20 條

細海鹽 ¼ 小匙

義大利粗玉米粉 1 杯（140 克）

全脂牛奶 1 杯（240 毫升）

355 毫升（12 盎司）裝的罐頭無糖奶水 1 罐

綠荳蔻粉 ½ 小匙

玫瑰花水 ½ 小匙

撒在布丁上頭的配料：

印度酥油或無鹽奶油 2 大匙

杏桃乾丁 ½ 杯（85 克）

生的整顆腰果 ¼ 杯（35 克）

葡萄乾 2 大匙

黑胡椒粉 ½ 小匙

綠荳蔻粉 ¼ 小匙

細海鹽 ¼ 小匙

風味探討

這個甜點很容易就一片死甜，尤其是加了玫瑰花水和綠荳蔻後，更是如此。為了平衡布丁裡的風味，我發現在最後要撒於頂端的配料裡加一點點黑胡椒和鹽，能有所幫助。

果乾、堅果和香料稍微用油炒過，能引出其飽含風味的精油，同時熱能也有助於糖產生焦糖化及梅納反應，讓撒在布丁上的配料，風味更加豐富，這是只把它們丟進牛奶裡拌勻煮沸，無法達到的滋味。

做法：

牛奶玉米布丁：放 3 杯（720 毫升）水到厚底大醬汁鍋中。取 12 條番紅花花絲，先和 2 大匙黑糖一起用杵臼或香料研磨器磨成細粉。番紅花黑糖粉和剩下的糖、完整的番紅花花絲與鹽，一起倒入裝了水的大醬汁鍋中。先用中大火煮到液體滾沸後，倒入義大利玉米粉，並把火力調為文火。偶爾攪拌一下，以免燒焦和黏鍋底，加熱到整鍋變濃稠且玉米粉完全軟化，共需 30 ～ 40 分鐘。改為中大火，倒入牛奶、奶水和綠荳蔻粉，攪拌均勻後煮滾。完成後，移鍋離火。滴入玫瑰花水拌勻後，倒進上菜碗中。

果乾和堅果配料：印度酥油放入中型醬汁鍋，用中小火加熱至融化。酥油燒熱後，放入杏桃乾、腰果和葡萄乾拌炒至果乾膨脹，堅果染上淡淡金黃色，約 2 分鐘～ 2 分鐘半。加入黑胡椒粉和綠荳蔻粉，並以適量鹽調味。繼續拌炒 30 秒後，立即倒進中型碗裡。上桌前一刻，再把果乾和堅果擺到牛奶玉米布丁上裝飾。布丁溫溫地吃或常溫品嚐皆可。

櫻桃胡椒穀麥棒

適量的黑胡椒能讓這個穀麥棒透出一點點暖香。我有時會把穀麥棒壓碎，撒在冰淇淋或烤水果（如第125頁的「烤水果佐咖啡味噌芝麻醬」）上。

2.5×5公分（1×2吋）大小的穀麥棒32條

橄欖油2大匙，另外準備一些份量外的塗抹模具和雙手

傳統燕麥片（old-fashioned rolled oats）2杯（200克）

生腰果 ½ 杯（70克）

生開心果 ½ 杯（70克）

櫻桃乾 200克（7盎司），偏酸的尤佳

現磨粗粒黑胡椒粉1小匙

綠荳蔻粉 ½ 小匙

細海鹽 ½ 小匙

楓糖漿 ½ 杯（120毫升）

椰棗糖漿 ¼ 杯（60毫升），自製的（食譜請參考第324頁）或市售的皆可

風味探討

在這個穀麥棒裡，我試了不同種類的甜味劑。楓糖漿是裡頭蔗糖含量最高的，果糖和葡萄糖的量只有一點點；椰棗糖漿則有葡萄糖和果糖（在濃縮的過程比例會越來越高）。

這道食譜中的楓糖漿用量是椰棗糖漿的兩倍。當糖漿加熱到122℃（252 ℉），進入「硬球階段」（hard ball stage）時，隨著大多數的水分都已經蒸發、糖開始濃縮，蔗糖便會開始結晶。這個過程能確保穀麥棒放涼後會變硬，食材免於散開。

做法：

烤箱預熱至163℃（325 ℉）。在20×20×5公分（8×8×2吋）的烤盤中塗一點點橄欖油，並鋪上烘焙紙。

中型醬汁鍋先用中火燒熱後，倒入橄欖油。油熱後，加燕麥片、翻炒5～6分鐘至開始變成淺棕色。放入腰果和開心果，再炒2分鐘。將燕麥片和堅果倒進大攪拌盆中，再放入櫻桃乾、黑胡椒粉、綠荳蔻粉和鹽一起拌勻。

取一中型醬汁鍋，倒入楓糖漿和椰棗糖漿混合均勻。開中火加熱，偶爾攪拌一下，煮8～10分鐘至用探針式溫度計測量，糖漿溫度已達122℃（252 ℉）（硬球階段）。迅速把熱糖漿倒在燕麥片上，用矽膠鍋鏟翻拌，確保所有食材皆裹上糖漿。把拌好的穀麥倒進準備好的模具中，用鍋鏟推開鋪平並壓實。入烤箱烤到變成深一點的金黃色，約15～20分鐘。模具自烤箱取出，整模放在金屬網架至完全涼透。放涼後，用刀沿著四周繞一圈，把穀麥倒扣在砧板上。撕除烘焙紙，將穀麥切成2.5×5公分（1×2吋）的條狀。切好的穀麥棒收進密封容器裡，各層間以烘焙紙分隔，以免沾黏。最多可保存2週。

覆盆莓與硬核水果酥片

我的婆婆引我入門，教會我認識可布樂厚皮水果派（cobblers）、酥片和其他各種酸甜可口，以水果為主的甜點。
我喜歡它們比派天然樸實、做起來不會太麻煩的特點，因為正統的派皮通常需要提前準備，而且要在廚房忙很久。

4～6人份

水果：

完熟的蜜桃 3 顆（總重量為 680 克
[1½ 磅]）

完熟的甜桃 3 顆（總重量為 455 克 [1
磅]）

完熟的李子 3 顆（總重量為 255 克 [9
盎司]）

覆盆莓 340 克（12 盎司）

石蜜或黑糖 ¾ 杯（150 克）

結晶糖薑粒（crystallized ginger）
¼ 杯（40 克）

細海鹽 ¼ 小匙

香草莢 1 根

現榨萊姆汁 2 大匙

玉米澱粉 2 大匙

酥片：

傳統燕麥片 1 杯（100 克）

帶皮杏仁片 1 杯（100 克）

石蜜或黑糖 ¾ 杯（150 克）

細海鹽 ¼ 小匙

無鹽奶油 ¼ 杯（55 克）

現磨萊姆皮屑 1 小匙

肉桂粉 1 小匙

風味探討

在奶油加熱為焦化奶油（brown butter）的過程中，奶油裡的乳蛋白和糖會經歷焦糖化和梅納反應。

肉桂粉和萊姆皮屑加進燒熱的脂肪裡溶解，能萃取出精油。

硬核水果受熱後會釋出大量水分，最終會造成撒在頂部的酥片濕軟。要解決這個問題，請分開處理水果和酥片，上桌品嚐前一刻再組裝。

做法：

水果：烤箱預熱至 177℃（350 °F）。在兩個烤盤裡各鋪上烘焙紙。

蜜桃、甜桃和李子都先對切，取出中間的硬核後，再切片。將水果片放入 23×30.5 公分（9×12 吋）的深烤盤中，接著加入覆盆莓、石蜜、結晶糖薑粒和鹽輕輕拌合。香草莢縱切成半後，用刀尖將細小的香草籽刮進水果餡裡。淋上萊姆汁後，小心拌勻。玉米澱粉過篩撒在水果上，再次拌勻。把深烤盤放在其中一個準備好的烤盤中，入烤箱烤 45 ～ 60 分鐘，烤到深烤盤中央看得到水果釋出的汁水在冒滾泡。取出烤好的水果餡，置於能夠保溫的地方。

酥片：燕麥片、杏仁、石蜜和鹽放進中型攪拌碗，混合均勻。奶油放入小型醬汁鍋中，用中小火煮到融化，且乳固形物分離，奶油的顏色開始轉為紅棕色，約 5 ～ 8 分鐘。移鍋離火，拌入萊姆皮屑和肉桂粉。刮起鍋底所有的乳固形物後，把熱奶油倒在燕麥片上，用刮刀攪拌均勻。將燕麥片倒在第二個鋪有烘焙紙的烤盤上攤平。入烤箱烤 10 ～ 12 分鐘至燕麥片和堅果都變成金黃色。烤好的酥片取出放涼 15 ～ 20 分鐘後，用手掰碎。酥片可事先做好，等涼透後，收進密封容器，最多可保存 1 週。

準備要品嚐前，在溫熱的水果上撒滿同樣還溫溫的酥片，並馬上享用。也可以再配上一球香草冰淇淋。若要復熱，可放進已預熱至 177℃（350 °F）的烤箱內加熱。

椰子粗麥餅乾

愛吃椰子的朋友們，這是給您們的！吃這餅乾的時候，我喜歡配一杯甜甜的熱奶茶。椰子粗麥餅乾，在果阿稱 Bolinhas，又酥又脆，帶著濃濃的椰子香氣與甜味。您也許會注意到這個餅乾用了磅蛋糕的食材比例原則。我強烈建議使用香氣濃郁的烘乾脫水椰肉（desiccated coconut），或是高品質的椰子精。我用的是顆粒最細（1號）的杜蘭小麥粉（semolina flour；又譯為「粗麥粉」），因為顆粒很小，所以烘烤前，不用事先浸泡餅乾麵團，否則一般在印度，若使用較大顆粒的杜蘭小麥粉，就需多一道浸泡的工序。

約可製作24片餅乾

烘乾脫水的無糖椰子絲 3 杯＋2 大匙（250 克）（請見「風味探討」說明）

最細粒杜蘭小麥粉 1½ 杯＋1 大匙（250 克）

糖 1¼ 杯（250 克）

印度酥油或無鹽奶油 2 大匙

細海鹽 ¼ 小匙

綠荳蔻粉 1½ ～ 2 小匙

椰子精 1 小匙（可省略）

大蛋的蛋黃 3 個＋大蛋的蛋白 1 個，加在一起稍微打散

中筋麵粉，做為整型時的手粉

風味探討

綠荳蔻粉和椰子裡頭的香氣分子會讓我們覺得餅乾比較甜。您可以把這個小技巧套用在其他甜點上，如此一來，不用增加甜味劑的用量就可以凸顯甜味；可使用一些常和甜點聯想在一起，香氣馥郁的食材和香料，如肉桂、肉豆蔻、橙花水或玫瑰花水。

傳統的椰子粗麥餅乾是把新鮮的椰肉磨成柔滑的膏狀。但我比較喜歡椰子絲的口感，所以我同時用了椰子粉和椰子絲。

烘乾脫水椰絲和杜蘭小麥粉混合前，可以先烤過（請參考第306頁「椰奶蛋糕」的做法），但記得要先放涼，再進行其他步驟。

做法：

把一半的椰絲放進食物調理機的攪拌碗中，打成細粉。將打好的椰子粉和剩下的椰子絲與杜蘭小麥粉一起放入大攪拌碗裡，混合均勻。

將 1 杯＋2 小匙（共 250 毫升）清水與糖一起放入中型醬汁鍋裡，用中火煮滾，並攪拌至糖完全溶解，即為簡易糖漿。把印度酥油和鹽倒進簡易糖漿中，攪拌至油脂融化。熄火，將煮好的熱糖漿倒在椰子杜蘭小麥粉上，用刮刀均勻拌合。蓋上保鮮膜，放涼至室溫。

椰子麵團放涼後，撒上綠荳蔻粉和椰子精（若用），再次拌勻。倒入打散的蛋液，混合均勻。麵團加蓋放冰箱冷藏至少 4 小時，最多 8 小時，讓麵團變硬，且吸入所有風味。（接下一頁）

準備要烤餅乾時，先把烤箱預熱至177℃（350 ℉），並在兩個烤盤中分別鋪上烘焙紙。

餅乾麵團包好放冷凍，最多可以保存2週。要用時，提前取出，放在流理台上退冰15分鐘左右，到柔軟可折疊的程度。

分批組合餅乾。先在手心拍一點麵粉防沾黏。取出大約2大匙量的餅乾麵團，整形為直徑2.5公分（1吋）的圓餅。間隔一定的距離，在每個烤盤上擺放12個做好的麵團。用刀子鈍的一頭，在餅乾中心輕輕壓三條平行等距的直線。刀痕不用很深，也不一定要和直徑一樣長。旋轉烤盤，在每個餅乾上再壓三條垂直的線，勾勒出交叉的圖紋。

兩個烤盤同時放入烤箱烤25～30分鐘，直到邊緣變成棕色，表面變硬且呈現淺金黃色。取出烤盤，將餅乾移到金屬網架上放至涼透。若有剩下的麵團，則重複同樣的步驟製作。放涼的餅乾用密封容器保存，冷藏最多可放1個月，但吃之前，記得要先取出，自然退冰至常溫。

果乾番紅花渦紋麵包

我過去在追求烘焙夢時，曾想過開一間只賣單人份量小麵包的迷你烘焙坊。店裡頭會有各式各樣的小麵包，有甜有鹹，各種大小、形狀和口味應有盡有。雖然我後來走上了其他道路，但我還是會烤許多種不同的小麵包，分送給親朋好友和鄰居。

　　艾迪·金伯（Edd Kimber）是一位傑出的料理書作家與烘焙者，同時也是部落格 The Boy Who Bakes 的主理人。我第一次知道金黃糖漿（golden syrup）的美味，就是他告訴我的；現在我會拿它來刷在所有我烤的甜麵包上頭。在美國，您可以在網路上或其他販售英國商品的商店找到英國金獅金黃糖漿（Lyle's Golden Syrup）。如果真的買不到，就改用底下所述的替代品。備註：用攪拌平槳配合低速來拌這個黏稠的麵團，會比用麵團葉片（dough blade）容易操作。

12個小麵包

麵團：

番紅花花絲 20 條
糖 ¼ 杯（50 克）
全脂牛奶 ½ 杯（120 毫升）
無鹽奶油 ¼ 杯（55 克），切成小丁，
　另外準備一些份量外的塗抹模具用
細海鹽 ½ 小匙
大蛋 1 顆，稍微打散
活性乾酵母 1½ 小匙
中筋麵粉 2 杯（280 克），另外準備
　一些粉量外的當手粉

餡料：

帶皮杏仁片 100 克（3½ 盎司）
杏桃乾 85 克（3 盎司），切碎
藍莓乾 85 克（3 盎司）
無花果乾 85 克（3 盎司），切碎
無鹽奶油 ¼ 杯（55 克），另外準備
　一些份量外的塗抹模具用
肉桂粉 1 小匙
綠荳蔻粉 1 小匙
現磨檸檬皮屑 1 小匙
黑糖（壓實的）¼ 杯（50 克）
細海鹽 ½ 小匙
大蛋 1 顆
金黃糖漿 ¼ 杯（80 克）或蜂蜜 ¼ 杯
　（85 克）＋檸檬汁 1 小匙

風味探討

不同於蛋糕和餅乾，在這個基本的小麵包麵團中，糖的用量比較少─夠提供酵母發酵時需要的能量，且有淡淡的甜味即可。

這個甜麵包裡的甜味主要來自果乾內餡以及淋在外面的金黃糖漿。

酵母菌會讓麵團裡的糖發酵，使麵包擁有蓬鬆輕盈的組織。

酵母菌和麵粉都含有澱粉酶，有助於將澱粉分解為較小的分子，提供酵母菌能量。

做法：

麵團：番紅花花絲與 2 大匙糖一起用杵臼磨成細粉後，倒進小醬汁鍋中。加入剩下的糖、牛奶、奶油和鹽，開中小火煮到溫熱（43℃ /110℉），邊煮邊攪拌，至奶油融化、糖完全溶解。移鍋離火，倒入已打散的蛋液和酵母粉，攪拌均勻。

工作台面上撒些許麵粉，另取一大碗，在裡頭塗上奶油。將麵粉倒進桌上型攪拌器的攪拌盆中，裝上攪拌平槳，以低速攪打，並慢慢地倒入溫牛奶液。攪拌 5 ～ 6 分鐘至成團。這會是一個很黏的麵團。用麵團刮刀把麵團鏟到撒有手粉的工作台面上。用手揉一分鐘，讓麵團更均質後，放到抹好油的大碗裡。蓋上保鮮膜，置於溫暖處發酵 1.5 小時～ 2 小時，讓麵團膨脹至原來體積的兩倍大。（接195 頁）

利用麵團初發酵的時間準備內餡。將杏仁與果乾放進中型碗裡。奶油放入小醬汁鍋中，以中大火加熱，邊煮邊畫圈到奶油融化，乳固形物分離，奶油顏色轉為紅棕色，約 4～5 分鐘。鍋子離火，加入肉桂粉、綠荳蔻粉和檸檬皮屑。用鍋鏟刮起鍋底的乳固形物後，把溫奶油倒在杏仁果乾上。加入黑糖和鹽後拌勻。加蓋靜置至少30 分鐘。

組合小麵包：一旦麵團發酵到兩倍大後，在烤盤一半的部分鋪上烘焙紙，並薄薄撒上一層麵粉。把麵團倒到烤盤上，用小擀麵棍擀開，讓麵團延展至整個烤盤表面。

在擀開的麵團片上撒滿餡料，並輕輕壓緊。用烘焙紙輔助，從麵團長邊往前推捲，滾成長柱體。捲好的麵團放在烤盤上，冷藏 30 分鐘至變硬。

在 23×30.5 公分（9×12 吋）的深烤盤裡薄薄抹上一層奶油，並鋪上烘焙紙。把裝有麵團柱的烤盤自冰箱取出，用鋒利的刀垂直沿著長邊，切出厚度 2.5 公分（1 吋）的麵團塊。切好的生麵團（看看要不要加「餡料面朝上」，才不會不知道怎麼擺）放進準備好的深烤盤裡，每塊之間間隔2.5 公分（1 吋）。鬆鬆地蓋上烘焙紙，靜置 1 小時，進行第二次發酵（需膨脹至原來體積的兩倍大）。

烤箱預熱至 177℃（350 ℉）。

雞蛋打進小碗攪散後，刷在小麵包表面。入烤箱烘烤 25 ～ 30 分鐘至麵包呈現金黃色，中途需調換烤盤方向。烤好的麵包自烤箱取出，輕輕地在整個小麵包表面點上金黃糖漿。小麵包先留在烤盤內放涼 15 分鐘後，再移到金屬網架上。溫溫地吃或放涼至常溫後再品嚐皆可。這些小麵包製作當天現吃最美味，但也可以用保鮮膜分開包好，放進密封袋，冷凍可保存 3 天。若需復熱，烤箱溫度為93℃（200 ℉）。

薄荷棉花糖

小時候每年一到 12 月，我們就會在祖父母的大木頭餐桌上撒滿玉米澱粉和糖粉的混合物，然後在上面捲出一條條的棉花糖。我像玩遊戲一樣，開心地做著那些像枕頭一樣軟的棉花糖，手臂和臉上也因此沾滿了白色粉末。這裡我將重現我祖母的食譜，但我多加了塔塔粉。那個時候在印度，買不到玉米糖漿（葡萄糖）（譯註：今日的棉花糖多半是直接使用「玉米糖漿」製作），所以她借用了萊姆汁的特性來做出棉花糖的質地。

可做18個長寬各2.5公分（1吋）的方塊

玉米澱粉 ¼ 杯（35 克）

糖粉 ¼ 杯（30 克）

吉利丁粉 21 克（¾ 盎司）

超細白糖（superfine sugar）300 克（10½ 盎司）

塔塔粉 ⅛ 小匙

大蛋的蛋白 2 個，回溫至常溫

薄荷精 ½ ～ 1 小匙

紅色食用色素或 1 小匙甜菜粉 +2 大匙水

沒有特殊味道的油，塗抹模具用

風味探討

在第 186 頁的「櫻桃胡椒穀麥棒」中，用了比較高的溫度來確保糖會結晶，使得穀物棒裡的食材能夠牢固紮實地黏在一起。但對於棉花糖而言，糖（蔗糖）只能加熱到低溫，不能讓糖結晶。

酸性的塔塔粉同時也能藉由「轉化」一些蔗糖，使其分裂為葡萄糖和果糖，來防止糖結晶。葡萄糖和果糖會干擾糖結晶的形成。

吉利丁是一種從膠原蛋白中提取出來的蛋白質。和熱水混合後，原本顆粒狀的吉利丁會吸水膨脹，變成膠狀。和卵白蛋白質與糖混合並打發後，蛋白質會開始打開又合起來，形成一個網狀組織，讓棉花糖能有柔軟的組織和澎鬆的外表。

玉米粉和糖粉的混合物就像爽身粉一樣，能在棉花糖外形成薄薄一層粉狀物，讓它們不要互相沾黏和吸收到空氣中的水分。

做法：

玉米粉和糖粉用細目網篩過篩到小攪拌碗中。取 2 大匙的混合物用篩子撒到 23×23×5 公分（9×9×2 吋）的烤盤中，其餘留著備用。

把 ½ 杯（120 毫升）清水倒入寬口徑的耐熱中型攪拌碗內；這樣能夠增加水的表面面積，避免任何吉利丁粉結塊。把吉利丁粉撒在水面上，不要攪動，讓它靜置 5 ～ 6 分鐘，直到吉利丁吸水膨脹。

將另外 ½ 杯（120 毫升）清水倒入中型醬汁鍋裡，接著加入糖和塔塔粉。加蓋，開中小火加熱，直到糖完全溶解，且用探針式溫度計或糖果溫度計測量，溫度介於 114℃（238 ℉）和 115℃（240 ℉）之間（軟球狀態 [soft ball stage]）。

在煮糖的同時,將蛋白倒進桌上型攪拌機的攪拌盆裡,並裝上打蛋器配件,用中高速先把蛋白打出大氣泡,再打到出現乾性發泡(stiff peaks),約需 5 分鐘。打好的蛋白置於一旁備用。

一旦糖漿達到理想溫度後(114℃～115℃ [238℉～240℉]),即可緩緩地沿著攪拌碗的邊緣,讓糖漿呈一條細線的狀態流進裝有吉利丁的碗中。兩者接觸後會開始起泡,而這個慢慢倒的方法可以避免泡沫滿出來。用叉子攪拌,讓吉利丁溶解於糖漿中,成為滑順、沒有溶解不完全之塊狀物的液體。繼續用中高速攪打蛋白,沿著盆邊細細緩緩地倒入加了吉利丁的熱糖漿。糖漿全部加完後,繼續攪打 1 分鐘,接著改為高速,打到蛋白霜像絲緞一樣光滑、閃閃發亮,且能夠維持在硬性發泡的狀態,共需 8～10 分鐘。倒入薄荷精,再用高速攪拌 1 分鐘。關掉攪拌機開關,加入幾滴食用色素,再開機攪拌 3～4秒,只要能形成一些漩渦紋路即可。要避免攪拌太久,否則會變成均勻的粉紅色。

在小曲柄抹刀(offset spatula)上抹一點沒有特殊味道的食用油。卸下攪拌盆,用矽膠刮刀快速把打好的蛋白霜移到準備好的烤盤中;棉花糖一旦變涼後,很快就會定型。用抹過油的抹刀把表面整平。在烤盤上加蓋,靜置至少 4 小時,能夠放 6 小時尤佳。棉花糖一旦涼透且輕壓中心會回彈就是完成了。

要切塊的時候,先在乾淨的工作台面上撒剩下的玉米粉及糖粉混合物。拿把小刀沿著烤盤周圍劃一圈,讓棉花糖鬆脫。您也許需要輕輕地從邊緣拉一下,棉花糖才會脫模。用銳利的鋸齒刀(刀面可抹一點沒有特殊味道的食用油防沾黏)把棉花糖切成長寬各 2.5 公分(1吋)的小方塊。在棉花糖塊的所有面均勻撒一些玉米粉及糖粉混合物,收進密封容器中,最多可保存 1 週。

熱椪糖

椪糖（又名蜂巢糖或煤渣太妃糖 [cinder toffee]）是科學與創造力製作出來的神奇產物，做法超級簡單又有趣。我加了一小撮的卡宴辣椒粉，增添一咪咪刺激性風味。您可能會在糖上看到一些深棕色的斑點；那是正常的，表示那個地方的小蘇打粉比較多，所以 pH 值比較高，造成焦糖化比較明顯。

300克（10盎司）的椪糖

沒有特殊味道的食用油，塗抹模具用

小蘇打粉 1¼ 小匙

卡宴辣椒粉 ½ 小匙

糖 1 杯（200 克）

蜂蜜 ½ 杯（170 克）

風味探討

蜂蜜是一種轉化糖，能夠避免糖加熱到「硬脆階段」（hard crack stage）時結晶。

椪糖有孔洞又鬆脆的質地，來自小蘇打粉（碳酸氫鈉）加進熱糖漿裡時，所產生的二氧化碳氣泡。碳酸氫鈉在 80℃（176 ℉）時，會分解為碳酸鈉與二氧化碳，而蜂蜜裡的酸，如葡萄糖酸（gluconic acid）和碳酸氫鈉產生作用時，也會製造微量的二氧化碳。

把卡宴辣椒粉加進熱糖漿裡，能引出其所含的辣椒素，讓椪糖嚐起來有「辣感」。如果想要更辣一點，可增加辣椒粉的用量。

第二個讓椪糖帶辣度的方法是使用辣蜂蜜（chilli-infused honey），然後省略卡宴辣椒粉。

做法：

在長寬各 20 公分（8 吋）的方形烤盤中，抹上一點油。烤盤底部和側邊鋪上一大張鋁箔紙（要大到至少兩側能夠垂下來）；沿著烤盤外側把鋁箔紙折下來。

小蘇打粉和卡宴辣椒粉放進小碗中攪拌均勻。

將糖、蜂蜜和 ¼ 杯（60 毫升）的水倒進中型醬汁鍋，用中大火加熱，邊煮邊用木匙攪拌，直到用糖果溫度計測量已達 149℃（300 ℉），約需 8～10 分鐘。接著迅速將加了辣椒的小蘇打粉倒進熱糖漿中，用打蛋器攪拌均勻；混合物將會起泡。把起泡的糖漿倒進準備好的烤盤中，稍微傾斜晃動烤盤，讓糖漿能均勻分佈在烤盤底部。請克制想把糖漿抹平的衝動，否則氣泡就不見了。把烤盤靜置於一旁，不受干擾地放到涼透，且在室溫下自然變硬，大概需要 2 小時。一旦椪糖成形變硬，就可以利用垂在周邊的鋁箔紙把糖取出（鋁箔紙丟棄）。將糖掰成小塊，或用鋒利的鋸齒刀切。做好的椪糖，用密封容器保存，最多可放 3 ～ 4 天。

免攪法魯達印度冰淇淋

印度的夏天超級炎熱又潮濕，所以人們會費盡心思，找很多很棒的方法來消暑。印度的「法魯達」（Falooda）是承襲波斯的「法路德」（faloodeh）而來，它是一種冰鎮的牛奶甜品。樣貌樸實，加了帶甜味的玫瑰花水、羅勒籽和米線。因為奇亞籽泡到水裡的效果和羅勒籽雷同，每個小黑籽周圍會形成軟軟的膠狀物，所以可以互相取代。由於種籽可能會沈澱，所以我通常會在冰淇淋呈現半結凍的狀態時攪拌一下，讓種籽重新均勻分佈。

我第一次看到用鮮奶油和煉乳製作的免攪冰淇淋，是在奈潔拉·羅森（Nigella Lawson）的經典大作《如何吃》（How to eat）裡，而這兩樣食材同時也是我這道食譜的主要骨幹。

大約可做6杯（1.4公升）

鮮奶油 1¼ 杯（300 毫升）

355 毫升（12 盎司）裝的罐頭奶水 1 罐

玫瑰花水 1 小匙

綠荳蔻粉 ½ 小匙

甜菜粉 ½ 小匙或幾滴紅色食用色素

400 克（14 盎司）裝的罐頭含糖煉乳 1 罐

奇亞籽或羅勒籽 2 大匙

切碎的開心果 ¼ 杯（30 克）

風味探討

在這道食譜中，靠鮮奶油做出冰淇淋的口感，在這個復刻版的「法魯達」中發揮很大的功用。

奇亞籽泡在鮮奶油中，不只會吸收水分，同時也會被乳脂包圍，所以在冷凍的時候不會結凍。如此一來，冰淇淋裡頭的奇亞籽依舊能夠保留其 QQ 脆脆的口感。

冰淇淋的甜味來自煉乳中的糖和奶水中焦糖化的乳糖。

做法：

將 1 杯（240 毫升）鮮奶油倒進大碗裡，用打蛋器打到濕性發泡（soft peaks form）。

取一小碗，混合 2 大匙奶水、玫瑰花水、綠荳蔻粉和甜菜粉，調成沒有明顯甜菜粉斑塊的均質糊狀。將調好的香料糊和剩下的奶水與煉乳一起倒進鮮奶油裡，攪打 2～3 分鐘至呈濃稠狀。打好的奶糊放進可冷凍的容器中，蓋上保鮮膜，冷凍 1 小時。將剩下的 ¼ 杯（60 毫升）鮮奶油和奇亞籽倒進小碗內混合均勻，待奇亞籽膨脹。加蓋冷藏備用。

取出已冷凍 1 小時的奶糊，此時邊緣應該已經開始結凍。倒入奇亞籽並用叉子攪拌均勻。蓋上保鮮膜，再放回冷凍庫。兩小時後取出，用叉子攪拌一下，讓奇亞籽均勻分佈，且打散冰晶（若有）。繼續冷凍 4 小時，至冰淇淋完全變硬。

要吃的時候，先將冰淇淋取出，靜置 5 分鐘讓它軟化。上頭撒些開心果碎裝飾，即完成。

5

鮮

在我父母位於孟買的家不遠處，就是欽拜（Chimbai）的漁村。漁民會把「印度鐮齒魚」（Bombay duck，雖然英文名字有「鴨」[duck]，但其實是種魚，印地文為 bombil 或 bummalo）和蝦子等每日漁獲攤在大墊子上，或用長長的線綁在竹竿上。漁村的空氣聞起來鹹鹹的，伴隨著辨識度極高的魚味。這些魚蝦可以加到咖哩和燉物中，也能和辣椒與醋一起煮成火辣又充滿獨特鮮味的醃漬料理。

鮮味（Savoriness）——或現在更常用日文字「umami」（旨味）來表達，最近才被歸入「正規基本味道」（canonical tastes）。鮮味會讓人想起肉香和骨頭高湯的味道。麩胺酸鹽（Glutamate）是最廣為人知的鮮味來源之一，於 1908 年由日本科學家池田菊苗（Kikunae Ikeda）在海藻類「昆布」中發現。這項發現引領其他研究者，透過諸多已收集的數據證明人體對這項元素的反應確實很獨特，而且符合所有成為「味道」的必要規範（請參考第 50 頁「成為味道的資格」）。

雖然要發現鮮味究竟是靠哪種機制產生這件事需要一點時間，但其實我們在烹飪時，就已經透過好幾種方式，接觸與使用鮮味，且行之有年。把洋蔥、生薑和大蒜一起放入肉類咖哩或熱炒裡烹煮；在義大利麵上刨大量的帕瑪森起司；在熱熱的蛋花湯上淋幾滴醬油；甚至是用番茄煮成鹹食——這些全都能增加食物裡的鮮味。

鮮味是如何形成的？

我們食物裡有幾個物質可以形成鮮味。熟成與發酵同樣也有助於這些帶有鮮味的分子濃縮（想想起司和醬油等例），這些物質通常是胺基酸，如麩胺酸鹽與核苷酸（nucleotides），屬於人體核酸（nucleic acids）的一部分；DNA（去氧核糖核酸）和 RNA（核糖核酸）也同樣屬於人體核酸。我們膳食裡的麩胺酸鹽是能量的來源，可以被人體代謝，以合成為多種人體運作需要的物質。目前有幾個也許可視為鮮味受體的候選人。根據實驗研究，這些受體中，有些只對麩胺酸鹽有反應，有些則能同時感受到麩胺酸鹽與核苷酸。

其他食物中的化學成分

綠茶中富含茶胺酸（theanine）和麩胺酸鹽兩種胺基酸，兩者都對綠茶的鮮味有所貢獻。紅茶因為製程不同（綠茶經過的氧化作用較少），所以茶胺酸的含量明顯少很多。您可以利用這個特點，把茶浸泡到熱水裡，萃取出茶胺酸，再加到素食高湯（請參考第 341 頁「常見食材中的鮮味物質含量百分比」）。還有一些其他的分子，也可以引出鮮味反應：胺基酸「天冬胺酸」（aspartic acid）中的「天門冬胺酸」（aspartate）；某些有機酸，如起司裡的乳酸；還有幾個存在於起司、大蒜和洋蔥中的微小肽分子（請參考第 333 頁的「蛋白質」）。

麩胺酸鹽

麩胺酸鹽是胺基酸「麩胺酸」（glutamic acid）裡頭的鹽，最早發現存在於「昆布」這種海藻中。當麩胺酸鹽裡頭的鹽溶解於水中時，會分裂成兩個部分：正電鈉離子 [Na+] 和陰離子或稱「游離麩胺酸鹽」[Glutamate -]。麩胺酸本身嚐起來是酸的，但「游離麩胺酸鹽」才是負責食物裡鮮味的成分。麩胺酸鹽也會出現在蛋白質裡，但因為它是依附在肽鏈（peptide chains）上的其他胺基酸上，非屬「游離」，所以我們嚐不到這個麩胺酸鹽的味道。麩胺酸鹽受熱不易崩解，這樣的穩定性在烹調中是寶貴的。

核苷酸

DNA 和 RNA 這兩種核酸都是由一種稱為「核苷酸」的分子組成的（請參考第 336 頁的「核酸」）；在這些當中，RNA 裡的「三磷酸腺苷」（adenosine triphosphate；ATP）和「鳥苷三磷酸」（guanosine triphosphate；GTP）會引起兩種在食物中嚐起來有鮮味的分子。

5'- 肌苷酸 /5'- 次黃嘌呤核苷酸（5'- INOSINATE；IMP）

我剛搬到加州灣區的前幾個月，去了一些當地人很愛並超級推薦的美食景點大吃特吃。Namu Gaji（現已改名為 Namu Stonepot）就是其中一間。店裡賣的韓式泡菜（辛奇）大阪燒，是一種充滿鹹鮮的煎餅，上頭撒了滿滿的柴魚片。每咬下一口，嘴裡盡是令人欣喜的鮮味。柴魚片是由鰹魚乾燥、發酵製成，鮮味來自 5'- 肌苷酸，這是種和麩胺酸鹽一樣，加熱後不易瓦解的分子。

5'- 鳥苷酸 / 鳥苷單磷酸（5'- GUANYLATE；GMP）

熬高湯的時候，我常用乾香菇來增加鮮味。當食物裡的細胞是充滿活性時，裡頭的核酸（RNA）會躲起來，不會接觸到一種專職分解核酸、名為核糖核酸酶（ribonuclease）的酶。當細胞乾枯時，如這些乾香菇，會失去原有結構形體並瓦解，此時核糖核酸酶就會直接接觸到核酸，產生 5'- 鳥苷酸。

鮮味加承作用

加承作用（Synergism，或稱「協同效應」）是一種特殊現象，指的是當兩個或兩個以上的物質結合在一起，共同產生更棒、就單一物質而言無法達到的效益，即「一加一大於二」的效果。

如果嚐到富含麩胺酸鈉（monosodium glutamate）的食物，再加上 5'- 核苷酸（肌苷酸或鳥苷酸），您會發現加起來的鮮味比上述任何單一成分所賦予的還要濃厚許多。5'- 核苷酸本身的鮮味，比不上麩胺酸鹽，下廚時，您可以利用這個特點，慎選食材讓鮮味更濃郁。昆布或海帶等海藻類，與香菇一起熬煮出來的高湯，會有相當豐足厚實的鮮味。您也可以自己快速試驗看看，在製作第 213 頁「虎皮獅子唐辛子 / 帕德龍小青椒佐柴魚片」時，先試試淋上醬油的味道，再試試加了柴魚片之後的味道，後者的鮮味應該會強勁許多。

鮮味如何測量？

麩胺酸鹽、5'- 核苷酸和其他帶有鮮味的物質，需透過特定的化驗與分析，才能說明食物中可能含有的鮮味強度（請參考第 341 頁的表格）。

能夠增加鮮味的食材

以下是幾種能夠增加菜餚鮮味的葷素食材。有些來自大海，而許多則經過發酵，在過程中讓酶（酵素）分解蛋白質。其他的食材，如番茄，在完熟時就會自然產生鮮味。

麩胺酸鈉（monosodium glutamate，MSG；俗稱「味精」）

在我母親傳給我的一些中日料理食譜中，常在食材表裡看到「一小撮味精」（MSG，在印度口語上，有時就直接稱 ajinomoto）（譯註：ajinomoto 是日本食品製造大廠「味之素」，也是該廠招牌提鮮調味料「味の素」的日文說法。）在科學家發現麩胺酸鹽與鮮味之間的關係後，日本「味之素」是最早商業化生產提鮮調味料的公司之一。在 1909 年他們推出了第一款，名為 Aji-No-Moto 的鮮味劑，裡頭含有麩胺酸鈉，即淨化過的麩胺酸鹽。「味の素」單獨溶於水，並不會有太多的鮮味，但如果碰到 5'- 核苷酸，鮮味就會大增。在 1960 年代，開始出現關於麩胺酸鈉（味精）的食安爭議，也就是俗稱的「中餐館症候群」（Chinese restaurant syndrome）。這個論述的的真相已經被揭露說明過好幾次，而且也有好幾個科學研究能證明麩胺酸鈉的安全性。其中一個表示，麩胺酸鹽在活著的有機體中是很普遍的，自然存在於人類大多數的食物中，而且人類的大腦是人體內儲存最多麩胺酸鹽的地方之一。當食物標榜「不含味精」時，通常是改用 5'- 核苷酸來增加鮮味。

蔥屬（ALLIUMS）

大蒜、韭蔥、洋蔥和紅蔥等植物都是蔥屬家族的一員，它們新鮮的時候，若與味噌或鯷魚等食材相比，麩胺酸鹽的含量並非特別多，但好處是取得方便。乾燥後再磨成粉的洋蔥和大蒜，因為麩胺酸鹽的含量比新鮮的多，所以常可見於調味料裡。如果能夠搭配生薑和醬油等食材，其提鮮的效用更是如虎添翼。黑蒜是大蒜經特殊處理，在特定的溫度下慢慢發酵數日而成的產物；它的味道相當溫潤，入菜的用法和一般大蒜相同，當您想要增加鮮味但又不想要有嗆味時，就可選擇黑蒜。

鯷魚和魚露

鯷魚是一種極小型、富含油脂的魚類，市面上可看到新鮮的、鹽封或油漬的。醃漬過的鯷魚富含麩胺酸鹽，具有滿滿的鮮味。它是義大利「煙花女橄欖酸豆番茄醬」（puttanesca）中的主角，也是經典凱薩沙拉醬，和南印一些以魚為主的「參巴」辣椒醬（sambal）中不可或缺的要素。入饌時，先用一些熱橄欖油爆一下，鯷魚就會整個化掉，接著就能成為各類醬汁和菜餚的基底。我在製作「私房配方速成義大利紅醬」時（食譜請參考第 316 頁），會用鯷魚來增加麩胺酸鹽的量。

魚露是一種味道強勁的提鮮食材，用量一點點就夠了。由魚類發酵製成，帶有一點臭味，但富含麩胺酸鹽。魚露分好幾種：古羅馬的版本是「魚醬」（garum）；在亞洲，則有越南魚露（nuoc nam）、泰國魚露（nam pla）和印尼魚露（kecap ikan）。亞洲的魚露是把鯷魚放在鹽與水的混合物中發酵而成。古羅馬的魚醬則是用了鯷魚、鯖魚，甚至是鰻魚。在沙拉醬（如第 287 頁「黃瓜烤玉米沙拉」）、湯品和滷煮蔬菜裡加幾滴魚露，就能極大程度地提升鮮味。

柴魚片

「鰹節」（日文讀法為 katsuobushi）是正鰹（skipjack tuna）經過乾燥、發酵和煙燻後，再刨出的紙片般薄片。若用比較便宜的鰹魚（bonito）做的，就統稱為柴魚片（bonito flakes）。鰹魚經陽光曬乾後，會放置熟成幾個月到數年不等。這會讓魚肉變得像木頭一樣堅硬，而用專門器具把這種魚乾刨出薄片（與刨木片的手法類似）就是柴魚片。柴魚是製作傳統日式高湯（dashi）的食材；日本科學家就是在研究日式高湯時，發現具有鮮味的核苷酸「5'- 鳥苷酸」。因為柴魚經過乾燥，其內含的鮮味物質在製程中就已經濃縮，因此不需經過久煮，就能萃取出柴魚片的鮮味；這也是為什麼大部分日式高湯的食譜都說，柴魚片只要浸煮幾分鐘即可。在煮好的高湯或湯品裡，加一點柴魚片能快速提鮮。同時，柴魚片也具有相當特別的口感，且因為它遇到風和蒸氣會「跳舞」擺動的特性，所

營養酵母
（NUTRITIONAL YEAST）

核桃
（WALNUTS）

香菇
（SHIITAKE）

柴魚片
（BONITO FLAKES）

以會讓人有種柴魚片「活著」的錯覺。可以把柴魚片加在歐姆蛋和烤蔬菜上，或甚至最後撒在料理上當裝飾都可以（請參考第 284 頁「蟹肉香料蘸醬」）。

味噌

味噌是一種發酵過的黃豆醬，幾乎在全美各大超市，包括亞洲超市都能找到這種用小盒子裝的醬料。在味噌的製作過程中，首先會把「麴」（日文讀作 kōji，韓文讀作 nurukgyun），也就是接種在米、大麥或黃豆中的米根霉（Aspergillus oryzae，亦稱為「米麴菌」），和鹽一起加到蒸好的黃豆中，接著放入杉木桶中發酵數月至數年不等，這樣所產生的帶鹹味發酵醬料就是味噌。味噌又可細分為許多種：依顏色，由深到淺可分為赤味噌（日文為 akamiso）、中等淡色味噌和白味噌（日文為 shiromiso）；依味道，可分為甘口（amakuchi；甜味）和辛口（karakuchi；鹹味）；依照養麴的媒介，可分為米味噌、麥味噌和豆味噌。所用的黃豆種類會決定顏色，而麥芽則會決定甜味輕重。把白味噌或赤味噌加進湯品和燉物中，能瞬間讓菜餚充滿鮮味，白味噌也可以用於甜點，如第133 頁的「巧克力味噌麵包布丁」和布朗尼。我有時會加少量的白味噌或赤味噌到焦糖牛奶醬（dulce de leche）裡，添一分鹹度和鮮味。

蕈菇

香菇等蕈菇類是很棒的提鮮食材。新鮮的蕈菇含有麩胺酸鹽；而乾燥的蕈菇，一旦和冷水混合後，就會由一種酶產生 5'- 鳥苷酸。我的食材櫃裡一定會囤一些乾香菇。我會先把菇類泡在冷水裡，然後當我想要快速增加高湯或醬料中的鮮味時，就可以把泡菇水用於此。蕈菇若和其他富含麩胺酸鹽的食材一起使用，能夠好好發揮鮮味的加乘效果。

帕瑪森起司

帕瑪森起司（parmesan）是指在美國和義大利以外的其他國家，模仿義大利特有硬質起司「帕米吉安諾 - 雷吉安諾」（Parmigiano-Reggiano）而做出的硬質起司。製作方法是，在晚間採集新鮮牛奶，然後靜置。浮到表面的乳脂，會被撈起來做奶油；將脫脂後的牛奶與凝乳酶（rennet；一種用來做起司，可讓蛋白質凝結的酶）混合，接著倒入大型銅鍋中。大鍋裡仍有上一次發酵牛奶時留下來的乳清（乳酸），能夠幫助新加入的牛奶凝結。乳蛋白質（牛奶蛋白）會產生變性（請參考第 333 頁「蛋白質」），接著會實際瓦解為較小的粒子。此時會加熱牛奶，讓蛋白質進一步變性，而這些小粒子蛋白質會結合在一起，形成大凝塊。製作者會開始收集這些沈到鍋底的大凝塊，用布包好後，放入圓形模具裡整壓。整成圓形的起司之後會放進鹽水裡浸泡，放著熟成至少 12 個月。帕瑪森起司的鮮味來自熟成時所產生的大量麩胺酸鹽，以及一些乳酸之類的有機酸。

海藻

科學家池田菊苗自海外回到日本時，注意到用昆布熬出的日式高湯有著很熟悉的味道，讓他想起他在德國工作多年時，所吃到的番茄、起司和肉類。這指引他開始研究與發現了麩胺酸鹽以及「旨味」（鮮味 umami）。每種海藻內的麩胺酸鹽含量各不相同，但昆布和紫菜內的麩胺酸鹽含量相對較高。在美國大部分的當地超市和亞洲超市都能看到一片一片乾燥的昆布與紫菜。因為它們都已經經過乾燥，濃縮鮮味了，所以和柴魚一樣，能夠很快釋出麩胺酸鹽，也就是說，不用花大把時間等它們出味，只要把昆布或紫菜泡進冒小滾泡的水或高湯中煮幾分鐘即可。您也可把乾燥的昆布或紫菜切碎，用來增加海鮮、蔬菜，甚至是米飯的風味與口感（加在米飯上，就和日本的香鬆一樣）。另外兩種我手邊一定會囤貨的日式調味料是七味粉和芝麻鹽（gomasio）。和香鬆一樣，這兩種調味料加在烤蔬菜和海鮮上，能夠增加細緻的風味與口感。做鹹蘇打餅和司康等鹹麵包時，也可以把乾的海藻類切細碎，加進麵糰裡。

醬油和溜醬油（TAMARI）

醬油是許多亞洲廚房裡必備的調味料，是豆子和麥透過麴菌（發霉的米麴菌或醬油麴菌 [Aspergillus sojae]）發酵而成。拌過麴菌的豆子和麥接著會注入鹽水，開始發酵。

在發酵過程中，黴菌會用酶來分解蛋白質，而麩胺酸鹽的量會跟著增加。這樣釀出來的液體為深棕色，有明顯的鹹味和肉味。

雖然溜醬油的味道和外貌都和醬油沒兩樣，但製程卻相當不同。要製作溜醬油，只會用到極少量，或甚至不用麥（如果您對麩質過敏，請詳細檢查成分表，認明「無麩質」）。

味噌是溜醬油的基底，所以溜醬油如果和醬油相比，鹹度較低，味道也較圓潤。在大部分的食譜中，醬油和溜醬油都可以互相替換，但記得調味時，要隨（溜）醬油鹹度調整鹽的用量（請參考第 225 頁「烤雞腿與蔬菜」或第 255 頁「滿洲湯」）。

茶

茶裡頭富含特殊的胺基酸「茶胺酸」（化學式為 5-N-ethylglutamine），味道鮮美。您可以利用泡得比較淡的紅茶，特別像是正山小種茶等類型的煙燻茶，來增加湯品和高湯的鮮味。綠茶和抹茶同樣也富含茶胺酸，所以一樣可以用來增添鮮味。

番茄

當番茄在藤上成熟時，其內含的麩胺酸鹽濃度會開始上升；漲幅高達 480% 或增加 5.84 倍，讓番茄可為料理提供滿滿的鮮味。您可能同時會注意到帶籽的果肉部分鮮味會比外層的果肉濃，這是因為麩胺酸鹽及嚐起來有鮮味的核苷酸大多集中於此帶籽部分。所以下次煮飯時，不要把凝膠狀、充滿鮮味精華的種籽果肉丟掉。

做菜時，有時會需要番茄的鮮，但又不太需要新鮮番茄的風味，如製作湯品基底、燉物、高湯或甚至是咖哩（請參考第 292 頁「奶香黑豇豆豆糊湯」）時，我就會選用番茄糊。番茄糊是把打成泥的番茄濃縮，所以只需幾湯匙，就能巨幅地補強菜餚的鮮味，而且還有不增加液體量這個額外優點。第 314 頁的「風乾番茄紅椒抹醬」和脫水番茄粉（dehydrated tomato powder）是其他可用來提鮮的選擇。

酵母萃取物（Yeast Extract）

在純素飲食界中，最常用來形塑起司風味的食材之一就是「酵母萃取物」。酵母萃取物由發酵後，留下來的死掉酵母細胞製成；這些死掉的細胞經過加熱和加工，製成酵母萃取物。若再加上主要由酶造成的反應，如蛋白水解，就能夠增進酵母萃取物的鮮味。這種調味料可以撒在義大利麵、洋芋片、爆米花或蔬菜上，也可拌入湯品和高湯中，用途就像柴魚片一樣，可以增加濃濃的鮮味。馬麥醬（Marmite）是啤酒釀造過程的副產品，而維吉麥醬（Vegemite）則是釀酒酵母的副產品，兩者都含有酵母萃取物和其他能夠添加風味的成分，通常會當成抹醬抹在烤麵包片，或塗在三明治裡。

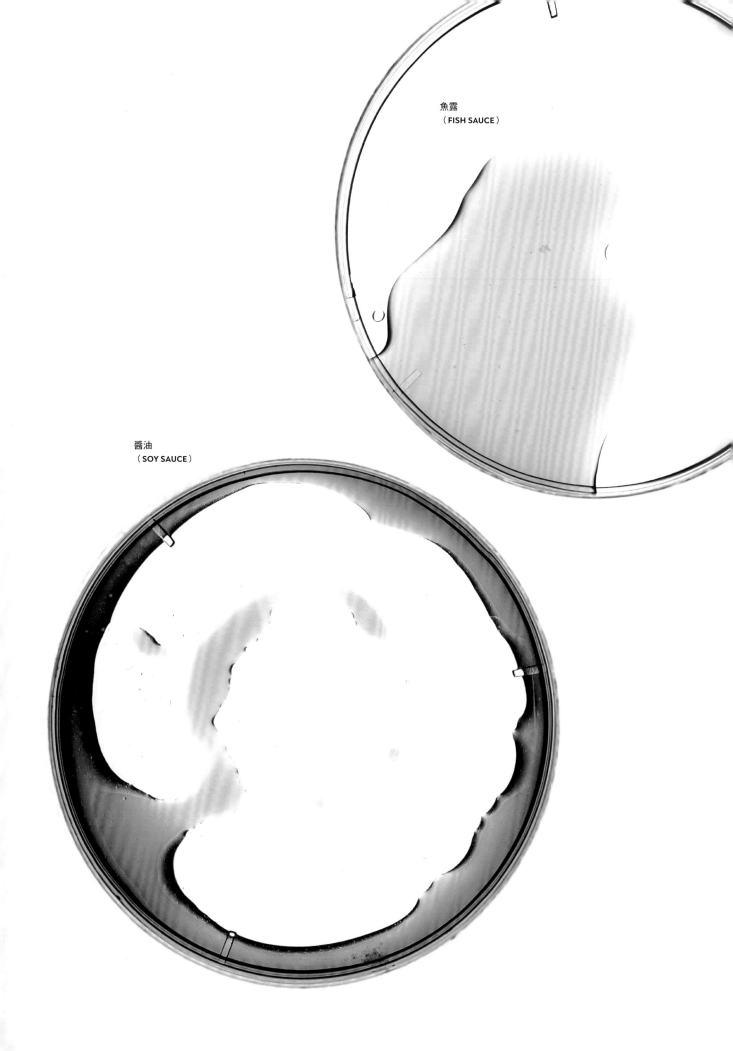

魚露
（FISH SAUCE）

醬油
（SOY SAUCE）

快速利用鮮味食材提升風味的小技巧

+ 鮮味鹽（Umami-infused salts）是一個能夠增加鮮味，也能讓我們感覺到更多食物鮮味的好東西。您可以把鮮味鹽當做一般烹飪用鹽使用，或甚至是料理完成後，當作撒在最上頭的裝飾用鹽也行。

+ 大部分的發酵食物，如韓式泡菜（辛奇）、醃魚和醃蝦、印度漬菜和參巴辣醬等，都是集鮮味、火辣以及各種其他滋味於一身。把它們當作調味料，隨著菜餚一起端上桌；夾在三明治或捲餅裡，能多一層風味。可以的話，也可以試試加進美乃滋或蘸醬裡，能讓味道更有深度。比如說，把幾大匙韓式泡菜打成泥，加到其他醬汁中。

+ 印度中式料理用的調味料（請參考第317頁）結合了辣、鹹、酸與鮮。印度風四川醬（食譜請參考第318頁）尤其萬用；我家幾乎所有的開胃前菜都會配這個醬料吃。在印度的許多中餐館裡，都吃得到馬鈴薯塊（食譜請參考我的另一本書《季節》）佐這個醬料。

+ 把昆布、紫菜、茶葉、抹茶或柴魚（片）放進熱的液體中泡煮，就能得到滋味豐足的高湯。因為這些食材大部分是乾貨，所以和其他食材相比，很容易就能在短時間內萃取出鮮味（通常只需要幾分鐘）。

+ 一小匙味噌就能提供滿載的風味。如果要用於甜點，我通常會加白味噌（請參考第133頁「巧克力味噌麵包布丁」），鹹食我則會選用暗紅色的赤味噌。

+ 切成丁的日曬小番茄乾和番茄粉是提高餐點鮮味的好選擇。可和油醋沙拉醬一起混合均勻，放進滷煮的醬汁中，或加在烤蔬菜及肉類裡。

鮮味與料理

+ 用柴魚等富含 5'- 肌苷酸（IMP）的食材熬煮高湯時，酸類要在湯完成後再加，不要在烹煮過程加。因為酸有可能在加熱時，減少 5'- 肌苷酸的量。

+ 把滿滿一兩大匙的柴魚片，撒在全熟水煮蛋上，夾進三明治裡，或甚至是當作湯品上頭的裝飾，都可以讓口感更豐富。

+ 在甜中帶點微酸的水果，如西洋梨、桃子和蘋果上刨一些帕瑪森起司薄片，或把起司薄片加進沙拉裡，再配上一些烘過的堅果，能夠把鹹與鮮一網打盡。

+ 鹽醃蛋黃（食譜請參考第312頁的「廚房必備」篇章）裡頭有豐富的麩胺酸鹽，能帶來濃郁的鮮味。把鹽醃蛋黃刨成粉後，嚐起來就像帶鹹味的起司。需要撒上起司屑（粉）裝飾的菜餚，都可用鹽醃蛋黃屑代替。

+ 核桃等堅果，富含麩胺酸鹽，同時也能提供鬆脆的口感。

+ 我們對鮮味的敏感度在低溫時會下降，因此，充滿鮮味的食物要趁溫熱時送上桌，這樣才能品嚐到料理中的所有鮮味。冷的高湯之所以嚐起來沒有熱高湯那麼鮮美，就是這個原因。

+ 燒烤等烹飪技巧能夠讓我們感覺到比較多的鮮味。當番茄非當令，或不好吃的時候（即使我在夏天種番茄，有的時候還是會遇到不好吃的情況），您就可以試試這個小技巧來增進風味（請參考第153頁「咖哩葉烤番茄」）。

+ 鮮味能提高鹹味的感受度。當您想要減少料理中的鹽用量時，就能利用這個特點，例如，加一點魚露。有好幾個品牌的發酵食材，如醬油，現在在市面上都

已經找得到低鈉（薄鹽）版本（請參考第177頁「烤地瓜佐楓糖法式酸奶油」和第226頁「臘腸絞肉牧羊人派」）。

+ 在切成片的番茄或炒蘑菇上撒一小撮鹽，能夠迅速提鮮（請參考第143頁「吐司披薩」和第220頁「果阿蝦仁橄欖油番茄抓飯」）。

+ 微量的糖或蜂蜜等甜味劑能夠增加對鮮味的感受度。雖然大部分菜餚中都是各種風味紛呈，但您也許會發現許多南亞料理中都有一絲絲甜味。有時，在咖哩中加一小撮糖，如我最愛的瑪莎曼咖哩（Massaman），會讓料理更鮮。除了甜味劑外，有些咖哩食譜也會要求加入一些，本身即含有少量糖的食材，如椰奶或甚至是羅望子。

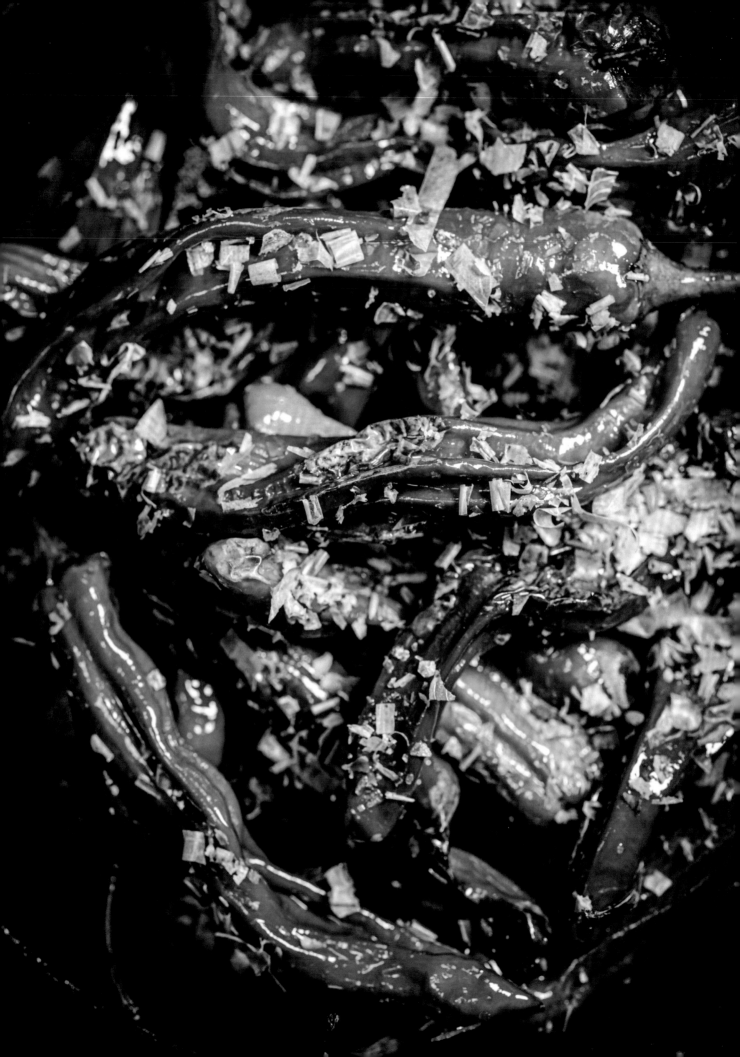

虎皮獅子唐辛子／帕德龍小青椒佐柴魚片

吃獅子唐辛子（shishito）或帕德龍小青椒（padrón peppers）就像賭博一樣刺激；永遠不知道哪一條會辣。在此全面坦白：我只吃不辣的，但每次吃的時候，我還是會很小心地只咬一小口。一般來說，這些彎彎曲曲的小青椒，一堆裡只會有一或幾根超級辣。這道菜如果要做給一大群人吃的話，就直接把所有份量都加倍即可。

4人份

冷壓初榨橄欖油 2 大匙

獅子唐辛子或帕德龍小青椒 340 克
　　（12 盎司）

薄鹽醬油 2 大匙

片狀海鹽

柴魚片 3 ～ 4 大匙

風味探討

醬油與柴魚片在這道菜中會產生所謂的「加乘效果」。在撒上柴魚片的前後，分別試試味道，看看自己有沒有發現「鮮味一加一大於二」。

使用薄鹽醬油有助於掌控整道菜的鹽用量。

鹽可以強化鮮味。

做法：

以中大火燒熱中型煎鍋裡的油。油熱後，放入小青椒炙煎 2 ～ 3 分鐘，偶爾翻動一下，讓每個面都稍微起泡。淋上醬油，拋翻一下，讓小青椒均勻裹上醬料，再繼續煎 30 秒。熄火，將小青椒盛到上菜盤中，撒上大量的鹽和柴魚片，馬上端上桌品嚐。

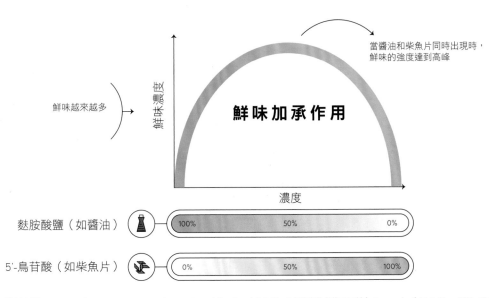

當醬油和柴魚片同時出現時，鮮味的強度達到高峰

鮮味越來越多 →

鮮味濃度

鮮味加承作用

濃度

麩胺酸鹽（如醬油）　100%　50%　0%

5'-鳥苷酸（如柴魚片）　0%　50%　100%

資料來源：Yamaguchi S., Ninomiya K. "Umami and food palatability."（鮮味與食物可口性）*Journal of Nutrition 130*, 4S（2000）。

烤青花筍與鷹嘴豆煎餅

鷹嘴豆煎餅（印地文為 Besan chilla），我父親也稱它為「鷹嘴豆歐姆餅」，在剛起鍋時趁熱吃最美味。在煎餅上豪邁地抹上大量印度風四川醬（食譜請參考第 318 頁），再擺幾根烤花筍，捲起來，然後大口咬。

4人份

烤青花筍：

青花筍 2 把（總重為 455 克 [1 磅]）

冷壓初榨橄欖油 2 大匙

黑胡椒粉 ½ 小匙

細海鹽

煎餅：

鷹嘴豆粉 2 杯（240 克）

紅辣椒粉 ½ 小匙

薑黃粉 ½ 小匙

細海鹽 ½ 小匙

切碎的香菜 2 大匙

青辣椒 1 條，切末

冷壓初榨橄欖油 4 大匙（60 毫升），
　煎鷹嘴豆餅用

印度風四川醬 ½ 杯（97 克）（食譜
　請參考第 318 頁）

風味探討

青花筍和其他蕓薹屬的蔬菜都富含麩胺酸鹽，所以味道鮮美，烤過之後，鮮味會更明顯。若要讓味道更鮮，可以在青花筍烤熟時，淋上 1 大匙醬油或溜醬油，並把細海鹽換成鮮味鹽。

用金屬網架能增加空氣循環，避免青花筍泡在它自己出的汁水中，而變得濕軟。青花筍要攤在兩個烤盤中，避免過度擁擠。這樣才能烤得脆口焦香。

變化版：如果想要做出如經典美式鬆餅般，質地更輕盈、更蓬鬆的煎餅，可以加 1 小匙泡打粉、½ 小匙小蘇打粉和 1 大匙蘋果醋到麵糊裡。

做法：

烤青花筍：將烤箱預熱到 218℃（425℉），並在兩個烤盤中鋪鋁箔紙，且各放上一個金屬網架。

青花筍去掉莖部尾端乾老部分後，淋上橄欖油、黑胡椒粉和鹽，抓揉均勻。把青花筍平均放到兩個烤盤內攤平，入烤箱烤 15 ～ 20 分鐘，直到表面出現一點焦痕且變得酥脆。

煎餅：把鷹嘴豆粉和 1½ 杯（360 毫升）的清水一起調成均質無粉粒的麵糊。再加入辣椒粉、薑黃粉和鹽混合均勻。最後拌入香菜碎和青辣椒末。

在鑄鐵或不鏽鋼煎鍋中倒 1 大匙油，以中大火燒熱。麵糊攪勻後，往鍋內倒 ¼ 杯（60 毫升），拿起鍋子轉一轉，讓麵糊平均流向四方。煎到餅開始不黏鍋底，約 2 分鐘。翻面，繼續煎 2 分鐘左右至餅熟透，變得有點硬且呈現金黃色。剩下的麵糊用同樣的方法煎完。把煎好的餅盛到上菜盤，擺幾根烤青花筍，再加些印度風四川醬。

雞肉客家麵（印度中式料理）

印度的中式料理與大家熟悉的中菜有相當大的差異；對於許多人而言，這兩者幾乎完全不像。但現在這個特色菜系已經是印度料理中不可或缺的一部分，且在印度全國廣受歡迎。印度中式料理一開始是由移居到加爾各答的中國客家人，以及當地印度廚師一起發明的，當中許多菜色皆大方地使用各種香料，且打破所有規則，因此出乎意料地，為印度料理建立了一個全新的流派。有些印度中餐館裡的菜色，除非在國外幾個大都會區，否則出了印度就很難找到，在印度料理書中也幾乎看不到任何敘述。雞肉客家麵單吃就很好吃，而且除了淋一點醋味辣醬油（食譜請參考第 317 頁）和印度風四川醬（食譜請參考第 318 頁）外，真的不需要任何配菜。

4人份

炒麵用的麵條 340 克（12 盎司）

細海鹽

芝麻油 2 大匙

葡萄籽油或其他沒有特殊味道的油 2
　大匙

大蒜 2 瓣，切末

生薑 2.5 公分（1 吋），去皮後切末

青辣椒 1 條，切末

中型洋蔥 1 顆（260 克 [9¼ 盎司]），
　先切半後再切薄片

青蔥 1 把（約 115 克 [4 盎司]），蔥
　白和蔥綠的部分都切成細蔥花

黑胡椒粉 1 小匙

孜然粉 1 小匙

紅辣椒粉 ½ 小匙

綠高麗菜 200 克（7 盎司），切絲

中型青椒 1 顆（200 克 [7 盎司]），
　切薄片

四季豆 155 克（5½ 盎司），切薄片

胡蘿蔔 155 克（5½ 盎司），先切片
　後，再切成寬度約 2.5 公分（1 吋）
　的細長條

拆成絲的烤雞肉 200 克（7 盎司），
　皮和骨頭丟掉不用

薄鹽醬油 2 大匙

米醋 2 大匙

印度芒果粉 2 小匙

風味探討

印度芒果粉裡的果酸味，真正讓這道料理的風味與眾不同，在醬油的鮮，和青蔥、大蒜與生薑的暖香中脫穎而出。

如果手邊沒有葡萄籽油的話，要選發煙點高的油（請參考第 336 頁的「油品和發煙點」表格）。熱炒時，中華炒鍋（鑊）的溫度應該要落在 177℃（350 ℉）左右（我會用紅外線溫度計來測量）。在這個溫度時，油會開始出現油紋，代表油溫夠高，可以下食材了。

做法：

麵條依據包裝說明，放入一大鍋鹽水裡煮，大概煮 3 ～ 4 分鐘到剛好變軟即可。瀝出，用自來水沖洗一下再瀝乾。把麵條放入大碗中，立刻淋上芝麻油，翻拌均勻，麵條才不會黏在一起。加點鹽調味。

將葡萄籽油倒入中華炒鍋或醬汁鍋中，開中大火燒熱。油熱後，下大蒜、生薑和辣椒爆香，約 30 ～ 45 秒，接著放洋蔥，炒 4 ～ 5 分鐘到變成透明。接著放入青蔥，再炒 1 分鐘至開始軟化。撒入黑胡椒粉、孜然粉和紅辣椒粉，再翻炒 30 ～ 45 秒，炒出香料的香氣。

放入高麗菜、青椒、四季豆和胡蘿蔔，拌炒 3 ～ 4 分鐘左右，到蔬菜軟中帶脆。加適量鹽調味後，即可放入雞肉，再煮 1 分鐘。把炒好的蔬菜和雞肉舀到麵條上頭。

醬油、醋和印度芒果粉放進小攪拌碗裡混合均勻。把醬汁淋在麵條上，用料理夾拌勻。趁熱吃。

爆炒高麗菜

這是一道簡單的配菜，但卻充滿蔬菜的鮮甜。料理中的每一樣食材通力合作，襯托出高麗菜的鮮美。

4人份的配菜

綠高麗菜 800 克（1¾ 磅）

葡萄籽油或其他沒有特殊味道的油 1
　大匙

大蒜 1 瓣，去皮後壓碎

黑胡椒粉 ½ 小匙

細海鹽

薄鹽醬油 1 大匙

麻油 1 大匙

風味探討

另一種富含麩胺酸鹽的蕓薹屬蔬菜就是高麗菜，加一點醬油和麻油，味道會更鮮。

高麗菜葉洗後一定要瀝乾（可用沙拉蔬菜脫水器幫忙）；太多水最後會變成滷高麗菜，而不是爆炒，因為水分會讓中華炒鍋的溫度一下子降低很多。

如果手邊沒有葡萄籽油的話，要選發煙點高的油（請參考第 337 頁的「油品和發煙點」表格）。熱炒時，中華炒鍋（鑊）的溫度應該要落在 177℃（350 ℉）左右（我會用紅外線溫度計來測量）。在這個溫度時，油會開始出現油紋，代表油溫夠高，可以下食材了。

做法：

把高麗菜切成大塊後，摘下一片片的葉子。

將葡萄籽油倒入中華炒鍋或大的不鏽鋼醬汁鍋中，開大火燒熱到開始出現油紋。下大蒜，炒 30 ～ 45 秒到剛好開始上色。放入高麗菜，翻炒到葉子開始縮水，且微微帶點焦色，大概需要 10 ～ 12 分鐘。撒入黑胡椒粉和適量鹽調味。淋上醬油和麻油拌勻後熄火。將炒好的高麗菜舀到上菜盤，馬上端上桌。

果阿蝦仁橄欖油番茄抓飯

在海邊長大的話，您很快就會學會珍惜大海，以及它所賦予的一切資源。蝦（無論是新鮮的或是乾貨）是果阿料理中的熱門定番食材。今天這個抓飯是一鍋料理，除了沙拉以外，真的不用再準備任何配菜。我外婆的做法是把蝦和飯一起煮，但這樣會有蝦子過熟，吃起來和橡皮一樣的風險。若改成飯快煮熟時再放蝦，就可以避免這個問題。這道菜用新鮮的蝦或蝦乾都可以，但不要用預煮熟的即食蝦，因為它們會留下不討喜的餘味（道理大概就像魚若煮了兩次，味道和香氣都會跑掉一樣）。

4人份

印度香米 2 杯（400 克）

白洋蔥 570 克（1¼ 磅），先切半，再切薄片

冷壓初榨橄欖油 4 大匙（60 毫升）

細海鹽

5 公分（2 吋）長的肉桂棒 2 根

丁香 4 顆

綠荳蔻粉 1 小匙

大蒜 4 瓣，去皮後切成薄片

5 公分（2 吋）長的生薑 1 段，去皮後，切成寬度 2.5 公分（1 吋）的細長條

卡宴辣椒粉 ¼ 小匙

番茄糊 ¼ 杯（55 克）

低鈉雞高湯或「褐色」蔬菜高湯（食譜請參考第 57 頁）4 杯（960 毫升）

中型尺寸的蝦 680 克（1½ 磅），去掉殼和腸泥，尾巴留著

現榨檸檬汁 2 大匙

170 克（6 盎司）裝的大顆去籽黑橄欖 1 罐，取出後剖半，裝飾用

青蔥 2 大匙，蔥白和蔥綠都切成細蔥花，裝飾用

原味無糖希臘優格，佐食用

風味探討

這道抓飯裡的濃濃鮮味是番茄、橄欖和鮮蝦加在一起的效果，而鹽則會讓味道更鮮。

我通常會用雞高湯來做這道抓飯，但如果想要更濃郁帶勁的鮮味，可以改用第 57 頁示範的「褐色」蔬菜高湯，

做法：

烤箱預熱到 149℃（300 ℉），將烤架置於烤箱內部上 ⅓ 處。取一烤盤，鋪上烘焙紙。

挑掉米中雜質後，注入足以蓋過的水量，浸泡 30 分鐘。

洋蔥先用 2 大匙油拌一下，並加鹽調味，接著單層平鋪在準備好的烤盤中。送入烤箱烤到香酥金黃，需偶爾取出攪散一下，再重新攤平，以確保均勻上色，烤程大約 1 小時。烤的時候要小心盯著，以免烤焦。如果烤箱溫度太高，就把烤架改到中間位置。

米浸泡大約 25 分鐘時，把剩下的 2 大匙橄欖油倒入中型醬汁鍋或荷蘭鍋中，用中大火燒熱。放入肉桂棒、丁香和綠荳蔻粉，爆香 30 ～ 45 秒。下大蒜、生薑和卡宴辣椒粉，炒 1 分鐘到微微上色且聞到香氣。倒入番茄糊，邊煮邊攪拌，煮 4 分鐘到番茄糊的顏色恰好開始變成咖啡色，且有點黏鍋底。把米瀝乾，倒進鍋裡，小心拌炒一下。攪拌米粒的手勢要輕，以免把米粒打碎。炒 2 ～ 3 分鐘至米粒開始黏鍋底。

倒入高湯，轉為大火，先把鍋裡食材
煮滾後，改為文火，讓鍋中液體冒小
滾泡即可。加蓋不攪拌，煮到鍋裡的
液體幾乎收乾，約 15 ～ 20 分鐘。
蝦子抓點鹽調味後，鋪在飯上。蓋回
蓋子，再加熱 3 ～ 4 分鐘至蝦子變
成粉紅色，鍋內液體完全被吸收。

淋一圈檸檬汁。移鍋熄火，靜置 5
分鐘再品嚐。吃之前，用叉子鬆飯，
小心將蝦子拌入飯中，再把飯舀到上
菜盤。飾以黑橄欖、蔥花與烤香的洋
蔥酥後，趁溫熱與優格一起端上桌。

雞肉糜粥（Chicken Kanji）

梵文中的 kanji 指的是米煮了一段時間後，浮現的濃稠澱粉湯水；這也是粥的起源，在亞洲其他以米飯為主食的國家也同樣會喝粥。以前每當我身體不舒服的時候，我母親都會煮糜粥給我吃（她會加一點雞肉一起煮），這裡我稍微做了一點改良，並加了一些香料。

4人份

糜粥：

米 ½ 杯（100 克）

帶皮帶骨的雞大腿 4 塊（總重約 680 克 [1½ 磅]）

細海鹽

葡萄籽油或沒有特殊味道的油 1 大匙

黑胡椒粉 ½ 小匙

丁香 4 顆

月桂葉 2 片

紅蔥 3 個（總重為 180 克 [6½ 盎司]），切薄片

冷壓初榨橄欖油 2 大匙

印度酸辣醬（chutney）：

冷壓初榨橄欖油 2 大匙（30 毫升）

切碎的香菜葉 ½ 杯（20 克）

現榨萊姆汁 ¼ 杯（60 毫升）

大蒜 2 瓣，去皮後切末

乾燥紅辣椒片（阿勒坡、馬拉什或烏爾法等品種）½ 小匙

風味探討

這裡用的米不限品種，短梗米或長梗米煮出來的效果都很棒。這道糜粥不同於抓飯和其他使用長梗印度香米的料理，後者在煮的時候不能攪動，但糜粥一定要偶爾攪拌一下。這樣才可以在米粒軟化的時候，一道把米粒打碎，煮出更綿密濃稠的質地。

這碗像粥的米湯，鮮味來自雞肉。雞肉先調味過再下鍋煎封，透過梅納反應，構建出新的風味分子。

萊姆汁為粥添了一點不可或缺的酸味。

鬆脆的紅蔥酥和酸辣醬的酸韻，與這道綿密滑口的料理，形成了強烈的對比。

做法：

糜粥：挑出米粒的雜質後，把米放在細目網篩上，用自來水沖洗乾淨。將米倒進小碗，注入足以蓋過的水，浸泡 30 分鐘。

用乾淨的廚房紙巾把雞腿的血水擦乾淨。兩面皆撒上鹽調味。將葡萄籽油倒入中型醬汁鍋或荷蘭鍋中，以中大火燒熱。放入雞肉兩面煎封，煎 3～4 分鐘到皮轉為金黃色。放入黑胡椒粉、丁香和月桂葉，加熱 30～45 秒至透出香氣。把米瀝乾，倒入煎雞肉的鍋中，再注入 2 杯（480 毫升）清水。先用中大火煮滾，接著改小火，讓液體維持在冒小滾泡的狀態下，把雞肉煮熟、米粒煮到化開，且米湯變濃稠，約需 45 分鐘～1 小時。煮的時候，偶爾需攪拌一下，打碎米粒。煮好的糜粥應呈現濃湯的狀態，可視情況添加更多水分。

雞肉一旦煮熟，立即用料理夾取出。將骨頭和肉分開，並把去骨的雞肉拆成絲。

利用熬煮雞肉和粥的時間，準備紅蔥。烤箱預熱到 149℃（300 °F），並在烤盤中鋪烘焙紙。

紅蔥去掉頭尾後，切成薄片，放入小碗與橄欖油拌勻，再加點鹽調味。

把拌好的紅蔥放在準備好的烤盤中，單層攤平，入烤箱烤 30 ～ 45 分鐘至金黃酥脆。中途偶爾需取出攪拌一下，以確保均勻上色。

酸辣醬：取一小碗，放入橄欖油、香菜碎、萊姆汁、蒜末和乾燥紅辣椒片拌勻。試過味道後，加適量鹽調味。

準備要品嚐時，在溫熱或滾燙的糜粥上，加點雞肉絲與紅蔥酥，旁邊再附上酸辣醬，即完成。

烤雞腿與蔬菜

這是一道快速、完全不費工，但滋味豐富的雞肉料理。如果您有時間能讓雞肉醃一晚的話，風味會更好。若想鮮味再濃一點，可改用鮮味鹽；會讓這道菜的味道完全不同。

4人份

雞肉：

帶皮帶骨的雞大腿 4 塊（總重約 910 克 [2 磅]）

醃醬：

大蒜 2 瓣，去皮

生薑 2.5 公分（1吋），去皮

白醋 2 大匙

伍斯特醬 2 大匙

冷壓初榨橄欖油 2 大匙

細海鹽 1 小匙

黑胡椒原粒 ½ 小匙

烤蔬菜：

新馬鈴薯（new potatoes）455 克（1磅）

蘑菇片 230 克（8 盎司）

新鮮的或冷凍的青豆仁1杯（120克），若使用冷凍的，無需事先解凍

冷壓初榨橄欖油 1 大匙

粗粒黑胡椒粉 ½ 小匙

細海鹽

裝飾：

蝦夷蔥蔥末 2 大匙

新鮮的青辣椒或紅辣椒（如鳥眼辣椒 [bird's eye chillies]）1條，切細辣椒圈

風味探討

伍斯特醬在雞肉醃醬中扮演鮮味補強劑的角色。

雞肉的脂肪在烤時會化開，讓同在烤盤裡的蔬菜能吸收到另一層風味。

大蒜、生薑、黑胡椒原粒和生辣椒中的「火辣」分子，會啟動物質反應，產生辣感。

做法：

烤雞：雞肉先用乾淨廚房紙巾拍乾，再放入大密封袋中。

醃醬：把大蒜、生薑、醋、伍斯特醬、橄欖油、鹽和黑胡椒原粒放入果汁機，用高速攪打數秒至均勻。將醃醬倒在雞肉上，封好袋子，搖一搖讓雞肉均勻裹上醃醬，接著放入冷藏醃至少 2 小時，能醃過夜尤佳。

準備好要烹煮時，先把雞肉連密封袋放在流理台上自然退冰至常溫，約需 15 分鐘。

烤箱預熱到 204℃（400 °F）。

烤蔬菜：把馬鈴薯、蘑菇和青豆仁放入大碗中，與橄欖油和黑胡椒粉拌勻，再加點鹽調味。將蔬菜攤開放在大烤盤或深烤盤中。

取出雞肉，雞皮面朝上，排在蔬菜上。將袋中剩下的醃醬倒在雞肉上。入烤箱烤到雞皮酥黃、馬鈴薯熟軟，約需 55 ～ 60 分鐘。若用探針式溫度計插入雞肉中央，溫度已達 74℃（165 °F），表示雞肉已熟。取出烤盤，靜置 5 分鐘。

撒點蝦夷蔥和生辣椒裝飾後，即可上桌。

臘腸絞肉牧羊人派

雖然我們家只有在聖誕節或復活節等特殊節日時才吃這道菜，但它完完全全就是道療癒食物。我通常會用小型或中型的馬鈴薯，因為它們比大顆的馬鈴薯快熟。羊絞肉則可以換成牛絞肉。

6～8人份

羊絞肉：

冷壓初榨橄欖油 1 大匙

中型白洋蔥 1 顆（260 克 [9¼ 盎司]，切丁

大蒜 4 瓣，去皮後切末

生薑 2.5 公分（1 吋），去皮後切末

青辣椒 1 條，切末

番茄糊 ¼ 杯（55 克）

葛拉姆瑪薩拉 2 小匙，自製的（食譜請參考第 312 頁）或市售的皆可

薑黃粉 1 小匙

紅辣椒粉 1 小匙

青豆仁 230 克（8 盎司）

胡蘿蔔 230 克（8 盎司），切成寬度 2.5 公分（1 吋）的細長條

果阿臘腸 170 克（6 盎司）

羊絞肉 910 克（2 磅）

中筋麵粉 2 大匙

麥芽醋或蘋果醋 ¼ 杯（60 毫升）

切碎的香菜葉 ¼ 杯（10 克）

魚露 1 小匙

鋪在表面的馬鈴薯泥：

中型褐皮馬鈴薯 1 顆（455 克 [1 磅]）

法式酸奶油或酸奶 140 克（5 盎司）

無鹽奶油 ¼ 杯（55 克），切成小方塊，回復至常溫

黑胡椒粉 1 小匙

細海鹽

日式麵包粉 ½ 杯（25 克）

風味探討

絞肉（印地文為 kheema）在印度有各式各樣的烹調方法；在這道菜中，用了果阿臘腸讓充滿肉類鮮味的料理，多了明顯突出的酸味和辣度。

極少量的魚露能夠讓肉末的鮮味更足。

醋能帶來酸味，可平衡風味較濃重的香料和肉末。

番茄糊能為肉末提鮮。

馬鈴薯泥因為加了脂肪，所以能保持濕潤和柔軟度。

日式麵包粉能添一層酥脆。

做法：

烤箱預熱到 204℃（400 ℉）。

羊絞肉：大煎鍋裡倒油，開中大火燒熱。洋蔥入鍋，炒到透明，約 4 ～ 5 分鐘。接著下蒜末、薑末和青辣椒末，拌炒 1 分鐘。放入番茄糊、葛拉姆瑪薩拉、薑黃粉和紅辣椒粉，炒 30 ～ 45 秒至透出香氣。加青豆仁與胡蘿蔔炒軟，約需 8 ～ 10 分鐘。果阿臘腸剝去腸衣後，掰成小塊。放入煎鍋，煎到肉餡開始上色，約 4 ～ 5 分鐘。把羊絞肉分成幾大塊，放入

煎鍋，炒到絞肉開始上色，約 4 ～ 5 分鐘。做到這個階段，可以先用大湯匙把一些多餘的脂肪撈掉。把麵粉篩到肉末上，拌勻。倒醋，再攪拌一下。改小火，煮到汁水幾乎完全收乾。移鍋熄火，拌入香菜葉和魚露。把肉末倒進大的深烤盤中，並用曲柄抹刀刮平表面。

馬鈴薯用自來水刷洗乾淨後，放入大湯鍋中，注入高於馬鈴薯 2.5 公分（1吋）的鹽水。先用中大火煮滾後，改

為中小火。煮 20 ～ 30 分鐘到馬鈴薯熟透但不糊爛。瀝出馬鈴薯，先置於一旁，稍微放涼到手能握取的溫度。

馬鈴薯皮剝掉後，放入大碗中。加進法式酸奶油、奶油和黑胡椒粉，一起搗成綿柔的馬鈴薯泥。試過味道後，加適量鹽調味。把馬鈴薯泥舀到肉末上，用曲柄抹刀刮平表面。將日式麵包粉撒在馬鈴薯泥上，入烤箱烤 20 ～ 25 分鐘到表面金黃。取出深烤盤，靜置 10 分鐘後，再端上桌。

咖啡香料牛排佐火烤番茄黃瓜洋蔥沙拉

Kachumber 是印度一種當調味料用的沙拉（通常會當成大餐中的一道小菜），內容物有黃瓜、洋蔥和番茄。今天這道是我的改造版；我把洋蔥和番茄先烤過，再加新鮮黃瓜丁（黃瓜因為富含水分，所以就不加熱）。這個「火烤」版本特別適合搭配烤牛排一起吃。備註：這道沙拉可提前幾個小時製作。

2人份

火烤印度番茄黃瓜洋蔥沙拉：

小番茄 340 克（12 盎司），對半切

中型紫洋蔥1顆（260 克[9¼ 盎司]），去皮後切半

青辣椒 1 條，切成兩半

冷壓初榨橄欖油 3 大匙

黃瓜 1 條（340 克 [12 盎司]），切丁

切碎的香菜 2 大匙

現榨檸檬汁 2 大匙

黑胡椒粉 ½ 小匙

細海鹽

牛排：

粗粒咖啡粉 2 大匙

芫荽籽 1 大匙，壓裂

乾燥紅辣椒片 1 大匙，烏爾法品種尤佳

細海鹽 1 大匙

綠荳蔻粉 1 小匙

2.5 公分厚的肋眼牛排 2 片（每片 455 克 [1 磅]）

融化的印度酥油或冷壓初榨橄欖油 2～4 大匙

風味探討

咖啡帶有苦味，但加進這個綜合香料粉抹在肉上時，能夠增加鮮味。

烏爾法比伯辣椒（Urfa biber）帶有類似巧克力的香味，很適合和咖啡粉一起打成牛排的調味料。

番茄和洋蔥放入烤箱加熱，不只會改變風味，同時因番茄會開始崩解出水，所以釋出的汁水烤過後濃縮，會產生類似莎莎醬的質地，使其更容易裹覆在牛排上。番茄的風味分子經加熱後會濃縮，能夠增加牛排的鮮味。

我在下面的做法中會提到牛排翻面的方法，供您選擇；我的方法和哈洛德·馬基（Harold McGee）在《食物與廚藝》（On Food and Cooking）中解釋的一樣：藉由減少肉汁靜止不動的時間，讓肉汁在牛排烹煮時，能夠重新分佈在肉裡；因此比較不怕牛排變乾。

做法：

印度番茄黃瓜洋蔥沙拉：烤箱預熱到 218℃（425 °F），並在烤盤上鋪鋁箔紙。

番茄、洋蔥和辣椒與 1 大匙油拌勻後，倒入烤盤，放到烤箱內部最上層烤架上，烤 15～20 分鐘，直到蔬菜開始出現烤痕，且番茄釋出的汁水冒滾泡。把烤箱調到「中火炙烤」功能（medium broil；譯註：美式爐連大烤箱的炙烤（broil）功能，類似一般桌上型烤箱的上火），再烤 5～8 分鐘，直到蔬菜的烤痕變深，且有一點焦。不要烤太焦，不然會變很苦。取出烤盤，靜置 10 分鐘（如果事先製作，可將烤好的蔬菜用密封盒裝好，冷藏保存最多 2 天，之後再接續下面的步驟）。（接下一頁）

蔬菜放涼後，就可以切成適口大小，和黃瓜及香菜一起放入中型攪拌碗裡。淋上檸檬汁、剩下的 2 大匙橄欖油和黑胡椒粉，並用鹽調味。把沙拉拌勻，加蓋靜置至少 30 分鐘，再端上桌品嚐。

牛排：把咖啡粉、芫荽籽、乾燥紅辣椒片、鹽和綠豆蔻粉放入小攪拌碗中，混合均勻。

牛排用廚房紙巾拍乾後，兩面抹上大量的香料粉並壓緊。於常溫中靜置至少 45 分鐘，最多 1 小時。

準備好要烹煮時，將燒烤爐預熱到高溫，並在爐子烤架上刷些許印度酥油。牛排兩面各淋上 1 大匙印度酥油後，放到燒熱的烤爐上，蓋上烤爐蓋，每面烤 3～4 分鐘（一分熟；探針式溫度計顯示 49℃ [120 ℉]）；每面烤 5～6 分鐘（三分熟；探針式溫度計顯示 55℃ [130 ℉]）。如

果用的是橫紋煎鍋，先在鍋裡放 2 大匙印度酥油，開大火燒到冒煙，放牛排下鍋煎，一次一片單獨操作。如果您不講求美美的烤痕，每 30 秒就可以翻一次面，一直翻到牛排煎熟。頻繁地翻動牛排，可以讓裡頭的肉汁重新分佈，所以牛排就不會變乾。把煎好的牛排放到盤上，取張鋁箔紙鬆鬆地蓋住，靜置 5 分鐘後再端上桌。

牛排旁附上火烤番茄黃瓜洋蔥沙拉，即完成。

6

火辣

我不像我家人那麼會吃辣。我父親每餐都要配小的生青辣椒，而我母親則是在製作魚咖哩時，會丟超大把很辣的乾辣椒到果汁機裡。我想如果我吃到這兩樣，應該會死掉。

小時候，我很想煮煮看父母親買的料理書中的每一道料理，所以我依照正統作法，做了「印度蔬菜咖哩餃」（Punjabi samosa）。食譜裡說要加很多現磨的黑胡椒和青辣椒。我依照食譜把所有咖哩餃都包好下鍋炸了，但最後發現根本沒辦法吃，因為太辣了。味道實在太嗆，我的嘴巴跟耳朵都跟著火了一樣。這件事讓我學到每個人對於辛辣的忍受度不同；有些人覺得不辣的東西，對另外一些人而言可能已經難以承受。我開始留意怎麼樣的辣度可以讓我自己以及周遭吃我煮的飯的人都皆大歡喜——還有辣椒種類和料理的配搭性。在我家的餐桌上，除了鹽罐外，還有一整排不同辣度的辣椒醬，讓來我家吃飯的人，可以隨自己的嗜辣程度添加。

火辣是如何形成的？

「火辣」（Fieriness）其實並不屬於五種標準味道之一，也不是真的會讓口內溫度上升到高點。它只是一種「錯覺」，一種「灼熱」的感覺。科學上，稱這種現象為「物質感覺」（chemesthesis；又譯為「化學味覺」）：身體對外來刺激所做出的反應。在人體的每個部分，包含口腔和鼻子，都有滿滿的感覺接受器（sensory receptors），會不斷地細察環境，感受溫度（溫度感受器 [thermoreceptors]）、疼痛和壓力（機械 [力學] 感受器 [mechanoreceptors]）是否改變。當您咬一口生（或乾）辣椒或黑胡椒原粒時，這些食材中的特殊化學成分會附著在感覺接受器上，而感覺接受器一遇到刺激，就會啟動大腦產生熱感或痛感。因此您就會想要喝水以沖洗掉這個灼熱感。當我們隨著時間，漸漸接觸到辣度越來越高的食物時，人體的痛覺感受器也會隨之調整，對辛辣的忍受度就會增加。我們當中許多人已經學會喜歡這個熱辣的感覺，並且認為它和美味是相關的。

有許多常見的食材和「物質感覺」有關，如肉桂會讓人感覺到溫暖，而綠荳蔻則是「嚐起來」很清涼。

估量火辣的程度

要估量火辣程度的方法有好幾種，可以用來計算「會讓人冒火」的食材有多辣。因為目前還沒有機器可以真正測量出人體的味覺感受度，所以大部分的測量機制都是依據味覺受試者的反應。「丙酮酸量法」（The pyruvate scale）是測量食材中某些特定成分的量。

史高維爾指標
（THE SCOVILLE SCALE）

每根辣椒的辣度之所以差異相當大，可能是因為某些原因，其中最主要的是基因和環境。辣椒的基因組成會影響「辣椒素」（capsaicin）的生成量；不同品種的辣椒，辣椒素的含量也不同。例如，克什米爾辣椒（Kashmiri chilli）的辣度很低，大概只含 1,000～2,000「史高維爾辣度單位」（Scoville Heat Unit，縮寫為 SHU），但非常辣的卡宴辣椒就有 30,000～50,000 個 SHU。

泥土、水、氣溫和其他環境因素也會影響辣椒素的生成量；例如，本來辣度低的辣椒，如果栽種在「外在壓力」很大的環境之下，這株植物就會適應環境，長出比較辣的辣椒。

辣椒的史高維爾指標數值是指在辣椒萃取液中，要溶解多少糖，才能讓受試者不再感覺到辣。需要越多糖，表示這個辣椒越辣。但因為這個值是依據受試者味覺的判定，所以並不精準。研究辣椒的專家另外會以科學方法測量辣椒素的含量，補齊資訊以量化辣椒的辣度。

蔥屬植物的丙酮酸量法

當洋蔥或大蒜等蔥屬植物被切開後，細胞會破裂並產生一連串會形成風味分子的反應，產生蔥屬植物特有的嗆香與味道，這也是切洋蔥會流淚的原因。蔥屬植物的刺激性可以透過測量丙酮酸的生成量來間接表示，因為丙酮酸是上述反應的副產品。這個指標以 1～10 為單位，而一般（通用）的假設是，數值越低，味道越甜。這些植物的刺激性與它們的種類和生長環境有關，通常長在天氣比較熱，土壤比較乾旱處的蔥屬植物，硫化物的含量會比較高，所以就會有比較刺鼻辛嗆的味道。

要在料理中增加辣度有許多種方法，以下是一些我常用的食材。

胡椒及胡椒的種類

我們最常遇到的胡椒類有三種：胡椒、長胡椒（long peppers）和蓽澄茄（cubeb；又稱「尾胡椒」或「爪哇胡椒」），它們每一種都含有一群會產生「辣感」的化學分子，其中最為人所知的便是「胡椒鹼」（piperine）（請參考第 260 頁「黑胡椒雞」）。

胡椒原粒從胡椒藤（pepper vines）上的未成熟綠色漿果開始，接著在不同的成長階段被採收，並經過多道處理手續，才變成我們市面上所見，有不同的顏色、辣度和香氣各異的胡椒原粒。一般而言，黑胡椒原粒的味道最濃烈，而綠色和白色的胡椒原粒味道則溫和許多。市面上所販售的綠胡椒原粒，通常是醃漬過的，可以加到醬汁、燉物和沙拉醬中。黑胡椒本身則又分為許多品種，每種都有自己的香氣和風味。去皮的胡椒粒（Decorticated peppercorns）是透過機器，把皮磨掉；它的味道比黑胡椒柔和。

有時會看到罐上標示著「彩虹胡椒粒」（rainbow pep-percorns）的粉紅色胡椒粒，但其實它們並不是真的胡椒原粒。它們不只是外表和胡椒原粒不同，而且也不含胡椒鹼，它們所含的是一種稱為「腰果酚」（cardanol）的化學成分。這些體積微小的果實來自秘魯和巴西的「胡椒樹」（pepper trees），而且令人驚訝的是，味道居然是甜的。加熱後會巨幅減少它們的風味，所以適合稍微壓裂後直接使用，撒在起司或沙拉上。

長胡椒看起來像拉長的松果。因為具有獨特的花香，所以我會用它來沏泡飲料，或磨碎後撒在冰淇淋和甜點上（請參考第 268 頁「薑味蛋糕與椰棗糖漿波本威士忌醬」）。就外表上，它幾乎和黑胡椒原粒一模一樣。您可以在摩洛哥的杜蘭小麥糕點「麥考特」（阿語為 makrout；我查到的是這樣拼，而不是作者寫的 markout，所以我猜他是不是筆誤）、北非綜合香料（阿語為 ras el hanout）和印尼的咖哩（印尼文為 gulés）中找到長胡椒的蹤跡。

因為現在在各大超市和香料專賣店裡都能買到各式各樣、不同種類的胡椒原粒，所以您不妨逐一慢慢試，以充分了解每一種的風味。

花椒

花椒並不是胡椒原粒，而是一種常見於中式料理，長在花椒樹上的香料。因為花椒含有一種稱為「基甲位山椒醇」（hydroxy-alpha-sanshool）的化學成分，所以吃了之後，舌頭會感覺麻麻的。花椒的所有風味都集中在外層粉紅色的殼，所以要用外殼，而不是裡頭黑色的種籽。

萃取「基甲位山椒醇」的方法有好幾種，可以先用中大火乾烘 30 ～ 45 秒，等烘出花椒的香味後，再把花椒壓碎加到熱油中。第二個方法（請參考第 283 頁「布拉塔起司佐辣油及打拋葉」）則是先用冷萃法（花椒粒先泡在冷油裡放隔夜），接著再加熱，讓油慢慢升溫，用溫萃法引出「基甲位山椒醇」。

辣椒（生辣椒和乾辣椒）

雖然辣椒被認為是印度烹飪與文化的同義詞，但事實上它是由葡萄牙人從中美洲帶到印度的，而後迅速融入當地料理。

辣椒是辣椒屬植物（capsicum plant）的果實，而且其辣度來自高度集中於胎座（placenta；即靠近梗的白色柔軟果肉）和種籽的辣椒素分子；烹調前先去除這兩個部分，就能減少辣度。「史高維爾指標」（請參考第 238 頁）能清楚讓您知道不同辣椒間的辣度比較。乾辣椒一定比生辣椒辣，因為水分去除後，辣椒素的濃度會增加。有些辣椒以其鮮豔的紅色著稱，如紅椒（paprika）、阿勒坡和用於印度料理的克什米爾辣椒；其他如卡宴辣椒和鳥眼辣椒，最有名之處便是辣度極高；另外還有一些，像是奇波雷（Chipotle；由哈拉皮紐辣椒 [jalapeños] 曬乾而來）和土耳其的「烏爾法比伯」（Urfa biber），則是有著獨特的煙燻味。

若要解辣，喝乳製品，如一杯牛奶或優格，比喝水效果更好。因為乳蛋白「酪蛋白」（casein）能夠阻止辣椒素分子和感覺接受器產生反應，也會帶走一些灼熱感。如果您到印度餐廳，通常會看到菜單上有優格或優格醬（raita），這些菜色不只吃起來清涼爽口，還能抵銷料理中辣椒帶來的辣度。

剛搬到美國的時候，我曾經糾結於辣椒的各種英文說法，無論是 peppers、chillies 或 chiles，指的都是辣椒（在這本書裡，我統一用印度的英文稱法 chilli）。根據哈洛德‧馬基和亞倫‧戴維森（Alan Davidson）的解釋，這個字

的字源來自南美洲那華特勒語（*Nahuatl*）中的 chilli，但之所以和「pepper」這個字有所關聯，是因為它的味道讓西班牙來的探險家想到舊世界（Old World）的黑胡椒原粒。

薑

薑的珍貴之處在於它的特殊香氣和辣度，是最常用的香料之一。薑，再加上大蒜和洋蔥，就形成了印度和亞洲許多肉類料理中的三劍客。薑有許多樣貌：新鮮的塊莖可以磨成泥或打成漿加進醬汁、燉物和咖哩中。但生薑因為充滿纖維，所以在放進果汁機或食物調理機之前，一定要先切成小塊。

嫩薑因為皮很薄，所以可以直接使用，無需去皮；風味也比較溫和，最適合加到簡易糖漿中，之後用來調飲料或做甜點。薑（和嫩薑）的薑汁可以增加印度香料茶或糖漿的風味，但要記住薑汁屬酸性，所以加到乳製品中會造成結塊。乾薑有的時候就整塊賣，可以加到高湯和湯品裡；但最常見的用法是磨成粉和用於烘焙。生薑和乾薑的香氣和風味非常不同，所以我不認為它們可以互相取代。

最後，結晶糖薑粒或薑糖是一種煮熟的薑，放到薑餅和薑味蛋糕（請參考第 268 頁「薑味蛋糕與椰棗糖漿波本威士忌醬」）裡，能增加鮮明的甜味與辣度。南薑（Galangal）是泰國、寮國和印尼料理中的常用食材，和薑有親戚關係。曬乾的南薑放進高湯裡一起熬煮，能增添風味。如果要做咖哩醬，一定要用新鮮的。

蔥屬植物：洋蔥、大蒜及其他

蔥亞科（Allium plant family）有洋蔥、大蒜、紅蔥、青蔥、蒜苔（scapes）、熊蔥（ramp；又稱為「野韭菜」）、韭蔥和蝦夷蔥，這些全都含有硫化物（烷（烯）基 -L- 半胱氨酸亞碸 [alk[en]yl-L-cysteine sulfoxides] 或類烷基半胱氨酸硫氧化物 [ACSOs]），所以具有獨特的風味。當蔥屬植物被切開或揉捏造成缺口後，植物的細胞就會釋出 ACSOs，並開始一連串的化學反應，產生我們能夠聞到和嚐到的風味分子。沙拉裡的生洋蔥，如果和生的青蔥比，味道可能比較嗆，但是當生洋蔥圈疊在漢堡上時，就會在口中產生一陣討喜的辣度。大蒜含有四種 ACSOs，而洋蔥含有三種，這就是為什麼它們分別有特殊的風味，但又有一點相似。

辣根（HORSERADISH）和山葵

辣根和山葵的味道雖然很類似，但卻是兩種不同的植物。它們都含有高揮發性的化學物質「異硫氰酸烯丙酯」（allyl isothiocyanate），會在很短的時間內從口腔傳到鼻腔，並在鼻腔加深感受度，產生灼熱感——就是吃到抹了山葵的壽司，或塗了辣根醬的烤牛肋排（prime rib）時，所感覺到的火辣刺痛感。這兩者都是以直接生食為宜，最常見的吃法是把植物的根部磨成泥。辣根和山葵刺激嗆鼻的味道，一接觸到空氣，很快就會消散，所以磨好後，要盡快使用。因為高溫會破壞讓辣根與山葵產生辣感的酶，所以最好避免加熱。

芥末（MUSTARD）與芥末油

蕓薹科（十字花科）包含高麗菜（捲心菜）和能夠長出芥末籽和榨出芥末油的植物。芥末籽分為三種——黑色、棕色和白色，每一種都含有嗆鼻的成分「硫代葡萄糖苷」（glucosinolates），這個物質在許多與「火辣」有關的植物中也都能找到，如辣根。不同種類的芥末籽，嗆辣程度也不同，黑色和棕色的嗆味比白色的芥末籽稍微強烈一點，因為它們會產生不同種類的「異硫氰酸酯」（isothiocyanates），所以辣度也不同。黑芥末籽壓碎後可以製成在北印度廣泛使用的芥末油，那裡的人特別愛它迷人的刺激性風味，以及高發煙點。黑芥末籽常被加到熱油或熱印度酥油中，當它們在油中「彈跳」時，會釋出風味到油裡，這個「爆香」後製作香料油的技巧，在印地文稱為 tadka；做好的熱油和種籽之後會一起淋在食物上，成為料理完美的收尾。在製作香料油時，烹調的高溫會破壞產生嗆味的酶，所以成品的油會充滿堅果香氣且不刺鼻。

芥末粉是把黑色和白色芥末籽混合乾燥後，磨製而成；這個粉末可以調成深受大眾喜愛的調味料「芥末醬」。芥末葉可以吃，通常是放在沙拉裡生食，或經過熱炒或油煎。

橄欖油

雖然我們在「脂腴油潤」（Richness）篇章中也會提及橄欖油（第 278 頁），但橄欖油和芥末油一樣，值得先在這裡談一談。我在一場「橄欖油評味試驗」中，意外發現它會在口中造成灼熱感。一瓶新鮮的橄欖油，會在口腔底部產生灼熱感和胡椒味，這是由「橄欖油刺激醛」（oleocanthal）造成的，這種化合物會刺激感覺接收器。油越新鮮，感受越深。

各種辣椒的辣度

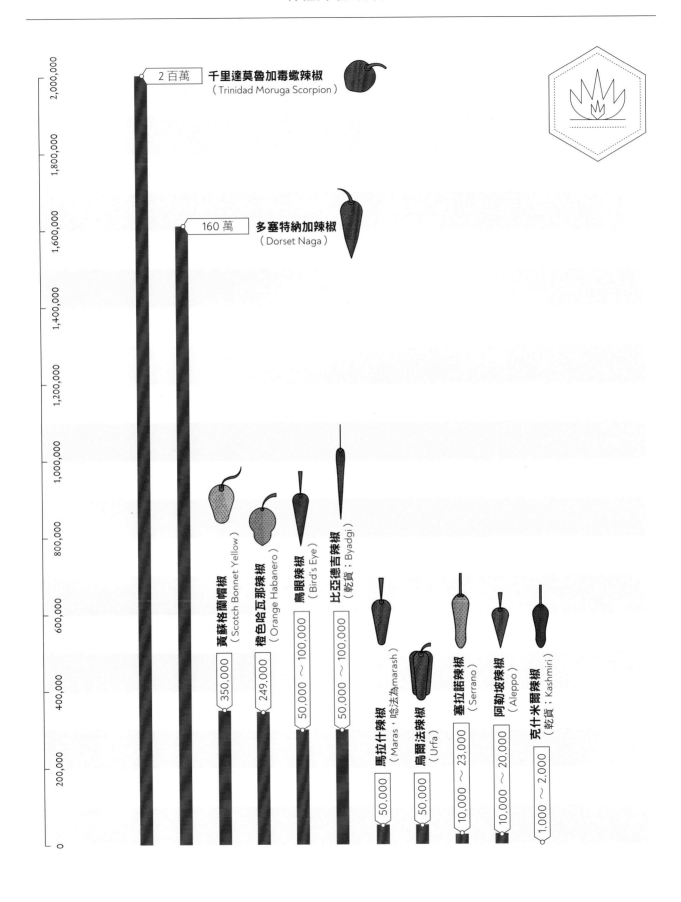

- 2 百萬　**千里達莫魯加毒蠍辣椒**（Trinidad Moruga Scorpion）
- 160 萬　**多塞特納加辣椒**（Dorset Naga）
- 350,000　**賓蘇格蘭帽辣椒**（Scotch Bonnet Yellow）
- 249,000　**橙色哈瓦那辣椒**（Orange Habanero）
- 50,000～100,000　**鳥眼辣椒**（Bird's Eye）
- 50,000～100,000　**比亞德吉辣椒**（乾貨：Byadgi）
- 50,000　**馬拉什辣椒**（Maras，唸法為marash）
- 50,000　**烏爾法辣椒**（Urfa）
- 10,000～23,000　**塞拉諾辣椒**（Serrano）
- 10,000～20,000　**阿勒坡辣椒**（Aleppo）
- 1,000～2,000　**克什米爾辣椒**（乾貨：Kashmiri）

「火辣」與料理

+ 在起司、新鮮／烤過或煎過的水果、蔬菜或甚至是蛋上，加點壓裂的黑胡椒或蓽澄茄，或用 Microplane 品牌的柑橘刨刀刨一些長胡椒。磨出來的胡椒顆粒越粗，辣味會越濃烈鮮明。

+ 在端上桌前一刻，於印度優格醬（請參考第 78 頁和第 288 頁）上撒一些豔紅的辣椒粉，或在沙拉或鹹味料理上淋大量的暗紅色辣油。

+ 切碎的蝦夷蔥、炸蒜片、生青辣椒圈和韓式紅辣椒絲（sil-gochu），都是很棒的盤飾。

+ 把泡有香料的芥末油溫熱後淋在印度優格醬、豆糊湯（dal）或任何鹹味料理上，能夠增添一點迷人的嗆味。

+ 較高的溫度容易放大辣椒和黑胡椒等火辣食材的效果（試喝看看冷的「滿洲湯」和溫熱的「滿洲湯」就會發現差別，食譜請參考第 255 頁）。如果您在吃辣的食物時喝冰水，能馬上解辣，但這只是暫時的，水一吞下，辣度就會回來；冰牛奶或優格的解辣效果更棒（請參考第 236 頁的說明）。

+ 辣椒和胡椒的用量如果過多，會暫時讓我們嚐不到其他味道，甚至是蓋過這些味道，所以在判斷辛辣食材用量時，要隨時記住這點。

+ 大部分會導致辣度的化學成分都比較容易溶解於酒精或脂肪中，所以製作風味飲料或鹹味料理時，可利用這個特性。以辣椒為例，用熱油或伏特加等酒精類能萃取出較強烈的辣度，若只是泡水，所得到的辣度就比較和緩。

+ 某些會導致辣度的化學成分對溫度很敏感，在烹調時可能會瓦解。例如洋蔥和大蒜，經烹煮後就會失去強勁的衝味，味道會變得比較甜。

+ 製作油醋醬、美乃滋和其他調味料時（請參考第 316 頁「咖哩葉芥末油美乃滋」），可用芥末油取代其他油類。您也可以把芥末油當成烹飪用油，拿來炸魚、肉類和蔬菜，讓料理吸收其特殊的風味。

+ 橄欖油的嗆味在生食沙拉中最明顯；經過加熱和放久之後，嗆味會顯著地減少。我建議橄欖油開瓶後最好在一年內用完。

+ 調製雞尾酒時，可以利用這些火辣、帶刺激性風味的分子，方法是把它們浸泡在酒精裡，萃取出辛香。酒精同時也能提取出這些食材中，各種不同的味道和香氣分子。如果想要辣一點，可以把辣椒磨成末或搗碎後，再泡進酒精裡，這樣得到的結果會比用辣椒圈或整條辣椒強烈。

+ 把生辣椒或乾辣椒加到熱油裡引出辣度和顏色（若用的是乾辣椒的話），而辣椒素能充當抗氧化劑，讓油在加熱時，不會氧化。

快速使用辣度增加風味的小技巧

+ 在整顆帶皮的蒜球或小洋蔥上刷一點油，再用鋁箔紙包起來，放進烤箱以 204℃（400 ℉）烤 45 分鐘到 1 小時。接著將烤好的蒜瓣擠到美乃滋裡增加風味，或抹在已經烤酥、淋了橄欖油或塗了奶油的麵包上，也可以加進肉類和燉物中，添一點堅果風味。

+ 焦糖洋蔥（Caramelized onions）撒在料理上頭當配料的效果很棒，加進菜餚中也能增加甜甜又鹹鹹的味道。在加熱過程中，洋蔥已經失去原有的刺激性風味。

+ 用橄欖油小心低溫炸薄蒜片，炸到剛轉為金黃即可；盛起後撒一點海鹽調味。炸過蒜片的蒜味油，可以淋在鹹味料理上頭作為最後裝飾。

+ 取一瓣生大蒜磨泥，或磨出 1 小匙辣根泥，加進一杯原味無糖的希臘優格中混合均勻，再用一點鹽和黑胡椒調味，就成了烤蔬菜的蘸醬。

+ 把橄欖油燒熱，並撒入尖起的 1～2 小匙豔紅色辣椒粉（如阿勒坡、馬拉什或烏爾法）及 1～2 小匙壓碎的芫荽籽或孜然籽。這樣煉出來的風味油可以淋在早餐蛋料理（煎蛋、水煮蛋或水波蛋）、蔬菜或肉類上，增加一點暖香。如果想要溫暖氣息重一點，可改用芥末油。

+ 把薑切成細長條，用點橄欖油或葡萄籽油煸一煸，加進豆糊湯（請參考第 292 頁「奶香黑豇豆豆糊湯」）、咖哩或燉物等鹹味菜餚中，能夠同時增進風味與口感。

+ 和薑一樣，把整條的乾辣椒丟進辣油裡幾秒鐘，能引出其風味和漂亮的紅色，接著再把煉好的油倒在鹹味料理上。這就是製作香料油的技巧——用熱油來萃取食材裡的顏色和風味分子。

川香棒棒雞

幾年前,我把這道又燙又辣,超級好吃的開胃菜介紹給我先生麥可。這道菜在印度非常受歡迎,不只能在印度中餐廳吃到,連我孟買父母家附近的當地烘焙坊也買得到。吃這些棒棒雞一定要搭印度風四川醬(食譜請參考第318頁)。就許多方面而言,我覺得這道菜就是印度對雞翅的演繹,難怪我丈夫這麼愛。是的,您可以把食譜裡的翅小腿改成二節翅(用910克[2磅]的雞翅),跳過把翅小腿做成棒棒雞的步驟,其餘程序相同。

4人份

雞肉:

翅小腿 12 隻(總重為 455 ～ 680 克 [1 ～ 1.5 磅])

醃醬:

薄鹽醬油 2 大匙

參巴辣椒醬(sambal oelek)2 大匙

米醋或蘋果醋 2 大匙

大蒜 8 瓣,去皮後磨成泥

生薑 5 公分(2 吋),去皮後磨成泥

黑胡椒粉 1 小匙

細海鹽 ½ 小匙

卡宴辣椒粉 ¼ 小匙

大蛋的蛋白 1 個,稍微打散

葡萄籽油或其他沒有特殊味道的油
　4 杯(960 毫升),油炸用

中筋麵粉 ¼ 杯(35 克)

玉米澱粉 2 大匙

甜菜粉或紅色食用色素 1 小匙

細海鹽 ¼ 小匙

最後要沾裹的醬料:

葡萄籽油或其他沒有特殊味道的油 1 大匙

參巴辣椒醬 2 大匙

薄鹽醬油 2 大匙

大蒜 4 瓣,去皮後磨成泥

生薑 2.5 公分(1 吋),去皮後磨成泥

細海鹽,視情況添加

印度風四川醬(食譜請參考第 318 頁)
　1 杯(194 克)

風味探討

這道棒棒雞的辣度來自幾個不同的地方:發酵過的參巴辣椒醬、黑胡椒、大蒜、生薑和卡宴辣椒。

甜菜粉能讓雞肉變成艷紅色。麵粉和蛋形成的麵衣,則能讓雞肉炸好後,有著相當酥脆的質地。

因為醃醬和粉衣裡都含有鹽,所以我建議棒棒雞炸好之後,先試吃看看,再決定最後要沾裹的醬料裡要不要加鹽。

做法:

棒棒雞:抓住翅小腿的骨頭尾端,沿著骨頭繞一圈把皮劃開,接著用刀面把所有的雞肉往上推。用刀尖把雞皮塞進雞肉和骨頭間的縫隙,如果想把雞皮去掉也無妨。把黏在骨頭上的韌帶或筋(肌腱)切斷。雞肉全集中在一端的樣子,就像棒棒糖一樣。將處理好的棒棒雞放進大碗裡,其餘的翅小腿重複同樣的步驟做完。(接下一頁)

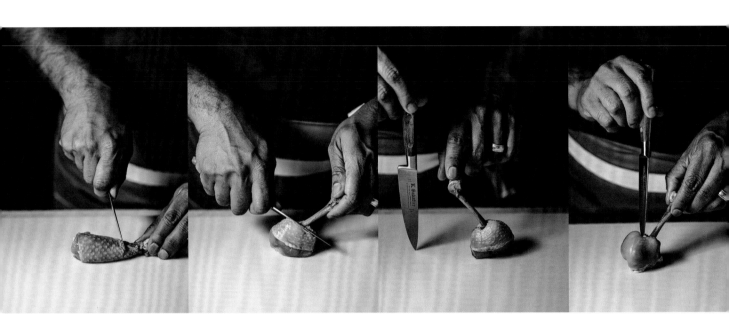

醃醬：將醬油、參巴辣椒醬、醋、蒜泥、薑泥、黑胡椒粉、鹽和卡宴辣椒粉放入小碗中調勻。把醃醬倒在處理好的棒棒雞上，輕輕地拌一拌，讓雞肉均勻裹上醃醬。加蓋，於室溫下靜置 30 分鐘，或放冷藏醃一晚。如果放冰箱醃製，要油炸前，須先取出放在流理台上 15 分鐘，自然退冰到常溫。

把稍微打散的蛋白倒在醃好的棒棒雞上，混合均勻。

油倒進厚底醬汁鍋或荷蘭鍋裡，開中火加熱到 177℃（350 ℉）。

油溫到了之後，把麵粉、玉米澱粉、甜菜粉和鹽攪拌均勻。用篩子篩到棒棒雞上，再用手抓揉，尤其是肉的部分，一定要裹到粉。

雞肉分批下鍋炸到用探針式溫度計測量內部溫度，已達 74℃（165 ℉），約 5 ～ 6 分鐘。外層應該呈現暗紅色的脆皮。炸好的棒棒雞移到鋪有廚房紙巾的盤子上瀝油，接著再挪到大碗裡。

最外層裹醬：油倒入小煎鍋中，用中大火燒熱，放入參巴辣椒醬、醬油、蒜泥和薑泥，炒到香氣散出且醬汁滾沸，約 1.5 ～ 2 分鐘。加入微量的鹽調味（因為雞肉已經會鹹了），再把煮好的醬汁倒在滾燙的棒棒雞上。翻拌均勻後，旁邊附上印度風四川醬，趁熱端上桌。

煎蛋與綜合香料馬鈴薯佐炙番茄綠胡椒酸辣醬

我唸研究所的時候，每個週末都吃這個當早餐，這是我在當時居住的迷你公寓裡，會反覆做的一道菜。它之所以好吃，是因為包含了酥脆的馬鈴薯、煎蛋和鹹味番茄醬汁等錯不了的組合，在慵懶的週日早晨，來上一盤再適合也不過，吃完之後才有力氣迎接即將到來的漫長週間生活。我覺得「炙番茄綠胡椒酸辣醬」是您會想一次做一大瓶的醬汁；它很快就能做好，而且搭配多種鹹味料理都很對味，可以試試配著烤奶油瓜或烤南瓜片一起吃。這個酸辣醬放久一點會更好吃。

4人份＋1杯（240毫升）醬汁

煎馬鈴薯：

印度酥油 3 大匙

育空黃金馬鈴薯 455 克（1 磅），切成 1.2 公分（½ 吋）見方小塊

中型黃色或白色洋蔥 1 顆（260 克[9¼ 盎司]），切丁

葛拉姆瑪薩拉 2 小匙，自製的（食譜請參考第 312 頁）或市售的皆可

卡宴辣椒粉 ¼ 小匙

細海鹽或印度黑鹽

印度芒果粉 1½ ～ 2 小匙

新鮮香菜葉 2 大匙，裝飾用

印度酸辣醬：

小番茄 340 克（12 盎司）

冷壓初榨橄欖油 1 大匙

蘋果醋 1 大匙

大蒜 1 瓣，去皮

鹽漬綠胡椒粒（brined green peppercorns）2 大匙，壓裂

青辣椒 1 條

細海鹽

煎蛋：

印度酥油 4 大匙（55 克）

大蛋 4 顆

細海鹽或印度黑鹽

粗粒黑胡椒粉

風味探討

在這道菜中，我用不同的方法與各類食材，堆疊出層層辣度，葛拉姆瑪薩拉中充滿暖味的香料與卡宴辣椒粉通力合作，讓馬鈴薯充滿辛香與辣度。

印度芒果粉的酸味讓辣度更加明顯，若想再酸一點，可增加印度芒果粉的用量。

小番茄的品質和焦化的程度會影響酸辣醬的風味，建議用大一點的平煎鍋，才能有多一點的表面面積可以讓小番茄接觸到熱能，不至於過度擁擠，也有助於蒸氣散去。

番茄酸辣醬的微微辣度來自鹽漬綠胡椒粒；而煎蛋的辛辣則是由黑胡椒造成的。

此外，因為這道菜是溫溫熱熱地吃，所以會增強這些食材所造成的物質感覺。
（待續）

做法：

煎馬鈴薯：將 3 大匙印度酥油放入大的鑄鐵或不鏽鋼煎鍋中，開中小火融化。當油燒熱後，下馬鈴薯和洋蔥，撒上葛拉姆瑪薩拉、卡宴辣椒粉和適量鹽巴。需煎到馬鈴薯完全變軟，每隔 6～8 分鐘翻一下，讓每一面均勻上色，共需 25～30 分鐘。將馬鈴薯盛盤，撒上印度芒果粉增加風味。試過味道後，再加適量鹽調味。最後擺上香菜葉裝飾。

利用煎馬鈴薯的時間，製作酸辣醬。用大火把乾燥的不鏽鋼大煎鍋燒到冒煙，約 3～4 分鐘。當鍋夠熱時，放入小番茄煎炙到微微出現焦色，且皮開始脫落，約 4～6 分鐘。把番茄盛入果汁機或食物調理機中，倒入油、蘋果醋、大蒜，胡椒粒和辣椒，用瞬速打個幾秒至完全混合，且胡椒粒碎成小顆粒。醬汁可以帶點小顆粒或完全滑順。試過味道後，加鹽調味。

煎蛋：印度酥油放入小的鑄鐵或不鏽鋼煎鍋中，開中大火燒熱，轉一下鍋子讓油均勻分佈。改為小火，先把蛋打進小碗裡，再倒入鍋中，煎到蛋白成形，且邊邊開始變焦脆，約 1.5 分鐘（如果您想要蛋黃上的蛋白微微凝固，煎的時候可以加蓋）。重複同樣步驟，把蛋煎完。加少許鹽和黑胡椒粉調味後，馬上和溫熱的煎馬鈴薯，與淋在一旁的番茄酸辣醬一起端上桌。

馬鈴薯薄餅

馬鈴薯薄餅是無敵百搭的配菜，搭什麼都可以；趁熱上桌，才能完美呈現它酥脆、喀滋喀滋的質地。這個餅很適合在正餐中當小菜或配菜，如搭著第 160 頁的「義式培根辣味炒牛肉」或豆糊湯（如第 256 頁的「大蒜生薑豆糊湯佐青蔬」或第 292 頁的「奶香黑豇豆豆糊湯」）一起食用。我有時午餐會做這個餅，搭著「烤茄子優格醬」（食譜請參考第 288 頁）和白飯（食譜請參考第 310 頁）一起吃。

4～6 人份的配菜

育空黃金馬鈴薯 680 克（1½ 磅），
　去皮

中型洋蔥 1 顆（260 克 [9¼ 盎司]）

生辣椒 2 條，切末

香菜末 2 大匙

印度芒果粉 1 小匙

芫荽粉 1 小匙

孜然粉 ½ 小匙

細海鹽

大蛋 2 顆，稍微打散

印度酥油 1 大匙 +1 小匙，融化備用

風味探討

馬鈴薯薄餅的辣度來自生辣椒。

雞蛋的蛋白質經加熱後會變性，會形成一張網絡結合和抓住所有食材，讓薄餅成形。

擠壓馬鈴薯絲和洋蔥，有助於去除多餘水分，否則會影響餅的成形度。

做法：

烤箱預熱到 177℃（350 ℉）。

用刨絲器上的大孔刨馬鈴薯和洋蔥。刨好的蔬菜放在細目網篩上，盡可能擠掉所有水分。將擰乾的蔬菜放進一個大攪拌盆中，加入生辣椒末、香菜末、印度芒果粉、芫荽粉和孜然粉，並以適量的鹽調味。輕輕地用叉子將所有食材混合均勻，倒入蛋液，再拌勻一次。

將 1 大匙的印度酥油倒入直徑 25 公分（10 吋）、可進烤箱的鑄鐵或不鏽鋼煎鍋中，開中大火燒熱。把馬鈴薯蔬菜糊倒入鍋中攤平，淋上剩下的 1 小匙印度酥油，先煎 3 ～ 4 分鐘到底部稍微定型。熄火，把鍋子移到烤箱，烘烤到表面酥脆且呈現金黃色，馬鈴薯也已熟透，約 15 ～ 20 分鐘。

切片後趁熱上桌或放涼再品嚐亦可。

新馬鈴薯佐芥末香料油莎莎醬

這個莎莎醬介於墨西哥莎莎醬和印度酸辣醬之間，是我寫給山葵愛好者的情書。如果買不到芥末油，就改用高品質、味道濃烈嗆鼻的冷壓初榨橄欖油。若要把這道菜做成健康一點的沙拉，我有時會加一顆紅蔥（切碎）、一點切碎的燻鮭魚和一到兩個半熟或全熟的水煮蛋。備註：堅果需先放涼才能和薄荷混合，否則薄荷遇熱會變黑。

4人份＋1杯（256克）莎莎醬

馬鈴薯：

新馬鈴薯 910 克（2 磅）

細海鹽

莎莎醬：

生開心果 ½ 杯（60 克），切成粗粒

切碎的薄荷葉（壓實的）½ 杯（20 克）

切碎的香菜或平葉巴西利（壓實的）½ 杯（20 克）

芥末油或冷壓初榨橄欖油 ½ 杯（120 毫升）（請參考「風味探討」說明）

大蒜 4 或 5 瓣，去皮後切末

現榨萊姆汁 2 大匙

黑胡椒粉 ½ 小匙

細海鹽

風味探討

當油把所有脂溶性的味道分子兜在一起時，充滿刺激性風味的芥末油和大蒜齊力讓馬鈴薯有了鮮明的辣度。

萊姆汁可以放大新鮮香草帶來的清涼感。

馬鈴薯會吸很多鹽，所以裹上莎莎醬後，需要先試試味道，再決定是否要再加鹽調味。

如果您想要淡一點的山葵（芥末）衝味，就把芥末油的量減半，其餘用冷壓初榨橄欖油補足（兩種油的比例1：1）。

做法：

馬鈴薯：馬鈴薯用冷自來水刷洗乾淨後，放入中型醬汁鍋內，注入高出馬鈴薯 4 公分（1½ 吋）的清水。加鹽，先用中大火把水煮到滾沸。改小火，讓馬鈴薯在維持小滾泡的水中，煮到熟透變軟，約 15 ～ 20 分鐘。烹煮時間可能會因馬鈴薯的大小和種類而有所差異。瀝出煮好的馬鈴薯，並用乾淨的廚房擦巾拍乾。

當馬鈴薯放涼到能用手握取時，將它們切成兩半，放入大攪拌盆中。

莎莎醬：開心果放入小煎鍋中，用中小火烘 1.5 ～ 2 分鐘至開始上色。倒入小攪拌碗中，放到涼透。加薄荷碎、香菜碎、芥末油、蒜末、萊姆汁和黑胡椒粉。拌勻後再加鹽調味。

把莎莎醬加到馬鈴薯上，輕輕地拌勻，試試看味道後，再決定是否加鹽調味。溫熱吃或常溫吃皆可。

烤斑紋南瓜佐香草優格醬

斑紋南瓜（Delicata squash）是一種薄皮的南瓜，吃的時候不用去皮。放入烤箱烤到皮和肉都變軟，就能讓這個蔬菜很容易入口。這道菜是暖香與沁涼風味的完美平衡，同時也是冷熱兩種溫度的最佳搭配。

4人份配菜

南瓜：

斑紋南瓜 2 顆（總重為 910 克 [2 磅]）

冷壓初榨橄欖油 2 大匙

黑胡椒粉 ½ 小匙

細海鹽

香草優格醬（約可做出 1¼ 杯 [300 毫升]）

無糖原味希臘優格 1 杯（240 克），
　需是冰涼的

香菜 1 把（75 克）

紅蔥 1 顆（60 克 [2 盎司]），切丁

大蒜 4 瓣，去皮後切末

生薑 2.5 公分（1 吋），去皮

青辣椒 1 條

現榨檸檬汁 2 小匙

細海鹽

盤飾佐食：

生南瓜籽 2 大匙

羅望子椰棗酸辣醬 ½ 杯（120 毫升）
　（食譜請參考第 322 頁，可省略）

細蔥花 2 大匙

風味探討

為了不讓醬料有太重的蔥屬植物專有嗆味，所以我用了紅蔥，但如果您還想讓味道再淡一點，可以用 1 大匙印度酥油，先把紅蔥和大蒜炒到透明（生薑也可以加進來一起炒）後，再和其他食材混合。

溫度是這道菜在品嚐時的重點。南瓜是溫熱的，而香草優格醬是冰涼的，羅望子椰棗酸辣醬可以是冰涼的，也可以是常溫。這樣能在舌頭表面產生不同的感覺，味道受體會同時品味與感受到不同溫度下的風味分子。

做法：

南瓜：把烤箱預熱到 177℃（350℉）。在兩個烤盤內鋪烘焙紙。

南瓜切除頭尾後，縱切成兩半。用湯匙把籽挖掉，切出厚度 1 公分（吋）的新月型南瓜片。將南瓜片放入中型碗內，淋上 1 大匙橄欖油，撒黑胡椒粉和適量鹽調味。把南瓜片單層排放在烤盤上，入烤箱烤 25 ～ 30 分鐘至南瓜熟軟，且呈現金黃色。取出烤盤，把南瓜盛到上菜盤中。

沙拉醬：把優格、香菜、紅蔥、大蒜、生薑、青辣椒和檸檬汁放入果汁機中，用高速攪打均勻，試過味道後，加鹽調味。放冰箱冷藏備用。

將南瓜籽放入乾燥的小煎鍋中，用中大火烘 2 ～ 3 分鐘至開始上色。熄火，倒進小碗中。

準備要端上桌時，在南瓜片上撒點蔥花裝飾，淋上幾大匙香草優格醬和羅望子椰棗酸辣醬。將剩下的香草優格醬和羅望子椰棗酸辣醬、南瓜籽和青蔥擺在旁邊，隨餐附上。

滿洲湯

這碗熱辣滾燙的湯只有在印度的印式中菜餐館才找的到。通常天氣一冷或我覺得不太舒服的時候，我就會煮這個湯。若想參加蛋白質攝取量，可以加點吃剩的烤雞（切小塊）或豆腐丁。這碗湯上桌時旁邊一定要附上米醋、醋味辣醬油（食譜請參考第 317 頁）或印度風四川醬（食譜請參考第 318 頁）。

4人份

葡萄籽油或沒有特殊味道的油 2 大匙

大蒜 8 瓣，去皮後切末

生薑 5 公分（2 吋），去皮後切末

青辣椒 2 條，切末

高麗菜 160 克（5¾ 盎司），切細碎

蘑菇 160 克（5¾ 盎司），切薄片

四季豆 100 克（3½ 盎司），切薄片

胡蘿蔔 100 克（3½ 盎司），切小丁

青椒 100 克（3½ 盎司），切小丁

薄鹽醬油 3 大匙

黑胡椒粉 1 小匙

玉米澱粉 3 大匙

大蛋 2 顆，稍微打散（可省略）

細海鹽

青蔥 3 根，蔥白和蔥綠都切細碎

切細碎的香菜葉 2 大匙

市售脆麵／點心麵（fried noodles）115 克（4 盎司）

米醋，佐食用

醋味辣醬油（食譜請參考第 317 頁），佐食用

印度風四川醬（食譜請參考第 318 頁），佐食用

風味探討

用脂肪來煉出下列食材中的辣度：辣椒中的辣椒素、生薑的薑辣素（又稱「薑酚」）和大蒜的蔥屬成分。

這碗湯裡有大蒜、生薑和醬油等多種富含鮮味的食材，加在一起能產生加乘作用。

玉米澱粉需等湯放涼到 60℃（140 ℉）時再加，而米醋則要在上桌前再淋；太快加醋會破壞玉米澱粉勾好的濃濃羹湯。

做法：

把碳鋼中華炒鍋或大湯鍋用大火燒熱，鍋熱後倒油，下大蒜、生薑和辣椒炒 1 分鐘。

放入高麗菜、蘑菇、四季豆、胡蘿蔔和青椒，炒到高麗菜開始變軟，約 2 分鐘。倒入醬油、黑胡椒粉和 2½ 杯（600 毫升）清水。先煮滾後，移鍋熄火。讓湯放涼到 60℃（140 ℉）。

玉米澱粉和 ½ 杯（120 毫升）水放入小碗中調成芡汁，慢慢倒入湯中。把中華炒鍋放回爐上，開文火煮，邊煮邊輕輕慢慢地攪拌，直到湯變濃稠。

如果您趕時間，不等湯變涼也沒關係。湯第一次煮滾後，自爐上移開，把芡汁直接倒入熱湯裡拌勻。再把中華炒鍋放回爐上，用文火煮到濃稠。

慢慢地倒入蛋液（若用），並輕輕地攪動一下，讓蛋液變成蛋花。試過味道後，加鹽調味。移鍋熄火，撒上青蔥和香菜。

端上桌時，把湯分成四碗，並在每碗上頭加 1 大匙的脆麵。旁邊擺上米醋、醋味辣醬油和印度風四川醬，讓吃的人隨個人口味添加。

大蒜生薑豆糊湯佐青蔬

成功煮出印度豆糊湯（dal）的小技巧（和煮飯一樣），是讓扁豆放在鍋裡文火慢燉，不要太常攪動。在這道食譜中，扁豆會經過慢煮，若您輕輕攪拌它，就能形成更柔滑的質地。這碗豆糊湯能有許多有趣的變化。在爆香香料油時，不要用乾燥紅辣椒粉，改放切碎的番茄或新鮮的青辣椒試試。做出自己的版本！

4～6人份

紅扁豆1杯（212克）

薑黃粉 ½ 小匙

印度酥油或沒有特殊味道的油 2 大匙

切碎的羽衣甘藍葉或菠菜葉（壓實的）1杯（60克）

細海鹽

生薑 2.5 公分（1吋），去皮後，切成細長條

大蒜 2 瓣，去皮後切薄片

紅辣椒粉 ¼ 小匙

阿魏粉 ¼ 小匙（可省略）

米飯或麵餅，佐食用

風味探討

大蒜、生薑和乾燥紅辣椒粉裡脂溶性，且會造成辣度的物質，經加熱後，會溶到熱油中。這個浸泡入味的油（或稱「爆香好的香料油 [tadka]」）之後會倒在煮好的豆糊湯上當最後裝飾。

此外，油也能引出辣椒裡脂溶性的紅色色素。

阿魏（在印度商店裡是以 hing 這個名稱販售）在印度料理中，是蔥屬植物的代替品；而在這裡則是補強大蒜的風味。

做法：

仔細挑出扁豆裡的碎石或雜質。把挑好的扁豆放在細目網篩中，用自來水沖洗後，倒入中碗裡。注入能蓋過扁豆的 2 杯（480 毫升）清水，讓扁豆浸泡 30 分鐘。

把泡好的扁豆，連同浸泡的水和薑黃粉一起倒入中型醬汁鍋內，用中大火煮到滾沸。改成小火，在維持小滾泡的狀態下，煮 10 ～ 15 分鐘，直到扁豆完全熟透軟化。煮的時候，記得不要攪拌。如果您發現鍋裡的水快沒了，可以加一點滾水，一次約 ½ 杯（120 毫升）慢慢加。如果覺得豆糊湯太稀，就拉長烹煮的時間，讓一些液體蒸發掉。煮好後，移鍋熄火。輕輕地攪動，讓扁豆化開。此時湯會開始變稠。

另取一中型醬汁鍋，放入 1 大匙印度酥油，開中大火融化。羽衣甘藍葉入鍋並加鹽調味。翻炒到葉菜的體積稍微縮小，約 3 ～ 4 分鐘。把炒好的青蔬倒進豆糊湯裡拌勻，試過湯的味道後，加鹽調味。

下一步是爆香辛香料，製作香料油。把剩下的 1 大匙印度酥油放進中型醬汁鍋裡，以中大火燒熱。油熱後，下生薑和大蒜，炒到開始轉為金黃色，約 45 ～ 60 秒。（要注意不要焦掉，否則會變苦。如果真的炒焦了，請倒掉重來。）移鍋熄火，倒入紅辣椒粉和阿魏粉（若用）攪拌均勻。把熱油連裡頭的爆香香料一起倒在豆糊湯上。用米飯或麵餅配著溫熱的豆糊湯一起食用，即完成。

瑪薩拉香料蝦

某次去奧克蘭拜訪同輩親戚時，我們決定租一間海邊別墅，並在海邊過聖誕節。整個禮拜我們不斷地燒烤，也吃了一堆冰淇淋，就像每個紐西蘭居民會做的一樣。因為蝦子很快就會熟，所以成了開胃菜首選，我們可以邊吃邊等燒烤爐上的其他食物烤熟。看到這道菜我就會想起那段特別假期的美好回憶。

4～6人份的開胃菜

中型生蝦 455 克（1磅），去掉殼和腸泥，尾巴留著

冷壓初榨橄欖油 2 大匙

大蒜 2 瓣，去皮後磨成泥

生薑 2.5 公分（1吋），去皮後磨成泥

番茄糊 2 大匙

現榨萊姆汁 1 大匙

葛拉姆瑪薩拉 1 小匙，自製的（食譜請參考第 312 頁）或市售的皆可

卡宴辣椒粉 ½ 小匙

肉桂粉 ¼ 小匙

細海鹽

蝦夷蔥末 2 大匙，裝飾用

萊姆 1 顆，切成四等份，佐食用

風味探討

加了萊姆汁會放大卡宴辣椒粉和葛拉姆瑪薩拉中香料的辣度。

萊姆汁同時也有助於蝦中的蛋白質變性，讓它受熱後能熟得更快，所以蝦子不要醃太久，否則吃起來會像橡皮。

做法：

蝦子用冷自來水洗淨後，取乾淨的廚房紙巾拍乾。放入大碗中。

取一小碗，將 1 大匙橄欖油、蒜泥、薑泥、番茄糊、萊姆汁，葛拉姆瑪薩拉、卡宴辣椒粉和肉桂粉拌勻。把醃料倒在蝦子上，並加入適量鹽調味，接著翻拌均勻。醃製 5 分鐘。

將剩下的 1 大匙橄欖油倒入中型不鏽鋼或鑄鐵煎鍋中，開中大火燒熱。蝦子連同碗裡的汁水一起倒入熱油中，爆炒至蝦變成粉紅色，約 3 ～ 4 分鐘。番茄糊會增加辨別蝦子熟度（變色與否）的困難度，所以可以把其中一隻蝦子切成兩半，看看裡頭的蝦肉是否已經完全變軟且變白，再加上外層表面和尾巴都已經變成粉紅色時，即代表熟了。

煮好的蝦盛入上菜盤中，撒上蝦夷蔥裝飾，並附上萊姆角後，馬上端上桌品嚐。

黑胡椒雞

在辣椒傳入印度以前，黑胡椒是在烹飪時提供料理辣度的重要食材。黑胡椒雞有好幾種版本，有些是乾的，有些則帶有類似肉汁（gravy）的醬汁。如果您喜歡吃比較乾一點的版本，就把食譜裡的椰奶份量減半。

4～6人份

黑胡椒原粒 2 大匙

芫荽籽 1 小匙，磨碎

甜茴香籽 1 小匙，磨碎

薑黃粉 2 小匙

現榨萊姆汁 2 大匙

細海鹽

去皮去骨的雞大腿肉 1.4 公斤（3 磅）

椰子油 2 大匙

大洋蔥 2 顆（總重約為 800 克 [1¾ 磅]），先切半後，再切成薄片

大蒜 4 瓣，去皮後磨成泥

生薑 5 公分（2 吋），去皮後磨成泥

403 毫升（13.6 液量盎司）裝的罐頭無糖全脂椰奶 1 罐

切碎的香菜 2 大匙，裝飾用

白飯（食譜請參考第 310 頁），佐食用

風味探討

這道菜的辣度來自黑胡椒。若想要讓香氣和味道更顯著，可用特利奇里胡椒粒 (Tellicherry Peppercorns)，做出南印同名燉煮料理「特利奇里胡椒雞」。

甜茴香籽和經過慢煮的洋蔥能帶來足以解辣的甜味，洋蔥有著長鏈的果糖分子，稱為「果聚糖」（fructans），在加熱時會斷裂，釋出味道更甜的果糖分子。

椰奶是水、脂肪、蛋白質和糖乳化後的結果，能夠增加滑潤的奶香。

使用帶香味的椰子油，能讓整道菜具有完整飽滿的椰子香氣與風味。

做法：

把黑胡椒原粒磨成粗顆粒。將磨好的黑胡椒粉、芫荽和甜茴香放入乾燥的小煎鍋或小醬汁鍋中烘出香味，約 30 ～ 45 秒。香料烘好後，馬上倒入小碗。拌入薑黃粉和萊姆汁，並用適量鹽調味後，調成泥狀。

把雞肉放入大碗中，倒入香料泥抓拌。將拌好的雞肉倒入大密封袋中，或放入大碗，再用保鮮膜封好，放冷藏醃至少 4 小時，能醃隔夜尤佳。

準備好要烹煮時，取出雞肉，放在流理台 15 分鐘左右，自然退冰至常溫。

將椰子油倒入大醬汁鍋中，以中大火燒熱。洋蔥入鍋，炒 4 ～ 5 分鐘至開始轉為透明。接著下蒜泥和薑泥，炒 1 分鐘左右至飄出香味。放入醃好的雞肉以及所有袋中的汁水，再倒入椰奶。先用大火煮到滾沸後，改成小火繼續煮 10 ～ 15 分鐘，直到雞肉熟透，且鍋中液體變成濃濃的醬汁。中途要偶爾攪拌一下，以免燒焦。移鍋離火，試吃看看，再加鹽調味。撒上香菜裝飾後，配溫熱的白飯一起吃。

香料烤雞

我在家常做這道香氣逼人、色彩繽紛，又風味飽滿的烤雞。吃剩的雞肉我會拆成雞絲保存，之後加在捲餅或沙拉中。吃烤雞的時候，可以配點薄荷塞拉諾淺漬甜桃（食譜請參考第 319 頁），或青蘋果酸辣醬（食譜請參考第 321 頁）和烤茄子優格醬（食譜請參考第 288 頁）。

6人份

冷壓初榨橄欖油，或融化的無鹽奶油
　　¼ 杯（60 毫升）

大蒜 4 瓣，去皮後磨成泥

芫荽粉 2 小匙

乾燥奧勒岡粉（oregano）2 小匙

黑胡椒粉 1 小匙

薑黃粉 1 小匙

煙燻紅椒粉 1 小匙

克什米爾辣椒粉 1 小匙

猶太鹽 1 小匙，視情況增加用量

適合烤的全雞 1 隻（1.8 公斤 [4 磅]）

細海鹽

低鈉雞高湯 2 杯（480 毫升）

檸檬 1 顆，切成檸檬角，佐食用

風味探討

先將金屬網架放到深烤盤上，再擺上全雞，這樣烤的時候會讓雞汁滴到烤盤裡，雞皮也能受熱均勻。

薑黃粉和紅椒粉可以提供色澤和風味。

紅椒粉和克什米爾辣椒粉兩者都能提供辣度微弱，但聞起來讓人食指大動的煙燻香氣。

雞高湯能讓雞肉保持濕潤及增添風味，隨著雞肉烹煮，滴進烤盤的雞汁，可以讓高湯的滋味更棒，成為絕佳的澆淋汁水。

做法：

把橄欖油，蒜泥、芫荽粉、奧勒岡粉、黑胡椒粉、薑黃粉、紅椒粉、辣椒粉和鹽放入小碗中混合均勻，此為雞肉的調味料。

雞肉用乾淨的廚房紙巾拍乾。將一個金屬網架擺在大的烤肉用烤盤，或大的深烤盤上，再把全雞放到網架上。烤盤的寬度要足以容納全雞。把手指頭伸進雞皮和雞肉間，將雞皮鬆開。把調味料均勻塗抹在雞肉和雞皮上，再撒點鹽到整隻雞上頭。放入冰箱，不要加蓋，靜置至少 1 小時，若能放隔夜尤佳。

將烤箱的烤架置於內部下 處，烤箱預熱到 204℃（400 °F）。烤盤連全雞放入烤箱，並將高湯倒入烤盤中。烤雞至少需要烤 70 ～ 80 分鐘，中間每隔 15 ～ 20 分鐘舀盤中的汁水澆淋在雞肉上。需烤到探針式溫度計插入雞肉內部，已達 74℃（165 °F），且雞皮呈現金黃色。在烤雞的過程中，如果烤盤裡的液體蒸發過快，可以適時添加大約 1 杯（240 毫升）左右的清水。取出烤好的全雞，用鋁箔紙鬆鬆地蓋住，靜置 10 分鐘。小心將烤雞移到上菜盤，烤盤裡剩下的雞汁，撇除多餘的油後，倒入小上菜碗中。

雞肉趁熱端上桌，旁邊附上檸檬角以及保留下來的雞汁。

科夫塔羊絞肉丸與杏仁肉汁

科夫塔絞肉丸（Kofta；譯註：科夫塔可依照烹調者的喜好製成球狀、圓餅形、圓柱狀或長條狀）對於印度人而言，就像肉丸（meatball）之於西方人一樣。用任何絞肉做都可以，肉丸可以放進烤箱烤，也可以直火油煎。科夫塔絞肉丸送上桌時通常會泡在醬汁或肉汁中，而在這道食譜中，是配著用薑黃染成金黃，並用杏仁粉勾芡的醬汁。我為這道菜選的碳水搭擋是印度抓餅（食譜請參考第 297 頁）或白飯（食譜請參考第 310 頁），再佐些黃瓜烤玉米沙拉（食譜請參考第 287 頁）。我常一次做一大批科夫塔絞肉丸，再冷凍保存。生的絞肉丸先排在大盤子或托盤上，放入冷凍庫，等凍硬之後，用密封袋保存，這樣最多可以冷凍 2 個月。打算要煮的前一晚先取出需要的量，放冷藏解凍，之後就依照本食譜的步驟處理。我處理科夫塔絞肉丸的方式就跟一般肉丸一樣，所以有的時候，會把它們（不加杏仁肉汁）夾進三明治裡，和放在披薩上。

4人份

科夫塔絞肉丸：

羊絞肉或牛絞肉 455 克（1 磅）

中型白洋蔥 1 顆（260 克[9¼ 盎司]），切末（這裡漏寫了洋蔥的切法，但根據做肉串/漢堡排/肉丸的常理，應該是「切末」）

薑黃粉 1 小匙

芫荽粉 1 小匙

紅辣椒粉 1 小匙

大蒜 4 瓣，去皮後切末

生薑 2.5 公分（1 吋），去皮後磨成泥

青辣椒 1 條，切末（可省略）

大蛋 1 顆，稍微打散

細海鹽 1 小匙

冷壓初榨橄欖油 ¼ 杯（60 毫升）（若想以煎的方式料理）

肉汁：

印度酥油、冷壓初榨橄欖油，或沒有特殊味道的油 2 大匙

中型白洋蔥 1 顆（260 克[9¼ 盎司]），切末

大蒜 2 瓣，去皮後切末

生薑 2.5 公分（1 吋），去皮後磨成泥

芫荽粉 1 小匙

薑黃粉 ½ 小匙

紅辣椒粉 ½ 小匙

杏仁粉（almond flour）½ 杯（30 克），去皮的或帶皮的皆可

白醋或檸檬汁 2 大匙

細海鹽

新鮮薄荷 1 大匙，裝飾用

印度抓餅（食譜請參考第 297 頁）或白飯（食譜請參考第 310 頁），佐食用

風味探討

杏仁粉是肉汁的增稠劑，藉由杏仁裡的碳水化合物和纖維共同作用而產生。

如果想要醬汁的質地更細滑，可以在加肉球前，先把醬汁放入果汁機高速攪打一下。去皮的杏仁粉因為沒有硬皮，所以做出來的醬汁會比用帶皮杏仁粉做的柔順。

做法：

肉丸：在烤盤上鋪烘焙紙或鋁箔紙。

把羊絞肉放進大攪拌盆中，加入洋蔥末、薑黃粉、芫荽粉、紅辣椒粉、蒜末、薑泥、青辣椒末、蛋液和鹽。拌合均勻後，依重量分成 12 等分。接著用手整成球狀，擺在鋪有烘焙紙的烤盤上。

如果要用烤箱烤，先將烤箱預熱至 204℃（400 ℉）。送入烤箱烘烤 20 分鐘，直到肉丸熟透，且呈現均勻的金黃色，用探針式溫度計測量，內部溫度也已達到 71℃（160 ℉）。

如果上述條件都已達到，但肉丸中心還帶一點粉紅色也沒關係。取出烤好的肉丸，保留烤盤裡的汁水備用。

若要用油煎，先在烤盤上擺個金屬網架。將油倒入中型醬汁鍋中，開中火把油燒熱。油溫夠了之後，分批放入肉丸，煎 8 ～ 10 分鐘直到整體呈現均勻的金黃色且熟透。用探針式溫度計測量，內部溫度也已達到 71℃（160 ℉）。如果上述條件都已達到，但肉丸中心還帶一點粉紅色也沒關係。再用漏勺把肉丸撈到金屬網架上瀝油。

肉汁：將印度酥油放入中型醬汁鍋或荷蘭鍋中，用中火燒熱。下洋蔥，炒到透明，約 4 ～ 5 分鐘。接著放入蒜末和薑泥，炒 1 分鐘至飄出香氣。再加芫荽粉、薑黃粉和紅辣椒粉，翻炒 30 ～ 45 秒，同樣炒出香氣。倒入杏仁粉攪拌均勻，加熱 1 分鐘後，再注入 1 杯（240 毫升）清水拌勻。放入熟肉丸，及所有預留的汁水。先用大火整鍋煮到滾沸後，改為文火，加蓋續煮 5 分鐘。淋上醋，拌勻後試試味道，再加鹽調味。移鍋離火，撒上新鮮薄荷裝飾，配著印度抓餅或白飯一起吃。

（生薑胡椒）洛神花飲

這杯美味的飲料很適合在天氣暖和時喝，但我承認我在寒冷的冬天也調過（因為它的顏色和聖誕節很搭）。

8人份

生薑 230 克（8 盎司），嫩薑尤佳

糖 2 杯（400 克）

可食用乾燥洛神花花瓣（壓實的）½ 杯（40 克）

長胡椒（long pepper）5 或 6 條，稍微壓裂

冰水或冰的無糖蘇打水 ¾ 杯（180 毫升）

風味探討

洛神花的花瓣因為含有花青素，所以泡進熱水裡，會浮現美麗的暗紅色，另外還能引出花香和天然的酸味，效果醒目，味道奔放。

洛神花的花瓣同時因含有酸，所以會讓飲料帶酸味，能與辣度與甜度共譜美味。此外，低酸鹼值有助於維持飲料裡由花青素所帶來的紅色。

長胡椒和薑帶來隱約的辣度和香氣。若買不到長胡椒，可改用 1 大匙黑胡椒原粒代替，浸泡前再輕輕壓裂。

做法：

輕輕刷洗掉生薑上的污泥，如果是薄皮的嫩薑，就把皮留著；否則就先去皮，再切成薄片。

把薑片、糖和 2 杯（480 毫升）清水放入中型醬汁鍋內，先用中大火煮沸後，改小火，加入洛神花花瓣和長胡椒，再滾煮 5 分鐘。移鍋熄火，加蓋，整鍋放到自然涼透。您可以放進冷藏冰一晚，這樣味道會更濃。

在細目網篩上墊一層起司過濾紗布，再將網篩架在小碗上。過濾出鍋中液體，並盡量擠乾網篩內固體的汁液。您可以留下幾小匙花瓣，之後當成裝飾；丟棄其餘固體渣滓。

飲用前，在 8 個高身玻璃杯內裝滿冰塊，各加 ¼ 杯（60 毫升）洛神花濃縮液，再倒入冰水加滿，攪拌均勻。擺上一些預留的花瓣裝飾。剩下的洛神花糖漿收進密封容器中，冷藏最多可保存 1 週。

薑味蛋糕與椰棗糖漿波本威士忌醬

我認為所有的薑味蛋糕裡一定都要同時有當成香料用的薑粉和一些結晶糖薑粒。椰棗糖漿波本威士忌醬讓蛋糕多了一層濃郁柔滑的感覺。這個醬的靈感來自我吃過的甜點（這個甜點在我心中的排名是前十名）：我在洛杉磯 Gjelina 餐廳吃過的椰棗蛋糕佐威士忌醬。刨萊姆皮屑時，我建議用 Microplane 品牌的柑橘刨刀，這樣刨出的皮屑才夠細。

12人份（長寬各23公分[9吋]的方形蛋糕＋2杯[480毫升]醬汁）

蛋糕：

無鹽奶油 ¾ 杯（165 克），回復到室溫，另外準備一些份量外的塗抹模具用

薑粉 1 大匙

黑胡椒粉 1 小匙

綠荳蔻粉 1 小匙

萊姆皮屑 1 小匙

中筋麵粉 2½ 杯（350 克）

小蘇打粉 1½ 小匙

細海鹽 ½ 小匙

結晶糖薑粒 55 克（2 盎司），切碎

糖 ¼ 杯（50 克）

蜂蜜 ¼ 杯（85 克）

未硫化的糖蜜（unsulfured molasses）或 高 粱 糖 蜜（sorghum molasses）1 杯（320 克）

法式酸奶油 ½ 杯（120 克）

大蛋 2 顆，退冰至常溫

70℃（158℉）的溫水 1 杯（240 毫升）

椰棗糖漿波本威士忌醬：

無鹽奶油 2 大匙

椰棗糖漿 1 杯（240 毫升），自製的（食譜請參考第 324 頁）或市售的皆可

重乳脂鮮奶油 1 杯（240 毫升）

蜂蜜波本威士忌（honey bourbon）或蜂蜜威士忌 2 大匙

細海鹽 ¼ 小匙

佐食：

微甜法式酸奶油

現刨萊姆皮屑

風味探討

薑和黑胡椒讓這個蛋糕充滿暖香。

由於香料和萊姆皮屑裡的香味分子都是高度脂溶性，所以先放入奶油中萃取出來，再一起加入蛋糕麵糊中拌勻。

要判斷蛋糕是否烤熟的方法有幾種：您可以插一隻烤肉籤入蛋糕中心，若取出後完全無粉糊沾黏，表示蛋糕熟了。但藉由輕壓蛋糕表面也可以辨別；如果在數秒內回彈到原狀，即表示完成。如果蛋糕還沒烤熟，輕壓的地方會繼續凹陷，這是因為麵粉還沒形成蛋糕應有的結構。

做法：

在長寬各 23 公分（9 吋）的方形烤盤中，抹上一點奶油，再鋪烘焙紙。烘焙紙上同樣刷點奶油。

把奶油放入小醬汁鍋中，用中火融化。鍋子離火，拌入薑粉、黑胡椒粉、綠荳蔻粉和萊姆皮屑。浸泡 10 分鐘，讓香料出味。

用細目網篩把麵粉、小蘇打粉和鹽篩進大碗中。

舀出 2 大匙篩好的乾粉到小碗裡，再將結晶糖薑粒放入小碗中，和乾粉一起拌勻。

烤箱預熱至 163 ℃（325 ℉）。把糖、蜂蜜和糖蜜倒入桌上型攪拌機的攪拌盆中。用矽膠刮刀把醬汁鍋裡的奶油和香料刮進攪拌盆中。裝上攪拌平槳，以中速把食材攪打成中褐色（toffee-brown），約 4～5 分鐘。把機器停下來，刮下黏在盆壁的奶油糊，加入法式酸奶油，再以低速攪打 1 分鐘至均勻。再次停止機器，把盆壁刮乾淨。改為中速，一次一顆慢慢將蛋加到盆內，混合均勻。放入篩過的乾粉，用低速攪拌 30 秒左右，至呈現均勻的麵糊。把機器停下來，刮下黏在盆壁的麵糊。開低速，倒入溫水，攪拌均勻。取下攪拌盆，並把盆壁刮乾淨。拌入結晶糖薑粒後，把麵糊倒進準備好的烤盤中。入烤箱烤至蛋糕表面金黃，且用烤肉籤插入蛋糕中心再取出，已完全無沾黏，約需 50～60 分鐘。取出烤好的蛋糕，連模一起放到涼透。用刀沿著烤盤四周繞一圈，鬆開蛋糕，再把蛋糕移到上菜盤上。

椰棗糖漿波本威士忌醬：將奶油放入小醬汁鍋中，開中大火融化。稍微轉一下醬汁鍋，直到乳固形物（milk solids）開始轉為紅色。倒入椰棗糖漿拌勻，並煮滾。移鍋熄火，拌入鮮奶油，接著倒入波本威士忌和鹽，攪拌均勻。完成的醬汁倒入密封罐中，置於冰箱冷藏到需要用時。這個醬可以提前兩天製作。

上桌前，把蛋糕切成小片，擺上加了一點糖的法式酸奶油，撒些萊姆皮屑，再倒入大量的椰棗波本威士忌醬，即完成。

7

脂腴油潤

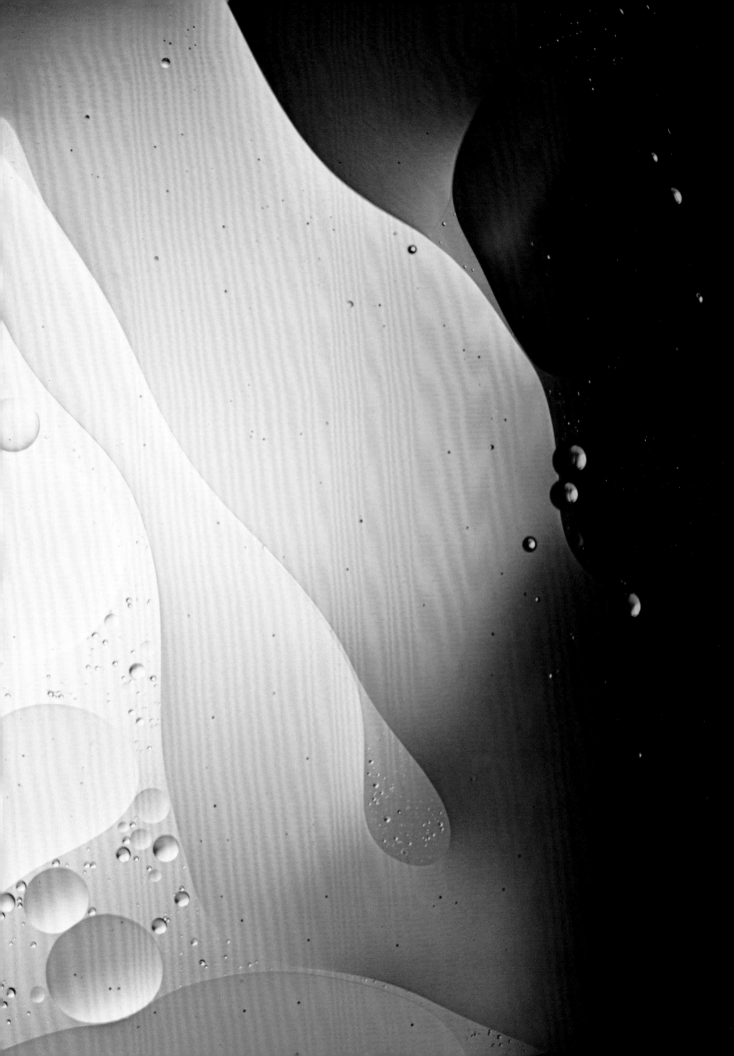

油脂可以讓食物變美味；會有「脂腴油潤」的感覺。一匙全脂希臘優格是多麼的奶滑濃醇，而脆皮炸雞的味道是無敵的美好。

在烹飪中，油脂能夠提供質地和味道，而且如果謹慎使用，還能增加營養。油脂對於我們人體的細胞而言，是最豐富的能量來源。它們能夠幫助人體吸收脂溶性維生素，如胡蘿蔔裡的維生素 A 若用油脂煮過，將會更容易被人體吸收。因此，如果正確使用的話，油脂是能夠同時給予風味和營養的。

在廚房裡有無數種使用油脂的方法，我們用它來構建特有的質地和口感，如「綿滑」和「酥脆」。我們也會用油脂來煉出脂溶性物質的風味（如辣椒裡火辣的辣椒素），以及脂溶性色素（如辣椒的亮紅色）。另外，我們還會用油脂來萃取檸檬皮裡充滿香氣的精油。最後，也許是最常見的用處，就是在烹調時，把油脂當成用來傳導熱能到食物上的成分。

油脂是一種味道嗎？

關於「油脂可能是一種味道」的論調並不新穎，這幾年來更成為廣泛研究的題材。科學家已經蒐集了許多資料，找到可能的油脂味覺受體與機制，意圖解釋油脂也許可以成為第六種基本味道，稱為「油脂味／肥油味」（oleogustus）。我們的味覺系統經過演化後，可以辨別養分和毒素，所以如果它把油脂視為是一種正規的味道，一點也不令人意外。當科學家激烈討論著油脂的角色，以及它是否能正式納入味道時，我們其實已經不斷地用油脂來烹煮食物，並利用它來建構風味。這也是為什麼我覺得必須在本書中另開一篇章來討論油脂與料理間的關係。我建議可以先看一下第 335 頁的「脂質」（Lipids），這樣會比較清楚本章中的一些專有名詞；也會讓您了解是什麼造成油脂特有的反應與表現。

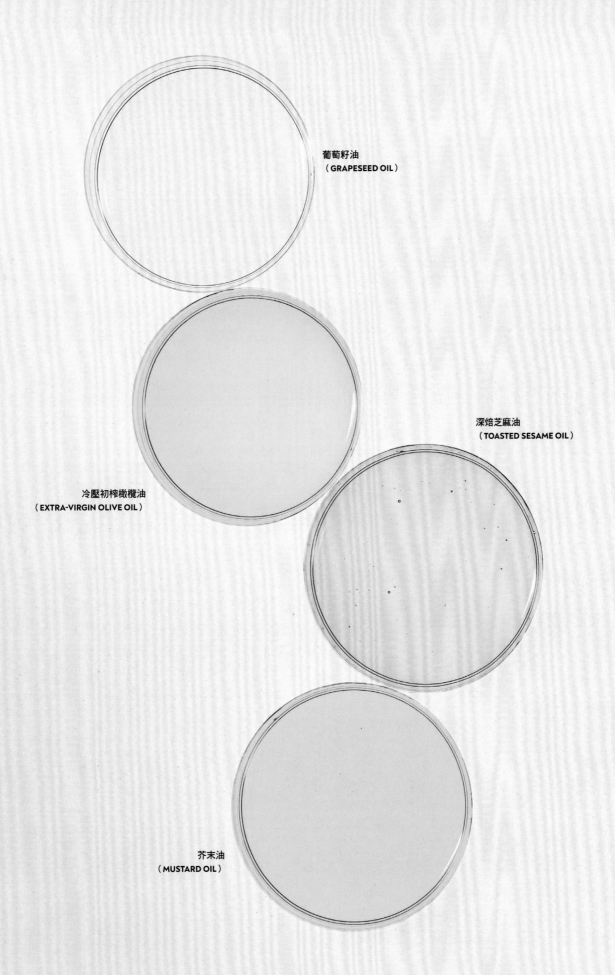

葡萄籽油
（GRAPESEED OIL）

深焙芝麻油
（TOASTED SESAME OIL）

冷壓初榨橄欖油
（EXTRA-VIRGIN OLIVE OIL）

芥末油
（MUSTARD OIL）

固體的脂肪和液態的油

就生化角度來看，油脂包含我們一般稱為「脂肪」的固體，如奶油和椰子油，以及液態油，如橄欖油和芥花油。它們當中有些具有獨特的香氣和味道，例如充滿嗆味的芥末油，和滿是堅果甜香的椰子油。其他像是葡萄籽油等，則被歸類為中性油，即在烹煮時不會產生任何明顯的風味。

油脂＝固體脂肪＋液態油

脂肪和油是由甘油三脂（triacylglycerols）或三酸甘油脂（triglycerides）所組成，其中的三種脂肪酸（不飽和脂肪酸、飽和脂肪酸或前述兩者）是依附在一種名為「甘油」（glycerol）的醇類分子上。固體的脂肪含有較高比例的飽和脂肪酸，所以在室溫下會呈現固態；而油則因不飽和脂肪酸的含量較高，所以在室溫下呈現液態。在不飽和脂肪酸當中，單元不飽和脂肪酸（monounsaturated fatty acids；簡稱為 MUFAs）對於氧化作用是相對穩定的，需要比較久的時間才會酸敗，而且也被認為是比較健康的（如橄欖油就富含單元不飽和脂肪酸）。第二種不飽和脂肪酸是多元不飽和脂肪酸（polyunsaturated fatty acids；簡稱為 PUFAs），是比較不穩定的，其中又包含了 omega-6 和 omega-3 兩種脂肪酸（請參考第 335 頁的「脂質」）。

脂肪或油中的飽和脂肪酸和不飽和脂肪酸組成，會依其為動物性油脂或植物性油脂而異。例如牛奶製成的奶油，它的脂肪酸組成，就與水牛奶或羊奶製成的奶油不同。此外，動物的飲食也會影響脂肪中的脂肪酸種類。就植物油而言，其脂肪酸組成和煉油植物生長地的天氣和土壤情況有關。

未精煉與精煉油脂

根據提煉的方法，脂肪和油又可分為兩種：未精煉是透過最少的熱能或甚至不加熱萃取出來的，而精煉的油脂則是經過高溫加熱，以及物理性和化學性的處理。未精煉的油脂有時只經過粗略的過濾，所以您會在瓶底發現一些混濁的沈澱物，這些並非有害物質，它們純粹是煉油用的種籽或堅果的殘渣。未精煉油脂幾乎都有較深的顏色，以及較豐富的風味，但保鮮期較短。若要發揮這些油的最大效用，就要避免油炸等高溫烹調，而是把它用於低溫清炒，或在製作沙拉醬或美乃滋時，當成增加風味的食材。

油脂可以透過溫和天然的方法精煉，如利用過濾器擠壓過濾、稍微加熱，或兩者並用。但有時也會用比較極端的化學產品，或超高溫加熱來精煉油脂。我要再一次重申，盡量避免使用化學精煉的油脂。因為精煉本質上是一種用來增加脂肪或油穩定度的淨化過程，所以大部分的營養素和風味在製程中都流失了。然而，這些營養素和風味分子中，有些根本不耐高溫，所以在製程中可能會產生質變。精煉油脂會散發出特別的味道，所以用它來烹煮食物的話，會造成食物也沾染上味道。因此，通常精煉油脂的建議用法是拿來油炸，或是用於非常高溫的料理方式。

氫化油脂（HYDROGENATED OILS）

富含不飽和脂肪酸的液態油，有時會經過氫化處理，轉換成固態油脂。這樣做出來的油脂熔點會變得比較高，較適合用於烹調、油炸和烘焙。氫會填滿和充飽某些不飽和脂肪酸裡頭的雙鍵（double bonds），讓它們變成飽和脂肪酸。但這麼做會造成一個副作用：有時雙鍵只是充到半飽，造成分子結構改變，進而產生反式脂肪酸（trans-fatty acid）。因此造成氫化油脂中，同時含有飽和脂肪酸和反式不飽和脂肪酸。要避免用氫化油脂或部分氫化的油脂來烹調，有許多研究已經證實反式脂肪酸會造成心臟疾病。

中性油脂

有些油脂，如橄欖、芥末、芝麻、椰子和印度酥油，都帶有獨特，辨識度極高的香氣和味道。用這些油烹煮的食物，皆會沾上其風味。這種狀況有時是討喜的，但有時是令人頭痛的。和這些油脂相反的就是不帶特殊香氣或味道的「中性油脂」，如葡萄籽油和棉籽油（cottonseed oil）。如果您不想要油脂風味影響成品的話，就使用中性油脂。

油脂的保存方法

油脂保存時要避開光線、空氣、濕氣，甚至是一些金屬物質，否則時間一久，會造成品質下降。請用密封罐或廣口瓶保存油脂，並放置於陰暗涼爽處。

油脂的酸敗與降解

油脂中的不飽和脂肪酸會附著在甘油上，形成三酸甘油

脂。通常，當油脂發生某種程度的降解，如氧化時，您才會看到這些不飽和脂肪酸呈現「游離」的狀態（即未附著在甘油上）。氧化是氧氣和油脂中的不飽和脂肪酸產生反應的過程。和增加油脂穩定度的氫化作用不同（請參考第337頁），氧化所產生的效果恰巧相反，氧化會造成油脂酸敗，散發異味，當您聞到這些味道時，您就會知道油脂已降解。

另一點很重要的是，要把油存放在遠離水分和其他食物的地方。濕氣會透過「水解作用」（hydrolysis）降解油脂，而有些食物因為含有過氧化酶（peroxidases）和脂肪酶（lipases），這兩種酶都會降解脂肪。因此，請把富含油脂的食物，如整顆的堅果、磨碎的堅果粉，或甚至是穀物粉，都放在冰箱冷藏中溫度低一點的區域，以免風味分子以及脂肪酸受到酶和高溫損害。如果把它們常溫保存，油脂最後會酸敗變質，產生令人倒胃口的氣味和味道。

油脂與料理

選擇要用哪種脂肪或油來烹調時，您必須考量溫度如何影響油脂的穩定度。如果有某種油脂含有很多有益健康或美味的成分，但在低溫烹調時，就會開始燒焦和冒煙，那也許就代表它不適用於這個烹飪方法。了解烹調時的溫度，以及知道上述溫度和油脂之間的關係，對於料理而言，是很有用的。

溫度

油脂在不同溫度時的表現，對於烹飪來說很重要。脂肪在常溫或較低的溫度下，通常是固體，而大部分的油則是液態。因此知道烹飪用油的熔點，您就會知道這種油加到沙拉中，碰到冷食時，會不會凝固。知道油脂在什麼溫度下會冒煙，可讓我們評估做飯時該用的溫度，以避免影響油品的風味，以及這種油是否適合油炸等高溫烹調方式。

流動點（*Pour Point*）和濁點（*Cloud Point*）：「流動點」是指脂肪或油在這個溫度是具流動性的；濁點則是指脂肪或油會開始變得混濁、不透明的溫度。這兩個溫度對於烹調而言，通常不是太重要，但是可以讓您知道要怎麼存放油，才能便於每日使用。例如，印度酥油和橄欖油如果放冰箱冷藏保存，很快就會變混濁，且會變硬到無法倒出來的程度；因此它們最好是擺在流理台上（但是要避免陽光直接照射和遠離爐台的熱能）。

熔點：在這個溫度，脂肪或油都會變成液態。這個溫度非常重要，因為會讓您知道脂肪或油應該如何使用。固體的脂肪通常比液態的油熔點高，所以常用於烘焙（有少數例外，如橄欖油或核桃油做的蛋糕）。油的熔點通常比較低，而且誠如我們之前討論過的，會呈現液態，所以比較適合用於沙拉醬和油醋醬等食譜。

發煙點：油脂加熱到這個溫度時，會開始冒出縷縷輕煙。這表示熱能開始分解油脂。發煙點高的油適合油炸和爆炒，因為它們可以承受較高的溫度。要注意，第365頁表格中所列的發煙點，僅供參考，因為即使是同一種油，發煙點還是會有所差異。例如，不同的橄欖油發煙點就不同，會受到所用的橄欖種類，甚至是熟成年限影響。

做菜時，千萬不要把油脂加熱到下列溫度：
閃點（*Flash Point*）：油脂會瞬間閃火的溫度。
燃點（*Fire Point*）：在這個溫度下，油脂會持續燃燒至少5秒以上。

油炸以及油脂會產生的變化

用燒熱的油脂炸食物，能產生受人喜愛的酥脆質地，如炸薯條、炸雞、甜甜圈、炸肉和炸魚。通常食物是直接放進裝有熱油脂的鍋內，接著靜置幾分鐘，炸到裡頭熟透、外層結出脆皮。油脂在此是導熱的媒介，能把熱能傳入食物中。因為大部分的油脂都能在相當高、遠超出水沸點（100℃）的溫度導熱，所以油炸之後的食物會產生新的質地和風味，這是水煮所不能及的。

油脂在加熱過程中也會經歷變化。不飽和脂肪酸的分子間會形成高分子聚合物（polymers），造成液態的油會變得比較黏稠。這種現象用同一鍋油反覆炸食物時會特別明顯；油冷卻後會變得濃稠。您可以利用這個特點來幫鑄鐵鍋養鍋。油加熱到高溫時，會形成一層聚合物，填滿金屬鍋表面的微小凹洞，讓表面變平整。這樣鍋子就能變得不沾，用來煎蛋，也能輕鬆把食物滑入盤內。

另外還會發生其他反應：空氣裡的氧氣會和水產生作用，造成油脂氧化。即使是食物裡的水分也會影響油脂的香氣和味道，因為它會和油脂產生反應，產出多種物質，影響油脂的品質。

最後，油脂是一種溶劑，每次使用時，都會溶出食物與香料裡的風味分子並累積在油中。這些風味分子之後會傳給其他的食物，因此，有一點很重要：不要用同一批油脂炸或烹煮不同的料理。即使是料理同一道菜，也要避免太過度重複使用同一批油脂，如果您發現油脂的顏色、黏滯度或味道開始改變時，就是需要更換了。

能夠增加脂腴油潤的食材

可用於烹飪的油脂選擇非常多，有些帶有獨特風味，有些則沒有特殊味道；有些是動物性的，有些是植物性的。

動物性脂肪

大部分用於烹調的動物性脂肪都具有獨特的香氣與味道，有助於構建風味。讓我們來看看有哪些料理常用的動物性脂肪。

奶油和印度酥油

奶油是一種乳濁液（emulsion），含有乳脂、蛋白質、糖（乳糖）和水；市面上可找到有鹽奶油或無鹽奶油。烹飪時建議使用無鹽奶油，這樣比較好掌控食物的調味。您也可以買發酵奶油（cultured butter；同樣有含鹽的和無鹽的兩種），這是一種帶有微微酸味的特殊奶油，它的酸味來自奶油裡的菌種所產生的酸類。發酵奶油可用於烹飪和烘焙，但塗在烤酥的麵包片上，再加點果醬，也很棒。一般來說，為了節省冰箱裡的空間，我通常會買無鹽奶油，然後如果需要的話，就另外撒一些海鹽。

印度酥油是印度最受歡迎的烹飪油脂，是靠加熱來分離和萃取攪製過的鮮奶油（churned cream）或奶油中的脂肪。印度酥油的發煙點高，非常適合用來油炸食物。而且因為印度酥油不含蛋白質、糖和水分，所以可以保存數個月之久。常用於印度抓餅中，能夠同時增加層次和風味，而我個人則是特別愛用它來煎蛋。

我住在印度的母親會自行製作印度酥油，她的方法是：把市售牛奶最上層的鮮奶油撈起來（印度販售的牛奶通常是未經過均質化的，所以久了之後，乳脂含量比較高的鮮奶油層就會浮到頂端）。當她累積到足量的鮮奶油時，就會把鮮奶油放在爐上小火煮，一邊煮一邊攪動，讓奶油和水分離。奶油裡的水分經過加熱會蒸發，而乳固形物（蛋白質和糖類）會經歷梅納反應。焦糖化反應會產生風味分子，讓印度酥油具有堅果香氣。最後再把煮好的金黃色液態油脂，倒在起司過濾布上，以濾掉不需要的乳固形物。由於它製作的方式，所以印度酥油是不含乳糖、牛奶蛋白和水分的，讓它具有極長的保鮮期。

我在家自己做的時候，不會這麼繁複。我的做法是直接從一大塊奶油開始煮。通常我會一次做一大批，裝罐後，一罐先放在我的食材櫃裡室溫保存，其他則放冰箱冷藏。

豬油和其他動物性脂肪

培根或義大利培根等帶肥油的肉類部位，經加熱後，脂肪會開始融化，從肌肉組織上分離出來，這個過程稱為「熬煉」（rendering），而這個煉出來的油就是「豬油」。不同動物的脂肪分別帶有其獨特的香氣和味道，您可以把煉好的油收集起來，用它來做菜，增加料理風味。通常把動物脂肪煉成油後，我會先用細目網篩加上起司濾布，將熱油濾到廣口瓶裡，等到要用時再拿出來。這些脂肪要儲存在遠離光線和熱能的涼爽陰暗處。從雞皮和鴨皮煉出來的油，可以加到烤蔬菜裡添味，而用來煎蛋和炸薯條，更

是能寫下新的風味篇章。我有時會用雞油和鴨油代替印度酥油來做抓飯，挑戰玩味不同的搭配。我曾吃過帶有一點點煙燻鴨油味的巧克力蛋糕；這個特殊的風味組合，大大提升了蛋糕的可口度。

植物性油脂

烹飪用油脂中有許多來自果實、堅果和種籽。這些果實、堅果或種籽的榨油方式通常是機器壓榨（expeller pressed）。就某些比較軟的食材而言，如橄欖和核桃，用機器壓就足以榨出油了。用這種方式製成的油，瓶子上通常會標明「冷壓」（cold-pressed）。但有些種籽，像是大豆，因為比較有彈性也比較硬，難以分解，所以壓榨過程需透過加熱後產生的蒸氣，增強效果。有時在榨油過程中，會利用一些能讓種籽釋出油脂的化學溶劑。但請避免選購使用化學方法榨出來的油，因為它們的味道不如自然壓榨的油，且大部分的風味和營養素也已經流失。

堅果和種籽

堅果和種籽天生就富含油脂。可以先泡在水裡軟化，然後再磨成濃稠綿密的堅果（或種籽）醬。杏仁、腰果和葵花籽醬現在在市面上和花生醬一樣常見，而且常用來當乳製品的替代品。中東芝麻醬（tahini）由芝麻磨製而成，是另一個相對常見的植物性油脂。某些烹飪用油，如核桃油和芝麻油，是經過壓榨萃取而來。種籽或堅果先烘過再磨或重壓，所得到的味道和香氣會完全不同。當您想要讓料理有更豐富的風味時，這些植物性油脂每個都是美味好選擇，可以在菜餚盛盤後淋一圈做裝飾、製作沙拉醬或打成美乃滋。

椰子油

椰子油富含飽和脂肪，所以在室溫下會是固體，但只要受熱，就會液化。未精煉的椰子油有著濃濃的椰子香氣；當我想要在料理中讓椰子風味唱主戲時，我就會用它來增加風味。精煉的椰子油和經脫味（deodorized）處理過的椰子油，則沒有香氣，也沒有特殊味道。椰漿（coconut cream）和全脂椰奶（Coconut milk）能帶來充滿熱帶風情的堅果香氣；可用來做甜點，也可用於燉物和咖哩等鹹味料理。椰子油最好要遠離廚房的火源，因為不斷的溫度波動，會讓它反覆融化和再凝固，最後造成油質降解酸

敗。椰子油可以放冰箱冷藏，我在比較熱的那幾個月也會這麼做。

芥末油

芥末油長期以來都是印度北部的一些邦、巴基斯坦和孟加拉等地，主要的料理用油。它和山葵相似的風味，讓它帶有獨特的辣度，而且通常是許多印度漬菜或香料醃菜中（請參考第 320 頁「印度香料醃漬白花椰菜」）的主要用油。芥末油的高發煙點，也讓它成為烹煮海鮮的熱門選擇。然而，一直到最近，美國和部分歐洲國家都還是禁止販售專供烹飪用途的芥末油。之所以有此禁令乃因有些動物模式（animal models）的實驗報告顯示芥酸（erucic acid），這種幾乎佔了芥末油成分一半的單元不飽和脂肪酸，可能會導致心臟疾病。然而，用芥末油來做菜在印度已經有幾百年的歷史，有些研究也證明膳食中若含有豐富的芥末油，是有可能降低罹患心臟病的風險的。在印度超市能找到芥末油，但瓶身會標示「僅供外用」。

還好澳洲油品企業「仰迪拉」（Yandilla）用特殊的非基改芥末品種製作出了第一支通過美國 FDA 認證的芥末油，油中不含芥酸。您可以在特產市集、超市和網路上找到 Yandilla 的芥末油產品。

橄欖油

橄欖油是一種非常出色的油，風味飽滿，入口可能會帶有一點辛辣，其苦味在乳濁液中會變得明顯。橄欖油分成許多種，從冷壓初榨到調和油皆有。

關於橄欖油的一個常見問題就是——它能不能用於油炸。答案是可以，也不行。地中海地區的居民只用橄欖油做菜，而且也用橄欖油來油炸。要界定橄欖油的發煙點有點困難。冷壓初榨橄欖油的發煙點比其他大部分的精煉橄欖油高，所以適合用於油炸，但只要一久放，發煙點就會開始下降。橄欖油中的游離脂肪酸，也會影響油品受熱後的穩定度。由新鮮橄欖萃取出來的橄欖油，含有比較少量的游離脂肪酸，發煙點也較高。橄欖油含有兩種抗氧化劑：脂溶性的生育酚（tocopherols）和比較偏水溶性的多酚（polyphenol）。這兩種抗氧化劑加在一起可以讓橄欖油在常溫下不會降解。當橄欖油加熱到 177℃（350 ℉），或甚至是更高溫時，生育酚會被破壞，但多酚依舊保持穩定，所以仍然可以讓橄欖油免於劣化。一瓶剛開封的橄欖油，裡頭的抗氧化劑含量較高，所以能有效保護油品免於降解。但橄欖油一旦經過久放之後，裡頭的抗氧化劑含量會減少，油的穩定度就會逐漸下降，發煙點也同樣會下降。

您也許已注意到，橄欖油經冷藏後常會凝固，至於確切的凝固溫度，會依煉油所用的橄欖品種，以及調和的成分而有所差異。這個方法曾經一度被吹捧為判斷橄欖油品質的手段，但這都只是迷思而已；橄欖油放到冰箱裡會凝固，和油的品質無關。橄欖油放冰箱冷藏就是一個能夠延長保鮮期的好方法而已。

芝麻油

芝麻油在中菜裡是很常見的料理油，油中富含稱為「木酚素」（lignan）的抗氧化物質。芝麻油分為兩種：一種是風味比較溫和清淡的，另一種則是由焙炒過的芝麻榨成，色澤深沉、有著濃郁芝麻香氣。我通常會把這兩種都當成菜餚完成後，收尾的裝飾油。在煮好的麵上頭（請參考第216 頁「雞肉客家麵」）淋上幾滴，或用來煉香料油（請參考第 283 頁「布拉塔起司佐辣油及打拋葉」中的花椒油）。在印度料理中，會用一種淡金黃色的芝麻油（在印度通稱為 gingelly）來烹調與油炸食物，以及製作印度漬菜或香料醃菜。

沒有特殊味道的中性油

葡萄籽油和芥花油等油品，沒有特別明顯的香氣或味道，當您不想要油的味道影響料理最終結果時，這些中性油就是最佳的烹飪用油選擇。我在家做菜時，根據我要煮的料理，通常我會選擇葡萄籽油或芥花油當中性油。

芥花油的原料是油菜籽，這是一種與十字花科有關的植物。煉油的品種是經過特殊培育，已移除稱為「芥酸」之不飽和脂肪酸，免除和心臟疾病有關的疑慮。有些人覺得這種油加熱之後，會出現酸腐、很像魚腥味的奇怪味道，這或許是因為不飽和脂肪酸經加熱後分解所導致的。

如何製作印度酥油

印度酥油是一種澄清的脂肪，做法是煮掉奶油或攪製過之鮮奶油裡頭的水分。因為牛奶中的乳糖和牛奶蛋白裡的胺基酸在製作過程中會經歷焦糖化和梅納反應，所以印度酥油中有著不同於一般奶油的全新風味分子。

把一個細目網篩架在附有密封蓋，乾淨乾燥的 480 毫升（1 品脫）廣口瓶上，並在網篩裡墊幾層起司濾布。把厚底中型醬汁鍋放在爐上，加入 455 克（1 磅）的無鹽奶油，開中大火加熱融化，偶爾用大金屬湯匙攪拌一下。當奶油開始融化後，撈掉表面浮沫。煮到奶油中的所有水分都消失，脂肪也停止發出滋滋聲，整鍋變成深金黃色。鍋底的乳固形物轉為紅棕色。整個過程大概需要 12 ～ 15 分鐘。鍋子離火，把液體倒在起司濾布上，過篩流入廣口瓶內。鎖緊蓋子，放置於涼爽陰暗處，最多可放 3 個月不變質，若改放在冷藏的話，就不用擔心過期的問題了。455 克的奶油大概可做出 1¼ 杯（250 克）的印度酥油。

快速使用脂腴油潤食材增進風味的小技巧

+ 每次打美乃滋或製作調味料時，都只能用中性油脂嗎？尤其是在知道有更多其他的油品可供選擇後。對於這題，我的答案是「不」。可以試試用其他的油，可以從風味淡雅的開始，如芝麻油或核桃油，也可以挑戰風味大膽奔放的油品，如芥末油。用芥末油打的美乃滋（食譜請參考第 316 頁），融合了芥末類似山葵的辛辣，能帶來全新的風味。

+ 許多不同的風味油都能當成料理收尾妝點的裝飾油。在菜餚要端上桌的前一刻，大方地淋上這些油，能把菜餚風味提升到另一個層次。在大部分的情況下，菜餚的溫度越高，油的香氣與滋味越能散發出來。

+ 若用橄欖油來浸泡香料和乾燥香草製作風味油時，可裝入製冰盒小塊冷藏或冷凍。這樣不僅可以延長保鮮期，鎖住風味，而且用製冰盒很易於取出「小油塊」，每次只需拿取需要的量就好。這些做好的「小油塊」，只要退冰到常溫，很快就能變回液態。

+ 可以的話，盡量把油裝在琥珀色的瓶子裡，並且遠離光線。這樣能延長保鮮期。

+ 製作有脆邊的煎蛋時，要使用印度酥油等發煙點高的油脂。印度酥油還會另外賦予煎蛋迷人的堅果香氣。其他適合的油脂有鴨油和雞油。

+ 有時當我想要煮可以配午餐或晚飯吃的白飯時，我會在煮飯的時候加入一大匙雞油或鴨油，讓飯多了油香與風味。如果我的雞油用完了，我就會放一塊帶皮的雞大腿肉一起煮。

+ 最後，一個無關風味的小撇步：紅甜菜最惡名昭彰之處就是，「凡走過必留下痕跡」，只要它碰到的地方，都會染上紅色。還好甜菜裡的紅色色素「甜菜素」（betalain）非脂溶性。因此，為了避免甜菜的顏色染上皮膚或弄髒廚房台面，可以在拿取前，於砧板上噴一層中性油，雙手也抹一點油。因為紅色色素不會溶解於油中，所以會馬上從廚房台面和皮膚上滑落。

奶油

鮮奶油

印度酥油

布拉塔起司佐辣油及打拋葉

要萃取花椒風味的方法有兩種。第一種是先乾烘花椒粒數秒後，再浸泡到熱油中出味。第二種則是我在這裡用的方法，來自中菜料理教科書範本——郭建藍（Kian Lam Kho，音譯）所著的《鳳爪和翡翠樹》（Phoenix Claws and Jade Trees）。此法先將花椒粒泡在冷油裡數小時，再慢慢把油加熱，整個過程都保持在發煙點以下。至於要裝飾布拉塔起司（burrata）的泰國打拋葉（Thai basil），我比較喜歡用葉片小一點的，但若用大一點的葉子，再撕成小片也無妨。

2～4人份的開胃菜

花椒粒1大匙

芝麻油 ¼ 杯（60 毫升）

芫荽籽1小匙

乾燥紅辣椒片（如阿勒坡或馬拉什）
　1小匙

布拉塔起司 230 克（8 盎司）

幼嫩的新鮮泰國打拋葉1小匙

片狀海鹽

烤過的酸種麵包片或麵餅，佐餐用

風味探討

我覺得同時使用冷和熱的浸泡法，能夠得到比較濃重有勁的花椒風味。

芝麻油能帶來堅果香氣，而起司裡的乳脂則能提供滑順感。

這道菜的質地綜合了柔軟、酥脆、滑順與濃郁。

做法：

用杵臼輕輕地把花椒粒碾碎。將花椒粒和芝麻油放入小廣口瓶或小碗裡，蓋上蓋子，搖一搖後，靜置於涼爽陰暗處至少8小時，能放一夜效果更好。

把泡有花椒粒的油倒進小醬汁鍋，用杵臼把芫荽籽磨成粗顆粒粉末後，和乾燥紅辣椒粉一起放入醬汁鍋中。開

小火把油加熱到121℃（250 ℉）。移鍋離火，自然放涼至常溫後，再將油倒入小碗中。

把布拉塔起司放在大上菜盤裡，淋上2～3大匙香料花椒油。放幾片泰國打拋葉裝飾，並撒上大量片狀海鹽。可配著烤酥的麵包片一起吃。

蟹肉香料蘸醬

這道菜有「印度綜合香料烤物」（tikka masala）的特徵，但是是充滿玩心的版本；這道蘸醬不似一般香料烤物那麼辣或辛香味濃，但仍然擁有各種豐富的風味，使其與眾不同。上菜時，旁邊可以再附一點辣椒醬；但記得一定要趁蘸醬還溫溫熱熱的時候吃。

6～8人份

冷壓初榨橄欖油 1 大匙

紅蔥 2 顆（總重為 120 克 [4¼ 盎司]），切末

大蒜 2 瓣，去皮後磨成泥

生薑 2.5 公分（1 吋），去皮後磨成泥

煙燻紅椒粉 2 小匙

克什米爾紅辣椒粉 2 小匙

芫荽粉 1 小匙

孜然粉 1 小匙

黑胡椒粉 1 小匙

肉豆蔻粉 ½ 小匙

番茄糊 ¼ 杯（55 克）

奶油起司 230 克（8 盎司），回復到常溫

法式酸奶油 140 克（5 盎司）

細海鹽

預煮的特大塊罐頭蟹肉（precooked jumbo lump crab meat）455 克（1 磅）

現榨萊姆汁 2 大匙

青辣椒或紅辣椒 1 條，切末（可省略）

細蔥花 2 大匙，裝飾用

蘇打餅、烤過的印度南餅或酸種麵包片，佐食用

風味探討

這個醬裡加了大量的煙燻紅椒粉和紅辣椒粉（還有番茄糊），所以會讓顏色呈現一片嫣紅。如果您想更換紅辣椒粉的種類，記得要注意辣度，克什米爾紅辣椒粉的辣度極低，所以若改用其他辣椒粉，要相應減少用量。

奶油起司和法式酸奶油提供這道料理要滑口濃郁，所必須含有的脂肪。

請觀察在這道菜中，脂肪和乳製品兩者混合如何減輕辣度。

做法：

把油放入中型醬汁鍋內，開中大火燒熱。油溫夠了之後，下紅蔥末炒到透明且開始上色，約 5～6 分鐘。再放入蒜泥和薑泥，繼續炒 1 分鐘。改為小火，倒入紅椒粉、紅辣椒粉、芫荽粉、孜然粉、黑胡椒粉和肉豆蔻粉炒香，約需 30～45 秒。拌入番茄糊，炒至開始上色，約 2～3 分鐘。

拌入奶油起司和法式酸奶油，加適量鹽調味後，翻拌均勻。移鍋離火，倒入蟹肉、萊姆汁和生辣椒（若用）混合均勻。試過味道後，再決定是否需要多加鹽。將做好的蟹肉醬倒進大上菜碗，撒上蔥花裝飾。趁溫熱端上桌，配上蘇打餅、烤過的南餅或酸種麵包挖著吃。

黃瓜烤玉米沙拉

美味的黃瓜沙拉適合夏天品嚐，也適合當烤肉的配菜。處理芥末籽時要小心；如果炸太久，會有苦味。若真的發生了，請丟掉，重新操作一次。不想用鑄鐵鍋煎烤玉米的話，也可以像第78頁「馬鈴薯烤玉米香草優格醬」一樣，用橫紋煎鍋炙煎。

4人份

沙拉：

甜玉米1穗（230克［8盎司］）

冷壓初榨橄欖油1大匙

英國無籽黃瓜（English cucumber）
340克（12盎司），切丁

紅蔥1顆（60克［2盎司］），切薄片

香菜葉或平葉巴西利葉2大匙

南瓜籽2大匙

沙拉醬：

冷壓初榨橄欖油¼杯（60毫升），
可依第104頁說明，進行「脫苦」
處理

黑芥末籽1小匙

雪莉醋¼杯（60毫升）

魚露1小匙

蜂蜜1小匙

乾燥紅辣椒片（阿勒坡、馬拉什或烏
爾法品種）1小匙

黑胡椒粉½小匙

細海鹽

風味探討

橄欖油能夠讓魚露有底蘊，讓這道沙拉充滿剛勁的鮮味。

甜玉米和蜂蜜讓沙拉有鮮明活潑的甜味。

魚露能增加沙拉醬的鮮味。

做法：

沙拉：鑄鐵大平煎鍋用中大火燒熱。將玉米縱切成兩半。把一半的油塗抹在鍋底，另一半的油刷在玉米上。將玉米放入熱鍋中煎封到均勻佈滿深色焦痕，每4～5分鐘用料理夾翻一下面，共需15～20分鐘。取出玉米，放涼5分鐘。用刀直切把玉米粒剔下來，玉米芯丟棄不用。（也可以改用第78頁「馬鈴薯烤玉米香草優格醬」的方法。）把玉米粒、黃瓜丁，紅蔥片和香菜葉放入大攪拌盆中。

南瓜籽放入小煎鍋中，開中大火乾烘1分鐘左右，至開始轉為褐色。把烘好的南瓜籽倒入攪拌盆中。

沙拉醬：將1大匙橄欖油倒入小煎鍋中，以中大火燒熱。放入芥末籽煎炸30～45秒到種籽開始噴濺，且透出香氣。熄火，把香料油倒進小攪拌碗中。將剩下的油、雪莉醋、魚露、蜂蜜、乾燥紅辣椒片和黑胡椒粉加到碗裡，整體攪拌至乳化。試過味道後，加適量海鹽調味。將調好的沙拉醬倒在大攪拌盆裡的食材上，翻拌均勻。立即端上桌品嚐。

烤茄子優格醬

我相當推薦在印度優格醬（raita）裡放烤過的蔬菜和水果；能大大提升優格醬的風味。這個醬是一道很棒的配菜，但也可以當成主菜品嚐。

4人份

中型茄子1條（370克[13盎司]）

冷壓初榨橄欖油1大匙

煙燻海鹽或細海鹽

紅蔥3顆（總重為180克[6½盎司]），切末

青辣椒1條，切末

切碎的香菜2大匙

切碎的薄荷2大匙

現磨黑胡椒粉 ½ 小匙

原味無糖希臘優格1杯（240克），需保持冰鎮

冰水 ¼ 杯（60克）

現榨萊姆汁1小匙

葡萄籽油或其他沒有特殊味道的油2大匙

黑色或棕色芥末籽1小匙

孜然籽1小匙

乾燥紅辣椒片（如阿勒坡）1小匙

風味探討

煙燻海鹽能讓我們更能夠感受到烤茄子的煙燻味。

若想多一點辣度，在爆香香料，製作香料油時，可把葡萄籽油換成芥末油。無論是芥末油或葡萄籽油，在低溫下都仍能保持流體，不像印度酥油或椰子油會遇低溫會凝固，所以不用擔心加到優格裡會凝結。

用熱油爆香香料，有助於提取出香料的風味，並讓風味滲入油中，同時還能讓香料多一層酥脆的口感。

做法：

烤箱預熱到 218℃（425℉）。

將茄子縱切成兩半，在切面上刷點橄欖油。茄子以切面向上，擺進烤盤或深烤盤中。入烤箱烤到表面呈現金黃色，且帶有微微焦痕，中心也已經熟透，約需45分鐘。取出烤盤，蓋上鋁箔紙，放到涼透。一旦放涼之後，去除茄子皮，把茄子肉切碎。將切好的茄子肉放進大碗中，加點鹽調味。

把紅蔥末、辣椒末、香菜碎、薄荷碎和黑胡椒粉也一併放入裝有茄子肉的大碗裡。

另取一碗，將優格、冰水和萊姆汁攪拌均勻。把優格混合物倒在大碗裡的蔬菜上，整體拌勻。試過味道後，加適量鹽調味。

用小的乾醬汁鍋來爆香香料，製作香料油。將葡萄籽油倒入鍋中，開中大火加熱。油一燒熱，即可放入芥末籽和孜然籽炸出香味，且孜然籽轉為褐色，約30～45秒。移鍋離火，放入乾燥紅辣椒片，轉一下鍋子讓香料混合均勻。將香料油（連同香料）倒在優格醬上，即完成。

椰味燜高麗菜

我很小的時候，只吃少數幾種蔬菜。事實上，我只吃馬鈴薯和高麗菜。我父母對此一直感到相當挫折，他們用盡各種辦法想要讓我愛上蔬菜。每週至少一次，我會要求他們做「椰味燜高麗菜」（cabbage foogath），這是一道把高麗菜葉切成細長條燜熟後，再撒上大量柔軟新鮮椰子肉的菜餚（Foogath 在孔卡尼語中是「滷、燜」的意思；這道菜的葡萄牙文為 fugad de repolho，譯註：孔卡尼語 [Konkani] 為印度西南海岸使用的一種語言）。這道料理適合配飯或麵包，再加上一碗溫熱的燉物或咖哩。爆香香料時，也可放幾片咖哩葉，增加香氣。

4～6人份

綠高麗菜 910 克（2 磅），切細長條

葡萄籽油或其他沒有特殊味道的油 2 大匙

黑芥末籽 1 小匙

乾燥紅辣椒片 1 小匙

中型黃洋蔥 1 顆（260 克 [9¼ 盎司]），切薄片

大蒜 2 瓣，去皮後切末

現磨黑胡椒粉 ½ 小匙

新鮮或解凍的無糖椰肉碎 3 大匙，裝飾用

切碎的香菜 2 大匙，裝飾用

青辣椒或紅辣椒 1 條，切細圈，裝飾用

風味探討

高麗菜葉子綠色的部分，經烹煮後，顏色會更翠綠，這是因為細胞物質被瓦解後，會讓綠色色素看起來更加明顯。

高麗菜葉本身細胞內含有的水分，能提供燜滷時需要的液體量。這道菜適合用厚實、硬一點的葉子來製作；葉子太薄的品種，燜滷的時候會釋出許多水分，讓菜葉很快就糊爛散掉。

越柔軟的椰肉越適合配上燜軟的高麗菜葉。

椰肉是在最後再加入當裝飾，而不是下鍋炸或烘。在這道菜中，我發現新鮮或冷凍的椰肉比較適合，比較乾的脫水椰肉，做出來的口感就是不對。

做法：

高麗菜洗乾淨後，用乾淨的廚房擦巾拍乾或用沙拉蔬菜脫水器去除多餘水分。

把油倒入大醬汁鍋中，開中大火燒熱。油熱後，放入芥末籽和乾燥紅辣椒片，爆到香料開始彈跳，並發出滋滋聲，約 20～30 秒。下洋蔥，炒到變透明，約 4～5 分鐘。大蒜入鍋，再炒 1 分鐘。將切好的高麗菜放進鍋裡，並撒上黑胡椒粉和適量鹽巴調味。改為中小火，加蓋燜煮，中間偶爾開蓋攪拌一下，共需 10～12 分鐘，要煮到菜葉變軟，但仍保持形體。試過味道後再判斷要不要多加鹽。撒上椰肉碎、香菜和辣椒圈裝飾，就可以趁熱上桌。

奶香黑豇豆豆糊湯

在印度，*dal* 這個單字的意思包山包海，不只是指「豆糊湯」這道料理，也指扁豆和其他一些豆子。橫跨世界各地，只要是印度裔的家庭，通常餐桌上都可看到「豆糊湯」；這道湯品製作方法簡便，喝起來暖胃又舒心，且富含蛋白質。我喜歡豆糊湯的其中一點是，無論是用何種扁豆或豆子煮成的，味道都很簡單純粹。您可以依照我的簡單風味指引，堆疊出自己喜歡的味道；盡量放膽多嘗試看看，建立專屬的個人風味。學理上，黑豇豆（urad dal；也可譯為黑吉豆和黑小豆）並不是扁豆（lentil），黑豇豆這種植物的學名為 Vigna mungo，有時外包裝會寫著「black gram」。要製作這道料理前，需預留一天浸泡豆子。

4～6人份

帶皮整顆黑豇豆1杯（200克）

腰豆（kidney beans）½杯（60克）（可省略）

小蘇打粉 小匙

中型白洋蔥1顆（260克 [9¼ 盎司]）

大蒜6瓣，去皮

生薑5公分（2吋），去皮後切成兩半

印度酥油或無鹽奶油¼杯（55克）

葛拉姆瑪薩拉1小匙，自製的（食譜請參考第312頁），或市售的皆可

薑黃粉 ½ 小匙

番茄糊 ¼ 杯（55克）

卡宴辣椒粉 ¼ 小匙

細海鹽

重乳脂鮮奶油或法式酸奶油2大匙

切碎的香菜葉（鬆鬆的）2大匙，裝飾用（可省略）

風味探討

豆子先泡過，有幾個好處。這些種籽會變軟，且體積幾乎會膨脹為原來的兩倍大，裡頭的化學成分也會改變。糖和澱粉的量會減少，這樣豆子能更快煮熟，也會比較美味、容易消化。

因為小蘇打粉會影響果膠和半纖維素（hemicellulose），軟化豆子的纖維，所以煮豆時加小蘇打粉，可以大量縮減烹煮時間，從原本所需的幾個小時，降到 30 ～ 45 分鐘。如果您住的地方水質屬於硬水的話，請使用過濾後的水來煮豆子，否則會稍微拉長烹煮時間。

奶香黑豇豆豆糊湯屬於最細滑的豆糊湯類型；因為加了鮮奶油和奶油，還有熟軟的豆子，所以在您的舌頭上能留下舒服的質地。如果要風味更濃郁，可以在撒上香菜前，在豆糊湯裡點上幾小塊有鹽奶油。

這碗喝下肚通體舒暢的湯品，和白飯或等麵餅類能形成討喜的對比，旁邊若再附上優格或印度優格醬，會有冷熱溫度上的對照。

這碗豆糊湯之所以特別，是因為有著大量大蒜和生薑所帶來的獨特辛辣風味；如果您不想湯這麼辣，可以把蒜和薑的份量減半。湯裡微量的卡宴辣椒粉，能增添第三層辣度。

「鄧加爾（煙燻）法」（dhungar method）利用了煙燻油脂的原則，並能藉由把煙留在小型密閉空間內，讓食物沾染上煙燻風味。（待續）

做法：

挑除豆子裡的雜質或碎石後，把豆子倒入中碗裡，用自來水洗乾淨，接著注入高過豆子 2.5 公分（1 吋）的清水，浸泡一晚。

隔天，把水倒掉。將豆子放入中型醬汁鍋或荷蘭鍋內，倒入 4 杯（960 毫升）清水和小蘇打粉，先用大火煮到滾沸後，改為文火。加蓋，繼續煮 30 ～ 45 分鐘，需煮到豆子已經軟化，且幾乎要碎裂的程度。熄火，把豆子連同煮豆水倒進大碗中。把醬汁鍋洗乾淨並擦乾。

將洋蔥一切為四後，和大蒜一起放入果汁機。生薑一半切末，同樣加進果汁機裡，用瞬速把所有食材打成泥。如果打不動，可以加一點豆糊湯裡的液體。

將 2 大匙印度酥油放入醬汁鍋內，開中大火加熱融化。倒入葛拉姆瑪薩拉和薑黃粉，爆香 30 ～ 45 秒，期間需不停攪拌。加入番茄糊，翻炒 2 ～ 3 分鐘。把火力改為中小火，倒入打好的洋蔥泥，煮 10 ～ 15 分鐘，中途偶爾攪拌一下；需煮到水分幾乎快收乾，且印度酥油已經浮到最頂端。把煮熟的豆子連同汁水，一起倒回醬汁

鍋中，再加入卡宴辣椒粉混合均勻。添加適量海鹽調味。火力調為大火，把豆糊湯煮滾。煮的時候，要偶爾攪拌一下，以免豆子黏鍋底。改為文火，讓湯維持小滾泡，倒入鮮奶油拌勻後，即移鍋離火。

準備爆香香料，製作香料油。把剩下的印度酥油放入乾燥的小醬汁鍋中，開中大火加熱融化。將剩下的生薑切成細長條，放入熱油中，煸 1 分鐘左右，到薑絲開始轉為金黃色。把煸香的薑和印度酥油一起到在豆糊湯上。撒上香菜碎裝飾（若用），即可趁熱品嚐。

可省略

鄧加爾（煙燻）法

有些人會利用鄧加爾法為豆糊湯（以及其他菜餚）增添一股煙燻香氣。這個步驟在加了鮮奶油後操作，做完後再根據食譜繼續煸薑製作香料油。做這個步驟時，別忘了把爐上的火關掉。豆糊湯的密度能讓洋蔥或碗保持漂浮、不下沉。

一個小的金屬淺碗，或中型洋蔥 1 顆（中央挖空）
2.5 ～ 5 公分（1 ～ 2 吋）的木炭 1 截
印度酥油 1 大匙

做法：

把金屬碗或洋蔥盅放在豆糊湯中央。用料理夾夾住木炭，直火燒到紅熱。小心將已點燃的木炭放到碗中央，並把印度酥油倒在熱木炭上。此時會開始冒煙。

蓋上醬汁鍋的蓋子，讓煙不會流失，靜置 5 分鐘。打開蓋子，移掉金屬網架（若用），和金屬碗或洋蔥盅，並安全地丟棄木炭。接著繼續完成食譜裡的後續步驟（煸薑製作香料油）。

印度抓餅

印度抓餅（parathas）是我在家鄉印度常吃的麵餅。當成早餐，我會薄薄塗一層奶油，再挖一勺柑橘果醬；晚餐時，煎餅就是用來舀各類鹹食，與菜餚一起入口的器具。印度抓餅是一種柔軟、層次豐富、未發酵的麵餅。原則上，它們的概念和千層酥皮（puff pastry）很像，製作時不斷地折疊麵團，且每層之間會加上印度酥油等油脂防沾黏。麵團擀好加熱後，水分會變成蒸氣，把麵團撐開，形成層次。

印度抓餅整形的方法有幾種。這裡我用的是拉查油餅（lachha paratha，發音為 lutch-ha）的塑形法，即把麵團向外擀開後，捲成長條，再盤成蝸牛狀，最後擀成小圓餅。這個方法能讓麵餅產生很多層次，形成酥鬆的口感。因為印度酥油在常溫下會凝固，所以印度抓餅放涼後會變硬。只要稍微放回燒熱的煎鍋中復溫，或把 4 ～ 5 張煎餅先用烘焙紙包起來，外面再加一層鋁箔紙，放入烤箱以 149℃（300 ℉）復熱 6 ～ 8 分鐘即可。

4人份

印度全麥麵粉（atta）2 杯（320 克）
　或一般中筋麵粉 1½ 杯（210 克）
　＋全麥麵粉 ½ 杯（70 克）

細海鹽 1 小匙

融化的印度酥油 ½ 杯（100 克）＋
　2 大匙

71℃（160 ℉）的溫水 1 杯（240 毫
　升）

風味探討

在印度，未發酵的全麥麵點，像是印度抓餅和薄餅（rotis）都是用一種稱為 atta 的石磨麵粉製成的。美國的全麥麵粉之所以做不出印度全麥麵粉（atta）能達到的質地，有幾個原因。小麥可分為兩種：硬質和軟質。這是指需要用多少外力才能讓穀粒破碎（硬質小麥的蛋白質和澱粉結合得很緊密）。

當麥子要磨成粉時，穀粒會先通過碾磨機壓碎，再通過光滑的軋輥（roller）磨成細粉。在這個過程中，穀粒裡的澱粉顆粒會斷裂，受到「損傷」。比較劇烈的「澱粉損傷」會讓麵粉吸水率較高，能揉出比較柔韌的麵團，澱粉糊化性（starch gelatinization）也會比較高。

因為美國的全麥麵粉磨得沒那麼細，所以和印度全麥麵粉相比的話，澱粉受到「損害」的程度低很多。印度全麥麵粉由硬質小麥磨成，澱粉損傷率為 13% ～ 18%。而美國用軟質小麥磨成的麵粉，澱粉損傷率只有 1% ～ 4%，用硬質小麥磨成的，也只有 6% ～ 12%。此外，印度全麥麵粉的蛋白質含量也比較高。

另一個相異處是，美國全麥麵粉的麥麩含量比印度全麥麵粉高，這些麥麩就像刀刃一樣，會把麵團裡的麵筋切斷。（待續）

為了要用美國麵粉做出印度全麥麵粉能達到的質地，我混合了全麥麵粉和中筋麵粉，並且減少麵團揉製的時間。

我比較喜歡用印度酥油，因為風味比較濃郁，但如果您想換成芥花油或葡萄籽油也可以。

做法：

印度全麥麵粉和鹽一起用細目網篩篩入桌上型攪拌機的盆中，用手指把2大匙的印度酥油揉入麵粉中。裝上機器的攪拌平槳，以低速攪拌。攪拌時，慢慢淋溫水，一次大約2大匙。如果乾粉開始成團了，就不要再加水；食譜裡寫的水量不一定要用完。把機器關掉，並將黏在攪拌平槳上的麵團刮到盆裡。換成麵團勾，用低速揉10分鐘。如果用的是美國全麥麵粉＋中筋麵粉，改為揉5分鐘即可。如果麵團黏著盆底，請先把機器停下來，用刮刀刮起來，兜攏成團後，再繼續開啟機器揉製。麵團揉好時，要很柔韌，易於折疊彎曲。把麵團移到乾淨、乾燥，並撒了一點麵粉的工作台上，用手揉1分鐘後，滾圓成球狀。拿個碗或沾濕的廚房擦巾把麵團蓋住，靜置鬆弛至少30分鐘。做到這個階段，您可以把麵團用保鮮膜包起來後，放到密封容器裡，冷藏保存最多1週。若自冷藏取出，記得要自然退冰30～45分鐘後，再擀成麵餅。

要製作麵餅時，先把鬆弛過的麵團依重量分成8等分，再把每份揉成小球。拿取其中一個小球，在乾燥平整，並撒了一點麵粉的工作台上壓扁，把麵團擀成直徑15公分（6吋）的圓餅。表面刷上極少量的印度酥油（約1小匙）。從圓餅邊緣開始，正反來回把圓餅重複打褶成細長條狀（譯註：像折扇子一樣），做出像是手風琴的摺子。把摺子往下壓實，現在變成一條厚厚的長條狀。抓住長條麵團的一端，開始盤成密實的螺旋狀。輕輕地把螺旋形的麵餅壓扁。在麵團上撒些麵粉，擀成直徑15公分（6吋）的圓餅。其他的小麵團球依照上述步驟，擀成圓餅。

麵餅做好後即可下鍋煎。大煎鍋先用中小火燒熱，一旦鍋熱後，放入一張麵餅，在表面塗上少許印度酥油，煎到麵餅變成金黃色，且開始起泡，每面約煎2～3分鐘。

（瑪薩拉）印度抓餅

紅蔥1顆（60克[2盎司]），切成細末

葛拉姆瑪薩拉1小匙，自製的（食譜請參考第312頁）或市售的皆可

青辣椒或紅辣椒1條，切細辣椒圈

切碎的香菜2大匙

乾燥薄荷2小匙

印度芒果粉1小匙

做法：

首先，要確定各種食材都切得極為細碎，這樣輕輕擀開麵團時，才不會破掉。

把所有食材混合均勻。依照前面製作的食譜，在把2大匙印度酥油揉進麵粉後，即可加入所有的香料蔬菜碎。接著完成後續的步驟。

果阿黃咖哩魚（Caldine）

這道不太辣的果阿咖哩魚，在小朋友界很受歡迎；另一個很棒的地方是，製作方法快速又簡便。您可以依照個人口味，用比較不辣的青辣椒，或直接省略辣椒。這道料理要配著麵包或白飯，再加上沙拉或漬菜（請參考第 320 頁「印度香料醃漬白花椰菜」）一起吃。任何種類的白肉魚，甚至是蝦，都可以用來做這道料理，但請不要用鮭魚；鮭魚不適合拿來煮咖哩。

4人份

大蒜 4 瓣，去皮

生薑 2.5 公分（1吋），去皮後切碎

青辣椒 1 條

黑胡椒粉 ½ 小匙

孜然籽 ½ 小匙

芫荽籽 ½ 小匙

椰子油、印度酥油或冷壓初榨橄欖油 2 大匙

中型白洋蔥 1 顆（260 克 [9¼ 盎司]），切丁

薑黃粉 ½ 小匙

400 毫升（13½ 液量盎司）裝罐頭全脂無糖椰奶 1 罐

鱈魚等魚肉 455 克（1磅），切成 2.5 公分（1吋）見方小塊

羅望子醬 1 大匙，自製的（食譜請參考第 67 頁）或市售的皆可

細海鹽

完整香菜葉 2 大匙，裝飾用

風味探討

富含脂肪的椰奶，能讓這道咖哩濃郁稠滑。

椰奶是一種由水、脂肪和蛋白質形成的乳濁液；羅望子裡的酸經加熱和攪拌後，會讓乳濁液變得不穩定，所以椰奶裡的蛋白質就會分離出來，結成小塊。要避免這樣的情形發生，請慢慢攪拌，並在魚肉熟後，咖哩快煮好時再加羅望子醬。

做法：

將大蒜、生薑、青辣椒、黑胡椒粉、孜然籽和芫荽籽，放入果汁機打成泥。如果太濃稠打不動，可以加幾大匙水，稀釋一下。

椰子油放入中型醬汁鍋內，開中大火加熱。油燒熱後，下洋蔥炒至透明，約 4 ～ 5 分鐘。接著放入打好的辛香料泥和薑黃粉，繼續加熱，偶爾攪拌一下，煮到水分幾乎全部收乾，油脂浮到表面，約 4 ～ 8 分鐘。

改成小火，倒入椰奶拌勻。將鍋裡液體煮到冒小滾泡後，放入魚肉，煮到魚肉顏色不再透明，且能輕鬆沿著紋理片下，約 3 ～ 4 分鐘。倒入羅望子醬攪拌均勻，再煮 1 分鐘。試過味道後，加鹽調味。熄火盛盤，擺上裝飾用的香菜葉後，趁熱端上桌。

椰汁咖哩雞

每次只要我祖父在市場裡買多了椰子，我的祖母就會把成熟椰子裡的果肉挖出來，放在陽光底下曬乾，延長保存期限。曬乾的椰肉塊，之後在要用時，再磨成粉，它們通常會出現在類似這道菜的咖哩類菜餚。這道咖哩完成後，可以淋在熱騰騰的飯上，也可以用切成大塊的酸種麵包，吸光所有美味的湯汁。

4人份

新鮮的、解凍的或脫水的無糖椰絲
　　（壓實的）1杯（115克）（風味
　　探討部分有提到是用椰絲）

丁香 4 顆

黑胡椒原粒 1 小匙

芫荽粉 1 小匙

孜然粉 ½ 小匙

大蒜 6 瓣，去皮

生薑 2.5 公分（1吋），去皮後切碎

青辣椒 1 條

椰子油、印度酥油或沒有特殊味道的
　　油 2 大匙

大型白洋蔥1顆（400克[14盎司]），
　　先切半後，再切成薄片

薑黃粉 1 小匙

克什米爾紅辣椒粉 ½ 小匙

帶骨雞腿肉（大腿＋棒腿）1.4 公斤
　　（3磅）

蘋果醋 2 大匙

細海鹽

切碎的香菜 2 大匙，裝飾用

風味探討

椰子在這道料理中的角色，和在果阿黃咖哩魚（食譜請參考第 301 頁）與黑胡椒雞（食譜請參考第 260 頁）中一樣，能夠提供脂肪所帶來的舒服口感，是這道菜的基礎。

椰絲若經烘烤過，可以讓椰子香氣更濃，且能為這道咖哩創造出更深厚濃郁的風味。我喜歡用冷凍的或新鮮的椰絲，但您也可以用脫水的，只要確定您的果汁機馬力夠，能夠完全粉碎這些椰絲即可。

醋在最後加，能減少椰奶乳濁液離散的風險。

做法：

將大醬汁鍋放到爐上，開中小火加熱。放入椰絲乾烘，偶爾攪拌一下，直到顏色轉為金黃，約 5 ～ 6 分鐘。丁香、黑胡椒原粒、芫荽粉和孜然粉通通入鍋，烘出香氣，約 30 ～ 45 秒。熄火，把鍋內食材全倒入果汁機中。加入大蒜、生薑、和青辣椒，將 1 杯（240 毫升）剛煮沸的滾水倒在烘好的椰絲與香料上，用果汁機瞬速打成均質泥狀。

在剛剛烘香料的醬汁鍋中，用中大火燒熱椰子油。下洋蔥片，炒至金黃色，約 8 ～ 15 分鐘。接著放入薑黃粉，繼續翻炒 30 秒。把打好的椰汁香料泥倒進醬汁鍋，再撒上紅辣椒粉，煮 2 分鐘。放入雞腿肉，稍微煎 4 ～ 5 分鐘至上色。倒入 1 杯（240 毫升）清水，攪拌均勻，先煮滾後，改為小火。讓湯汁保持小滾泡，繼續熬煮 30 ～ 45 分鐘，直到雞肉熟透。最後拌入蘋果醋。試過味道後，加適量鹽調味，再煮 1 分鐘即完成。移鍋離火，撒上切碎的香菜，趁（溫）熱上桌。

鷹嘴豆菠菜馬鈴薯印度咖哩酥派

印度咖哩餃（samosa）是一人份、手掌大小的派（hand pie），用美味的酥皮包住同樣可口的內餡。內餡的選擇包羅萬象，包括最受歡迎的香料馬鈴薯、香料鷹嘴豆、印度家常起司和羊絞肉。我做的這個尺寸比較大，所以我稱它為「印度咖哩酥派」，每次當我想念咖哩餃的風味和口感，想在晚餐吃它，但又沒時間做單獨的小派時，我就會做這道料理。我把正統做咖哩餃的酥皮換成一般市售的希臘薄脆酥皮（phyllo sheets）；它們能讓酥派有著細緻、如紙片般薄脆的口感，入口即化。

4人份

內餡：

細海鹽

中型褐皮馬鈴薯 2 個（總重為 440 克 [15½ 盎司]），去皮後切成丁

冷壓初榨橄欖油 2 大匙

中型白色或黃色洋蔥 1 顆（260 克 [9¼ 盎司]），切丁

生薑 2.5 公分（1 吋），切成細長條

葛拉姆瑪薩拉 1 小匙，自製的（食譜請參考第 312 頁）或市售的皆可

黑胡椒粉 1 小匙

薑黃粉 ½ 小匙

紅辣椒粉 ½ 小匙

新鮮嫩菠菜葉 140 克（5 盎司），切碎

445 克（15½ 盎司）裝罐頭鷹嘴豆 2 罐，洗淨後瀝乾

印度芒果粉 1 小匙

切碎的香菜 2 大匙

青辣椒 1 條，切末

薄脆酥皮：

無鹽奶油 ¼ 杯（55 克），融化備用

冷壓初榨橄欖油 ¼ 杯（60 毫升）

希臘薄脆酥皮 10 張，事先解凍

孜然籽 1 小匙

黑種草籽 1 小匙

風味探討

奶油混合橄欖油，能夠為酥皮帶來水分，放入烤箱烘烤時，會變得酥脆。

黑胡椒、辣椒和生薑，以及葛拉姆瑪薩拉裡頭的香料，能提供辣度、風味以及香氣。

黑種草籽和孜然籽能增添風味，並讓酥派吃起來有脆脆顆粒的口感。

做法：

把烤架置於烤箱內部下 ⅓ 處，並將烤箱預熱至 177℃（350 ℉）。

裝一大鍋鹽水，用中大火煮沸。把馬鈴薯丁放入鹽水中，煮到剛好變軟但仍保有形狀，約 4～5 分鐘。瀝出煮軟的馬鈴薯。

將橄欖油倒入中型醬汁鍋，開中大火燒熱，下洋蔥，炒至透明，約 4～5 分鐘。改為中小火，放入生薑、葛拉姆瑪撒拉、黑胡椒粉、薑黃粉、和紅辣椒粉。翻炒到香料透出香氣，約 30～45 秒。加馬鈴薯丁，煮到中心熟透，約 2 分鐘。放入菠菜，炒到葉子縮水，釋出大部分水分，約 2～3 分鐘。拌入鷹嘴豆和印度芒果粉，並加適量鹽調味，再煮 1 分鐘左右。移鍋離火，加進香菜碎和青辣椒末，試過味道後，可以再決定需不需要加更多鹽。

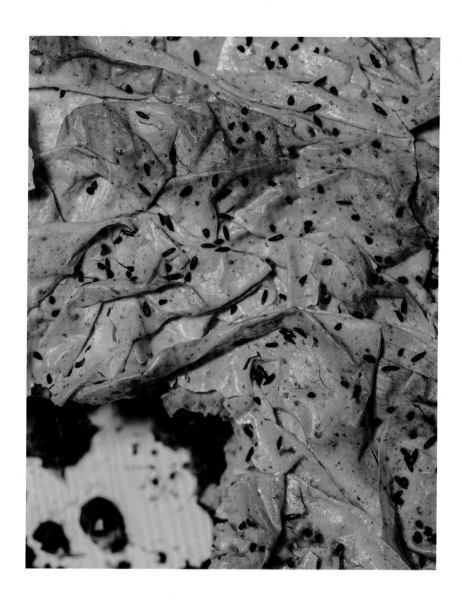

薄脆酥皮：奶油和橄欖油放進小碗中拌勻後，刷在 23×30.5×5 公分（9×12×2 吋）的長方形烤盤中。在烤盤底部放入 5 張希臘薄脆酥皮，每一張之間刷一點奶油和橄欖油的混合液，要確定所有未貼合烤盤，懸掛在外的部分，也都刷到油。放入煮好的鷹嘴豆內餡，並用大湯匙或刮刀抹平表面。

將剩下的 5 張酥皮放在內餡上，每張間刷一點奶油和橄欖油的混合液，在置放每一張酥皮時，稍微抓點皺摺，讓表面呈波浪狀。將黑種草籽和孜然籽撒在最頂端。把所有垂在外面的酥皮都往內沿著烤盤邊塞好。把酥派放入預熱好的烤箱，烤到表面及四周皆呈現金黃色，約 30 〜 45 分鐘，中途需打開烤箱，調換烤盤方向。完成後，連烤盤一起放涼 5 分鐘後，即可端上桌品嚐。

這個酥派當日現做現吃，最美味。

椰奶蛋糕

這個椰奶蛋糕可說是源自兩種截然不同的蛋糕。椰子在果阿是家家戶戶廚房裡的必備食材，我們會用椰子和杜蘭小麥粉做一種香氣十足，名為「巴斯」（baath）的蛋糕。這個椰奶蛋糕的第二個繆思是墨西哥的「三奶蛋糕」（tres leches），這是一種滋味妙不可言的蛋糕，因為加了牛奶，所以柔軟又濃郁，一年當中無論任何時節吃它都特別療癒。讓蛋糕泡在加味椰奶中，並用小壺盛裝更多的椰奶，放在旁邊，隨賓客喜好添加。

長寬各23公分（9吋）的正方形蛋糕1個

蛋糕：

新鮮的或脫水的無糖椰絲（壓實的）1杯（115克）

無鹽奶油 ½ 杯（110克），切成小塊，回復至常溫，另外準備一些份量外的塗抹模具用

細粒（fine-grade）杜蘭小麥粉 2 杯（320克）

泡打粉 ½ 小匙

細海鹽 ¼ 小匙

400 毫升（13½ 液量盎司）裝罐頭全脂無糖椰奶（coconut milk）1 罐

160 毫升（5.4 液量盎司）裝罐頭無糖椰漿（coconut cream）1 罐

糖 2 杯（280克）

大蛋 4 顆，回復至常溫

玫瑰花水 1½ 小匙

綠荳蔻味椰奶

400 毫升（13½ 液量盎司）裝罐頭全脂無糖椰奶 2 罐

糖 ½ 杯（50克）

綠荳蔻粉 ½ 小匙

風味探討

椰子在這個蛋糕裡有多種樣貌。烤過的椰絲加重了果仁味與熱帶香氣。

同時加椰奶和椰漿，能夠把風味帶到另一個層次，同時也能提供油脂，與奶油和蛋一起撐起蛋糕的結構。

玫瑰花水和綠荳蔻粉都能讓我們更加感受到蛋糕中的甜味。

做法：

烤箱預熱到 149℃（300 ℉）。

在烤盤上鋪烘焙紙，把椰絲平均單層攤開，放入烤箱烤到顏色開始轉為淡淡的金黃色，約 5 ～ 8 分鐘。取出烤盤，椰絲需放到涼透才能使用。把烤箱溫度調高為 180℃（350 ℉）。在 23×23×5 公分（9×9×2 吋）的正方形烤模裡塗上一點奶油。

取一大碗，放入杜蘭小麥粉、泡打粉和鹽攪拌均勻。另取一小碗，把椰奶和椰漿拌勻。

桌上型攪拌機裝上攪拌平槳，把奶油和糖放入攪拌盆內打發，用中高速打到顏色變白且變蓬鬆，約 4 ～ 5 分鐘。停下機器，把盆邊和盆底刮一刮。倒入雞蛋，一次一顆，每次添加後需先攪拌均勻，再加下一顆。把速度降為中低速，倒入一半的乾粉，攪打均勻，約 1 ～ 1.5 分鐘。倒入拌勻的椰奶和椰漿、玫瑰花水和剩下的乾粉，攪拌至完全融合。把麵糊倒進塗了奶油的烤模內。

入烤箱烘烤 60 ～ 75 分鐘，中途需調換烤盤方向。烤到蛋糕表面呈現金黃色，中央硬實但仍保有彈性，且用烤肉籤插入再取出，已無任何粉糊沾黏。

利用烤蛋糕的時間，準備綠荳蔻味椰奶。將椰奶、糖和綠荳蔻粉混合均勻，攪拌至糖完全溶解。用容器裝好，冷藏保存備用。

把烤好的蛋糕連模放在金屬網架上，冷卻10分鐘。拿把刀沿著烤模四周繞一圈，鬆開蛋糕。用烤肉籤在蛋糕上戳幾個洞。將2杯綠荳蔻風味椰奶倒在蛋糕上，蓋上保鮮膜封好，放冷藏冰涼，至少4小時，最多2天。

食用前，取出蛋糕和未用完的綠荳蔻味椰奶，加熱一下即可上桌品嚐。

廚房必備

白飯

我在家大多煮的是印度香米（basmati rice）。印度香米之所以有名，不只是因為它的米粒特別長，還因為它的獨特香氣。我是個被習慣牽著走的人，所以總是在印度食材行買印度香米，買米的時候，一定會特別指名要買印度進口，且至少已經放1年以上的陳米；這樣的米香氣會更馥郁。

用印度香米煮白飯、抓飯或香飯時，我會遵守三個原則：

1. 米一旦加了水，放到爐上煮之後，就要避免攪拌或混合。

2. 煮白飯的時候，我不會加鹽或油，這樣才不會減少印度香米天然的香氣。

3. 如果要添一點顏色，我會加一小撮磨碎的番紅花、幾滴甜菜汁或薑黃粉。

---

2 人份（約 570 克 [1¼ 磅] 白飯）

印度香米 1 杯（200 克）

水 4 杯（960 毫升）

做法：

米挑掉雜質或碎石後，放在細目網篩上，用冷自來水沖洗到水不再混濁。把米放入中型碗內，加 2 杯（480 毫升）清水或至少高過米 2.5 公分（1 吋）的水量，浸泡 30 分鐘。把水瀝掉，將泡好的米放到附蓋的中型醬汁鍋或小荷蘭鍋中，再倒入剩下的 2 杯（480 毫升）清水或至少高過米 2.5公分（1 吋）的水量。先用中大火煮到滾沸後，轉小火，加蓋，煮到水分幾乎消失，約 10 ～ 12 分鐘。移鍋熄火，不開蓋，靜置 5 分鐘。上桌前，用叉子把飯鬆開。

碎米

一直以來，我的食材櫃裡都會備著麵包粉和杜蘭小麥粉，當我想要讓烤物或炸物外層多一點酥脆，或製作肉丸、美式肉派，需要充當黏著劑的食材時，我就會找上它們，但近來，我試著用米做出相同的口感。這些碎米的效果很棒，而且是利用吃剩米飯的好方法。您也許會想要把下列食材的份量加倍，一次多做一些備用。

大約可做出 90 克（3½ 盎司）

吃剩的未調味印度香米飯 2 杯（340 克 [12 盎司]）

做法：

烤箱預熱到 120℃（250 ℉）。

在烤盤上鋪烘焙紙。把飯單層攤開在準備好的烤盤上，用手掰散所有結塊。將飯放進烤箱，烘到飯粒全乾，至少 45 ～ 60 分鐘。碎米不能變成金黃色；如果您發現顏色變了，表示烤箱溫度太高，需要調低一點。烘乾的時間視您家中烤箱的情況而定，也許需要比上述時間多 30 分鐘，或甚至更久。

飯粒烘乾後，取出烤盤。置於室溫，自然放到涼透。把放涼的乾飯粒放進香料研磨機或磨豆機中，磨成細小的粗顆粒。要磨到多碎，可依照個人喜好調整。把磨好的碎米放進密封容器中，置於陰涼處，最多可保存 1 個月。

綜合香料

綜合香料和瑪薩拉（masala，在印地語中指的是任何種類的綜合香料）是很棒的食材，櫥櫃內隨時備著一些很方便。若要維持香氣、擁有最佳風味的話，建議一次做一小批就好，且需保存在深色容器內，放置於遠離日照的陰涼處。

風味探討：

+ 烘香料時會產生熱能，有助於引出乾香料在保存時，所積累的濕氣。

+ 熱能也能夠引出種籽裡的風味分子，而這些分子中有些會經歷化學結構改變，造成風味改變、變得更美味。

+ 研磨的過程會把整顆香料變成微小顆粒，增加表面面積。在萃取風味分子時，如果顆粒越小，效果會更好。所以如果香料入饌時是粉狀，它們所含的風味和色素，會高速釋出，比添加整顆香料的效率快許多。

葛拉姆瑪薩拉

在這裡我會介紹兩種我在家做菜時會用的葛拉姆瑪薩拉，您用任何一種都可以。記住香料在研磨前，一定要先放涼，否則會產生濕氣，造成香料磨成粉後結塊。

私房皇家葛拉姆瑪薩拉

皇家葛拉姆瑪薩拉（Shahi Garam Masala，shani 在烏爾都語 [Urdu] 中是「皇家」的意思）和經典葛拉姆瑪薩拉有一點點不同，它的香氣非常濃郁，用於特殊場合，能為米飯、扁豆、肉類和蔬菜增添風味。（譯註：烏爾都語屬於印歐語系印度 - 伊朗語族的印度 - 雅利安語支，是印度 24 種規定語言之一。）但您不需要等到特殊慶典時才使用；像我就是想用就用！

只要在烘烤過的綜合香料中，多加 1 大匙可食用的乾燥玫瑰花瓣，再一起磨成粉，就能做出花香味非常濃郁的皇家葛拉姆瑪薩拉。我發現這個花香馥郁的版本很適合用來烹煮肉類。

可做出略少於 ½ 杯（40 克）

孜然籽 2 大匙

芫荽籽 2 大匙

甜茴香籽 2 大匙

黑胡椒原粒 1 大匙

乾燥月桂葉 2 片

肉桂棒 5 公分（2 吋）

丁香 12 顆

完整的綠荳蔻豆莢 8 個

完整的黑荳蔻豆莢 1 個

八角 1 顆

現磨肉豆蔻粉 1 小匙

做法：

將乾燥的小不鏽鋼煎鍋或小鑄鐵煎鍋放在爐子上，開中大火燒熱。鍋熱後，轉為中小火，放入孜然籽、芫荽籽、甜茴香籽、黑胡椒原粒、月桂葉、肉桂棒、丁香、綠荳蔻豆莢、黑荳蔻豆莢和八角。慢慢地轉動鍋子，烘出香料的香氣，約 30 〜 45 秒。要小心不要燒焦，如果燒焦，就丟掉，全部重來一次。

把烘好的香料倒在小盤上，放到涼透。將放涼的香料放到臼或香料研磨機裡。（待續）

倒入肉豆蔻粉後，把所有的香料磨成細粉。做好的綜合香料粉，裝進密封容器中，收在陰暗處，最多可保存6個月。

私房葛拉姆瑪薩拉

這是我常用的葛拉姆瑪薩拉，請注意這個版本沒加甜茴香等香氣比較濃郁的食材，綠荳蔻的量也比較少。

可做出大約 ¼ 杯（25 克）

孜然籽 2 大匙

芫荽籽 2 大匙

黑胡椒原粒 1 大匙

乾燥月桂葉 2 片

肉桂棒 5 公分（2 吋）

丁香 12 顆

完整的黑荳蔻豆莢 1 個

完整的綠荳蔻豆莢 3 或 4 個

現磨肉豆蔻粉 1 小匙

做法：

步驟同第 311 頁的「私房皇家葛拉姆瑪薩拉」。

私房「火藥」堅果瑪薩拉

南印經典火辣的火藥瑪薩拉（gunpowder masala）是由香料和扁豆混合而成的，食用方法是當成調味料，和多種不同的食物一起端上桌。而我這個以堅果為主的版本，是出於需要而產生的，因為我不常在家裡囤放經典版需要的特殊扁豆，不過因禍得福的是恰巧可以用掉一些存放在冷凍庫許久的堅果和種籽。

使用方法是大量撒在豆糊湯、蔬菜和沙拉等鹹食料理上。

可做出 2 杯（210 克）

生腰果 100 克（3½ 盎司）

生南瓜籽 ½ 杯（35 克）

乾辣椒 30 克（1 盎司）

新鮮咖哩葉 20～25 片

白或黑芝麻 2 大匙

阿魏粉 ½ 小匙

做法：

以中火燒熱乾燥的小煎鍋。鍋熱時，放入腰果、南瓜籽、乾辣椒、咖哩葉和芝麻。烘 4～5 分鐘，直到種籽開始上色，葉子的邊緣微微捲曲。把烘好的香料倒進中碗裡，放到涼透。香料放涼後，和阿魏粉一起倒入食物調理機或果汁機中，依喜好打成粗顆粒或細粉。完成的綜合香料粉，裝進密封容器中，冷藏最多可保存 2 週。

鹽醃蛋黃

鹽醃蛋黃是很棒的提鮮食材，刨成粉時，吃起來就像帕瑪森起司粉。可以撒在義大利麵上或當成菜餚最後的裝飾，讓料理多一分鹹鮮。「鹽醃蛋黃」需提前幾天製作。

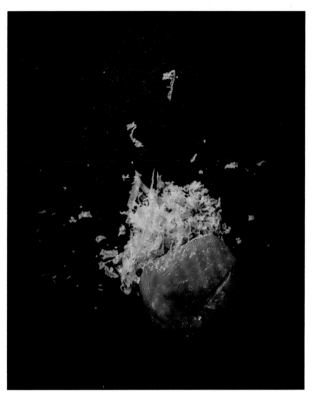

可做 2 顆鹽醃蛋黃

細海鹽 1½ 杯（450 克）

糖 ½ 杯（50 克）

大蛋 2 個

噴霧油，如芥花油

風味探討

+ 鹽和糖能透過滲透作用，引出蛋黃裡的水分。水越少，蛋黃越容易醃得好。

+ 蛋黃裡的麩胺酸會濃縮，形成更濃郁的鮮味。

+ 加了印度黑鹽的變化版，讓蛋黃除了濃郁的鮮味外，還多了較強烈的硫磺香氣。

做法：

（做法中沒有提到食材表裡的糖要何時使用，我查網路上的做法，應該是先把糖跟鹽混合，然後先在容器裡倒一半的糖鹽混合物，等放入蛋黃後，再到剩下的混合物蓋住蛋黃。）

將鹽和糖混合均勻。

在一個小的平底容器或盤子裡，倒入一半的鹽糖混合物並攤平。在中央挖兩個小凹洞。

一次操作一個蛋，小心將蛋黃和蛋白分離，並把蛋黃放在剛剛挖的小凹洞內。蛋白留著另作他用。用剩下的鹽糖混合物把蛋黃蓋住。取蓋子鬆鬆地蓋住容器，放冷藏1週。

一週後，將烤架置於烤箱內部中央，並將烤箱預熱到93℃（200 °F）。打開容器蓋子，小心取出蛋黃。蛋黃應該已變硬，但摸起來還是有點黏黏的；所以拿取的時候需特別留意。用料理刷輕輕地刷掉蛋黃上多餘的鹽巴。以自來水快速沖洗一下蛋黃後，拿乾淨的廚房紙巾輕輕地擦拭掉所有水分。在烤盤內擺上金屬網架，並在網架上噴一點油。將醃過的蛋黃放在網架上，入烤箱烘烤到全乾，至少需 45 分鐘～1 小時。蛋黃一旦烘乾後即取出，放到涼透後，收進密封容器中，放冷藏最多可保存 2 週，放冷凍最多可保存 1 個月。

要用時，用柑橘皮刨刀或蔬果刨絲器刨蛋黃，撒在菜餚上當配料，或當成硬起司用，拿來點綴沙拉、湯品等菜餚。

變化版：在鹽糖混合物裡加一點印度黑鹽，就能得到較濃郁的硫磺風味。

細海鹽1杯（300 克）+ 印度黑鹽 ¼ 杯（50 克）+ 糖 ½ 杯（100 克）

蘸醬 + 抹醬

蘸醬和抹醬是休憩娛樂時光的好夥伴。可以搭著烤過的麵包食用，或與一大盤顏色鮮明、五彩繽紛的清脆蔬菜，一起配成「法式蔬菜拼盤」（crudité）。

焦香紅蔥蘸醬

可做出大概 1½ 杯（350 克）

紅蔥 2 顆（總重為 120 克 [4¼ 盎司]）

葡萄籽油或其他沒有特殊味道的油 1 大匙

原味無糖希臘優格 1 杯（240 克）

現榨檸檬汁 1 大匙

現磨檸檬皮屑 1 小匙

粗粒黑胡椒粉 ½ 小匙

細海鹽

冷壓初榨橄欖油 1 大匙

黑種草籽 1 小匙

蝦夷蔥蔥末 1 大匙，裝飾用

做法：

紅蔥切掉頭尾後，去皮。縱切成半，並大面積地刷上葡萄籽油。

小煎鍋以大火燒熱。鍋熱後，把紅蔥放入鍋中煎出焦痕，每面 3 ～ 4 分鐘；表面要煎到有點微焦黑。熄火，把紅蔥夾到碗中放涼。當紅蔥放涼到手能握取的溫度時，將它們切成末，和優格、檸檬汁、檸檬皮屑與黑胡椒粉一起放入攪拌碗中。加鹽調味後，整體拌勻。試過味道後，依個人口味調整調味。

在同一個煎鍋中，倒入橄欖油以中大火燒熱。等油熱後，放入黑種草籽爆香，約 30 ～ 45 秒。將熱油連同黑種草籽一起倒在拌好的蘸醬上，撒上蝦夷蔥蔥末裝飾，即完成。

風乾番茄紅椒抹醬

這道豔紅，充滿香甜濃郁風味的抹醬，可以放在法式蔬菜拼盤裡當蘸醬，也可以抹在麵包上當三明治的調味醬（特別適合用來做「烤起司三明治」[grilled cheese sandwiches]，或甚至是放在旁邊蘸著這種三明治一起吃，也很美味）。想要多點大蒜的刺激辛辣，可以用 3 個蒜瓣。

可做出大概 2½ 杯（590 克）

中型紅甜椒 1 顆（200 克 [7 盎司]）

橄欖油漬日曬番茄乾 240 克（8½ 盎司）

青蔥 6 根

大蒜 2 瓣，去皮

現榨檸檬汁 2 大匙

芫荽籽 1 小匙

黑種草籽 1 小匙

乾燥紅辣椒片 1 小匙

細海鹽 1 小匙

甜椒去掉梗和裡面的種籽後，切成塊狀，放進果汁機裡。加入番茄乾和 ¼ 杯（60 毫升）泡番茄乾的油；其餘的油，留作他用。接著放青蔥、大蒜、檸檬汁、芫荽籽、黑種草籽、乾燥紅辣椒片和鹽，用高速打成均質糊狀。

您可能需要加1～2大匙水，才能打得動果汁機裡的食材。試過味道後，依個人口味調整調味。

蘸油

我對義大利料理最早的印象包括那再簡單也不過，但味道卻極好的開胃菜──溫熱的佛卡夏麵包佐著倒在大盤子上的蘸油與巴薩米克醋。這道蘸油的公式非常簡單易懂：

（香料＋香草＋好油）＋好醋＋片狀海鹽＋溫熱的麵包＝快樂

基於這個概念，可以做一些有趣的變化。油配上1～2大匙充滿果香或甜味的好醋，如巴薩米克醋、無花果醋、梅子醋、或雪莉醋·

調配出美味蘸油的方法

基礎食譜（可以自行調整份量）：

油½杯（120毫升）＋香料和／或辣椒½小匙＋新鮮香草1小匙或乾燥香草½小匙＋酸（醋）2～3大匙＋鹽和胡椒粉

乳濁液

這裡會介紹兩種類型的乳濁液，它們分別用了不同的乳化劑來穩定由油和水所形成的乳化作用。黎巴嫩蒜蓉醬（toum）用的是大蒜的果膠，而美乃滋則是靠蛋黃裡的卵磷脂和芥末來維持其濃醇的質地。

黎巴嫩蒜蓉醬

這個醬的用途不只是當蘸醬而已。因為它耐久放，所以您可以用好幾種方法，快速增加菜餚裡的蒜味：舀一兩匙和軟質羊起司拌勻，搭配小圓片麵包、烤薯條（食譜請參考第144頁）或羊排佐青蔥薄荷莎莎醬（食譜請參考第163頁）一起吃；也可以加到羊起司蘸醬裡（食譜請參考第144頁），再抹在麵包上調味夾三明治或當成三明治的蘸醬用。

可做出約960毫升（1夸脫）

大的完整蒜球1個（120克[4¼盎司]）

現榨檸檬汁¼杯（60毫升）

冰水½杯（120毫升）

葡萄籽油或經過「脫苦處理」（詳見第104頁「案例分析」）的冷壓初榨橄欖油3杯（720毫升）

細海鹽

做法：

蒜瓣去皮，切掉蒂頭，及去除任何發綠的部分。

將處理好的蒜瓣、檸檬汁和水放入食物調理機中，用瞬速攪打均勻。接著一隻手繼續按著瞬速鈕，另一隻手緩緩倒入葡萄籽油，一次一點慢慢倒，攪拌到乳化完全且呈現滑順的狀態。試過味道後，加鹽調味。

打好的黎巴嫩蒜蓉醬裝進密封容器內，放冷藏可保存1個月。

咖哩葉芥末油美乃滋

金黃色的芥末油中，有著類似山葵的辣度，與咖哩葉的香氣很搭，賦予這個美乃滋大膽奔放的風味特質。這道加味美乃滋的用法和一般美乃滋完全相同，可以加在薯條上，也可以和我一樣，塗在夏日番茄三明治裡，旁邊再附上一些炸過的咖哩葉。

可做出 150 克（稍微多於 1 杯）

經「脫苦處理」的芥末油或冷壓初榨橄欖油（做法詳見第104 頁「案例分析」）½ 杯（120 毫升）

新鮮咖哩葉 12 ～ 15 片

大蛋的蛋黃 1 個，回復至常溫

現榨萊姆汁或米醋 2 大匙

美式黃芥末醬 1 大匙

蜂蜜 2 小匙

紅辣椒粉 ½ 小匙

現磨黑胡椒粉 ½ 小匙

細海鹽

風味探討

+ 在這道食譜中，讓芥末油嚐起來有辣度的物質，會在製作乳濁液時產生作用。

+ 黃芥末醬可有可無；它的角色是當（蛋黃裡的）卵磷脂與蜂蜜外的第二層乳化劑。

做法：

把油倒入乾燥的小不鏽鋼醬汁鍋中，用中大火燒熱。熱油時，用冷自來水把咖哩葉沖洗乾淨，再用乾淨的廚房擦巾拭乾水分。等油熱了之後，把咖哩葉放入鍋中，蓋上鍋蓋，鍋子離火。等鍋中的油溫降到室溫，便可把香料油倒進小容器內。將炸過的咖哩葉夾到鋪有廚房紙巾的小盤子上吸油，留著等一下當裝飾用。

把蛋黃、萊姆汁、黃芥末醬、蜂蜜、辣椒粉和黑胡椒粉倒入中型攪拌碗，攪拌到均勻滑順。一邊攪拌，一邊慢慢地將已放涼的香料芥末油倒入蛋黃醬中心。醬料會開始變濃稠。一旦油完全融入後，就可以試試味道，加鹽調味。打好的美乃滋用密封容器盛裝，冷藏可保存 3 ～ 4 天。

變化版：

如果想要再辣一點，可以把紅辣椒粉換成卡宴辣椒粉。若多加 ¼ 小匙薑黃粉，和蛋黃一起攪拌均勻，則可讓美乃滋的黃色更深。

私房配方速成義大利紅醬

當我想做披薩，但手邊卻剛好沒有紅醬時，我就會用這個速成的版本。這個醬雖然有點不正統，但效果很好。記得使用高品質的番茄糊；我喜歡買管狀的。

依據個人喜好，您可以用油漬鯷魚裡的橄欖油，或單純用一般的冷壓初榨橄欖油就好。

可做 1 杯（約 200 克）

無鹽奶油或冷壓初榨橄欖油 2 大匙

黑種草籽 1 小匙

大蒜 1 瓣，去皮後磨成泥

乾燥奧勒岡 ½ 小匙

黑胡椒粉 ½ 小匙

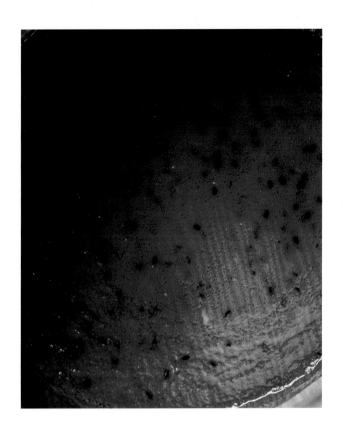

番茄糊 130 克（4½ 盎司）

橄欖油漬鯷魚 2 條，油需瀝乾

海鹽

糖

風味探討

+ 鯷魚和番茄都能增加鮮味。而鯷魚在烹煮過程中，會整個解體化掉。

+ 黑種草籽常被誤認為是洋蔥種籽或黑孜然，即便這幾樣東西完全無關。黑種草籽經加熱後，會產生類似洋蔥的香氣；在這道醬汁中，當我們把黑種草籽放入熱油時，類似洋蔥的香氣會非常明顯。

做法：

將橄欖油倒入小型醬汁鍋中，以中小火加熱。油熱後，放入黑種草籽和蒜泥，爆香 15 秒鐘，要特別留意，不要讓蒜泥燒焦。接著加奧勒岡，再加熱 10 秒。放入黑胡椒粉、番茄糊、鯷魚和 ½ 杯（120 毫升）清水，攪拌均勻。轉為中大火，把醬汁煮滾。之後改為小火，讓醬汁在維持小滾泡的狀態下，煮 5 分鐘。試過味道後，加鹽和糖調味。做好的速成紅醬倒入密封容器中，放冷藏並於 1 週內用完。

印度中式料理的調味料

「辣」在許多印度中式料理中，扮演了決定性的角色。只要在印度的中餐館用餐，一定會隨餐附上下面這兩個醬料。而且您猜的沒錯，如果點外帶的話，我會請店家多給我幾份醬料。

風味探討

+ 兩種醬中的酸味都來自醋。

+ 在印度風四川醬（食譜請參考第 318 頁）中，醋和辣椒、大蒜一樣，可充當防腐劑。

醋味辣醬油

印度中餐館裡的醋味辣醬，通常不會加醬油，但我發現醋、醬油和辣椒拌在一起，味道會更飽滿。這個醬做起來快又容易，把酸、鮮、辣全都集合在一塊。在滿州湯（食譜請參考第 255 頁）或麵條上滴個幾滴，能馬上讓味道跳出來。

可做 ½ 杯（120 毫升）

米醋 ¼ 杯（60 毫升）

醬油 ¼ 杯（60 毫升）

青辣椒（如塞拉諾或鳥眼辣椒）1 條，切薄辣椒圈

海鹽

做法：

把醋、醬油和辣椒圈放入小上菜碗中。加鹽調味後，靜置 1 小時再使用。倒進加蓋的容器，冷藏最多可保存 2 天。

印度風四川醬

這個醬的名字會讓人有點誤解；它用的其實不是花椒，而且是客家人發明的。

雖然這個醬在印度是搭配中菜一起吃，但我會拿它來蘸所有食物；甚至是淋在煎蛋上。製作過程中，因為熱油萃取出了辣椒裡亮紅色的色素，所以做出來的醬會是鮮紅色。雖然克什米爾辣椒已經不怎麼辣了，但如果您還是想減少辣度的話，只要把辣椒切開，拿掉裡頭的辣椒籽即可，後續的步驟皆相同。

可做 570 克（1¼ 磅），3 ～ 3½ 杯

整根的乾克什米爾辣椒 40 克（1½ 盎司），把梗拔掉

滾水 1 杯（240 毫升）

葡萄籽油或其他沒有特殊味道的油 ½ 杯（120 毫升）

紅蔥末或紫洋蔥末 2 大匙

大蒜 90 克（3¼ 盎司），去皮後切末

生薑 65 克（2¼ 盎司），去皮後切末

番茄糊 ¼ 杯（55 克）

蘋果醋 ½ 杯（120 毫升）

醬油 2 大匙

糖 ½ 小匙

細海鹽

做法：

把乾辣椒放入中型碗或杯內，倒入滾水蓋過。將辣椒往下壓，使其能完全浸泡在水裡。靜置 30 分鐘讓辣椒軟化，吸水膨脹。

取出泡發的辣椒，放入果汁機中，再倒入一半的泡辣椒水，其餘的水留著備用。用瞬速打幾秒至粗顆粒泥狀。

將油倒入中型醬汁鍋內，開中火燒熱。油熱後，倒入辣椒泥烹煮 1 分鐘，加熱時需不停攪拌。紅蔥末下鍋，再煮 1 分鐘，接著放蒜末、薑末和番茄糊，續煮 2 分鐘。改為文火，倒入醋、醬油、糖和之前留下來的泡辣椒水。蓋上醬汁鍋的蓋子，煮 25 ～ 30 分鐘，中間偶爾掀蓋攪拌一下，要煮到薑末完全變軟熟透，且水分幾乎收乾，油已經浮到表面。

試過味道後，加鹽調味。煮好的醬料倒入密封容器內，冷藏最多可保存 1 個月。

醃檸檬的兩種做法（正統版和速成版）

現在在大部分的商店都買得到醃檸檬，但對於想要試著自己做的人，這裡我提供了兩種做法。梅爾檸檬（Meyer lemons）因為皮薄，所以一直都是我做醃檸檬時的首選，但其實任何品種的檸檬都可以。醃檸檬要使用前，需先用自來水沖洗一下，接著把果肉刮掉。將皮切成小丁，然後用於需要之處。醃檸檬可以與其他食材一起打成美乃滋、拌入醬料，或加到沙拉醬裡。

風味探討

+ 鹽可以掩蓋檸檬的苦味。

+ 鹽和酸（檸檬酸）加在一起，有助於軟化檸檬的組織及醃漬。

正統版

我第一次學做醃檸檬是看傳奇作家克勞蒂亞·羅丹（Claudia Roden）的大作 *Arabesque: A Taste of Morocco, Turkey, and Lebanon* 學的。在這邊，鹽和檸檬裡的酸（檸檬酸）會起聯合作用，可以軟化水果。鹽還有第二個功用：可以讓我們比較感覺不到檸檬白皮層（white pith）裡的苦味。如果有白黴出現在露出來的果皮上，只要用水沖掉即可。在最正統的做法中，不會把檸檬切開，而是在整顆果實上，劃出交叉的紋路。關於檸檬的切法，我試過好幾種方式，但吃不出來成品的風味有何差別。

可做出 1½ 杯，約 450 克（15 盎司）

檸檬 4 顆（總重約為 280 克 [10 盎司]）

細海鹽 ¼ 杯（50 克）

另取 4 顆檸檬，榨出檸檬汁 ½ 杯（120 毫升）

做法：

檸檬用溫自來水刷洗乾淨。把每顆檸檬切成四等份，挑掉種籽。用鹽抓揉切好的檸檬塊後，將其放入消毒好的廣口瓶裡。用大湯匙把檸檬往下壓，稍微擠出一點果汁，接著

用另外準備的檸檬汁蓋過檸檬塊。把瓶口封緊，置放於陰涼處，至少要醃 1 個月才能用。醃好後放冷藏，可以放很久，不用擔心過期。

速成版

當我手邊剛好沒有醃檸檬用的廣口瓶時，我就會用偷吃步的速成版。首先，會經過加熱──將檸檬丟進一鍋滾水裡煮軟。此外，檸檬需切成小塊，增加與鹽和酸接觸的表面面積，加快鹽和酸滲透到果肉的速度。

可做出 1½ 杯，約 450 克（15 盎司）

檸檬 4 顆（總重約為 280 克 [10 盎司]）

細海鹽 ¼ 杯（50 克）

另取 4 顆檸檬，榨出檸檬汁 ½ 杯（120 毫升）

檸檬用溫自來水刷洗乾淨。先把每顆檸檬切成四等份，再將每塊檸檬各切一半，接著挑掉檸檬籽。小檸檬塊和一半的鹽抓揉後，放在小碗裡 2 小時。時間到了之後，用冷自來水將小檸檬塊沖洗乾淨，並倒掉小碗裡滲出的所有汁液。把小檸檬塊放入小醬汁鍋中，倒入剩下的鹽、檸檬汁和 ½ 杯（120 毫升）清水。先開中大火煮到滾沸，之後改為文火，煮到液體收汁到剩下一半，且變濃稠呈糖漿狀，約 25 ～ 30 分鐘。熄火，把煮好的檸檬倒入消毒過、不會起化學反應（玻璃或塑膠）的密封容器中，冷藏一晚。隔天檸檬就醃好，可以用了。

薄荷塞拉諾淺漬甜桃

這是用香甜完熟的甜桃做的新鮮漬菜；真的找不到的話，用蜜桃也可以。

因為辣椒素可溶於脂肪和酒精中，在水裡的溶解效果不好，所以這道漬菜做好後，大部分的辣度都還留在辣椒上。當您咬到辣椒圈時，辣度就會衝上來。我發現這道淺漬甜桃配著軟質起司（如新鮮綿滑的布拉塔起司）一起吃很美味，也可以加進沙拉或搭著烤肉和海鮮享用。（待續）

做法：

用中大火燒熱乾燥的小煎鍋，鍋一熱，便可放入芫荽籽烘30 秒左右到開始飄出香味。把烘好的種籽放入杵臼中，磨成粗顆粒粉末，接著倒入小攪拌碗裡。

將甜桃切半，取出硬核後，切成薄片，放入附蓋的大碗中。用手將薄荷葉撕碎，與辣椒圈一起放入裝有甜桃的碗裡。

把萊姆汁、椰棗糖漿和黑胡椒粉倒入裝有芫荽粉的小攪拌碗中，用湯匙攪拌均勻。將醃汁倒在甜桃上，並加鹽調味。輕輕地拌勻，蓋上蓋子，室溫下靜置 30 分鐘。可以直接常溫吃，或冰涼後再享用。淺漬甜桃醃好後，最多可以放1 天。

印度香料醃漬白花椰菜

對於這道醃菜，我周圍的人分成兩派，有些人喜歡帶點微甜，另外一群人則喜歡它辣辣的——所以我把要不要加石蜜（或糖）的決定權交給您。

芥末油是做這道印度香料醃菜或印度式泡菜的經典之選，而且它會散發出特別的嗆味，但您也可以換成冷壓初榨橄欖油、芝麻油或其他沒有特殊味道的油（如葡萄籽油）。為了讓這道香料醃漬白花椰菜看起來更誘人，我有時會混用等量的黑色和黃色雙色芥末籽。在這道食譜中，阿魏的角色是蔥屬植物風味的替代品。這道醃菜不需要特別加壓形成真空。

這道漬菜在正餐時可以夾一點當配菜，也可以放一大匙到三明治裡當餡料，增加爽脆的口感和風味（可和第 264 頁的「科夫塔羊絞肉丸」一起包成三明治）。漬菜夾完剩下的油和醋，可以用麵包蘸著吃完，完全不浪費。

---

4 人份

芫荽籽 1 小匙

完熟但仍硬實的黃甜桃 2 個（總重為 440 克 [15½ 盎司]）

新鮮薄荷葉 ¼ 杯（5 克）

青辣椒 1 條（如塞拉諾），切薄辣椒圈

現榨萊姆汁 ¼ 杯（60 毫升）

椰棗糖漿 2〜3 大匙，自製的（食譜請參考第 324 頁）或市售的皆可

粗粒黑胡椒粉 ½ 小匙

細海鹽

風味探討

+ 辣椒素在水中的溶解效果不好，所以在這道菜中，您會發現不同程度的辣度。咬到辣椒圈時，辣度會比醃汁裡的強。

+ 隨著醃漬的時間拉長，酸會慢慢分解細胞，辣椒素也會開始擴散，辣度便會變得比較平均。

可做約 910 克（2 磅）

白花椰菜 910 克（2 磅），花部切成適口大小，切整完應該要有 760 克（1.7 磅）

芥末油、冷壓初榨橄欖油、芝麻油或葡萄籽油 1 杯（240 毫升）

黑或黃色芥末籽（或兩者等量混合）¼ 杯（36 克）

孜然籽 2 大匙

紅辣椒粉 1 大匙

薑黃粉 2 小匙

阿魏 1 小匙

細海鹽 2 大匙

石蜜或黑糖 2 大匙（可省略）

蘋果醋或麥芽醋 ¾ 杯（180 毫升）

做法：

把容量 2.8 公升（3 夸脫）的玻璃罐洗乾淨並完成消毒，晾乾備用。

分成小朵的白花椰菜洗淨後，擺在乾淨的廚房擦巾上吸掉多餘水分。也可以用沙拉蔬菜脫水器，能迅速去除多餘水分。

把油倒入大醬汁鍋中，以中火燒熱。芥末籽和孜然籽用杵臼稍微壓裂後，放入熱油中，加熱 30 秒至開始透出香氣。移鍋離火，倒入辣椒粉、薑黃粉和阿魏。放入白花椰菜拌勻。將白花椰菜和香料油一起放入準備好的玻璃罐中。

取一中碗，把鹽、石蜜和醋調勻後，倒在已裝罐的白花椰菜上。拴緊蓋子，搖一搖讓所有調味料均勻分佈。室溫放置一晚，這樣印度香料醃漬白花椰菜就醃好可以吃了。這道漬菜做好後，放冷藏最多可保存 1 個月。

印度香料酸辣醬（CHUTNEYS）

我很樂意花一整個篇章來介紹這種爽口甘美、充滿自然鮮甜的印度香料酸辣醬。香料酸辣醬是一種滿載各種風味的調味料，只需一點點就有很足的滋味。放在零嘴小食旁搭著吃，或用於大餐盛宴，當成一種調味醬皆可。

青蘋果酸辣醬

我已逝的外婆做菜時會寫筆記，這個醬的配方來自她的蘋果酸辣醬食譜。每年，她都會做好幾罐，然後我會盛在一盤已經裝滿了飯、她做的椰味燜高麗菜（食譜請參考第291 頁）和果阿黃咖哩魚（食譜請參考第 301 頁）的餐點一起吃。這個青蘋果酸辣醬搭配烤豬排也很對味。蘋果用寬口徑的大煎鍋加熱，可以增加表面面積，加快水分蒸發的速度。可根據個人口味調整乾燥紅辣椒片的用量。（待續）

可做 985 克（1 夸脫）

翠玉蘋果（Granny Smith，又稱「澳洲青蘋果」）或其他硬實微酸的青蘋果 910 克（2 磅），去皮去核

葡萄乾或含糖蔓越梅果乾（壓實的）½ 杯（70 克）

生薑 5 公分（2 吋），去皮後切成寬度 2.5 公分（1 吋）的細長條

乾燥紅辣椒片（如阿勒坡）2 小匙～1 大匙

紅糖（壓實的）1 杯（200 克）

蘋果醋或麥芽醋 1 杯（240 毫升）

細海鹽 1 小匙

做法：

準備 4 個消毒過，容量為 250 毫升（8 盎司）的乾淨玻璃罐。

蘋果用刨絲器或食物調理機上的粗孔削成絲。

將蘋果絲、葡萄乾、薑絲、紅辣椒片和 ¼ 杯（60 毫升）清水放入不會起化學反應的不鏽鋼深煎鍋中，以中大火加熱。先煮滾後，改為文火，加蓋烹煮。需煮到蘋果變軟，中途偶爾開蓋，用橡皮刮刀攪拌一下，共需 10～12 分鐘。加入糖、醋和鹽，攪拌均勻後，不加蓋，偶爾攪拌一下，繼續煮 30～40 分鐘，煮到青蘋果酸辣醬變濃稠，且大部分的水分都蒸發掉。移鍋熄火，把煮好的醬盛入準備好的玻璃瓶中。這個醬可以保存 1 個月不變質。

羅望子椰棗酸辣醬

這個酸辣醬的甜味來自椰棗糖漿，酸味則來自羅望子。乾薑讓它帶點辣，而印度黑鹽則為它增添了特殊的鹹味。這個酸辣醬會搭配印度咖哩餃等炸物小食，屬於印度路邊通稱為 chaat 的酸甜爽口開胃小吃。試試把羅望子椰棗酸辣醬淋在新鮮或烤過的水果上，旁邊再配上一點加了糖的法式酸奶油，這樣就成了一道甜點。

可做 1 杯（280 克）

孜然粉 ½ 小匙

椰棗糖漿 ½ 杯（120 毫升），自製的（食譜請參考第 324 頁）或市售的皆可

羅望子醬 2 大匙，自製的（食譜請參考第 67 頁）或市售的皆可

粉狀石蜜或黑糖 2 大匙

印度芒果粉 1 小匙

乾薑粉 1 小匙

乾燥紅辣椒片（如阿勒坡或馬拉什）½ 小匙

印度黑鹽 ½ 小匙，可視情況增加用量

做法：

把孜然放進小醬汁鍋內，用中火烘 30～45 秒，直到香氣散出。倒入椰棗糖漿、½ 杯（120 毫升）清水、羅望子醬、石蜜、印度芒果粉、乾薑粉和乾燥紅辣椒片，攪拌均勻。開大火煮到滾沸後，改為文火，煮到液體量剩下 1 杯（240 毫升），邊煮邊把黏在鍋邊的醬料刮進鍋中，共需 5～8 分鐘。移鍋離火，倒入黑鹽。試過味道後，再決定是否要多加點印度黑鹽。常溫吃或冰涼之後再享用皆可。收進密封容器內，放冷藏最多可保存 2 週。

薄荷酸辣醬

這道經典的酸辣醬，在印度會配著印度咖哩餃或「帕扣拉」炸蔬菜等炸物小食一起吃；它能解掉一些炸物的油膩。酸辣醬中的薄荷含有薄荷醇，會產生清涼的感覺，而生青辣椒則會帶來辣度。萊姆汁和醋裡的酸會提供酸味，同時也能阻止葉子裡的多酚氧化酶（polyphenol oxidases）讓鮮綠的葉綠素轉黑。

這道酸辣醬很適合抹在捲餅裡頭，搭配烤蔬菜，尤其美味。

可做 1 杯（240 克）

香菜 1 把（75 克）

薄荷 1 把（55 克）

青辣椒（如塞拉諾）2 條

生薑 2.5 公分（1 吋），去皮後切碎

現榨萊姆汁 ¼ 杯（60 毫升）

米醋 3 大匙

細海鹽

將香菜、薄荷、青辣椒、生薑，萊姆汁和醋，全放入果汁機或食物調理機中。用瞬速攪打（每次攪打數秒後，暫停一下，再繼續打幾秒），直到所有食材都完全打碎，整體成糊狀。您也許需要用到刮刀，將機器調理杯中的食材拌一下，以利於攪勻。試過味道後，再依個人口味加鹽。打好的醬倒進密封容器內，冷藏可保存 3～4 天。

南瓜籽酸辣醬

這個酸辣醬是因需求而產生的。幾年前，我在學著做印度扁豆米鬆餅（dosa）和蒸米糕（idlis）的時候，我發現所有東西在美國都滿好找到的，唯獨新鮮或冷凍的椰肉有點難。所以我靠著南瓜籽和橄欖油仿造出類似的口感和相似的風味。和薄荷酸辣醬（請參考左頁）一樣，醬中添加的萊姆汁除了提供酸味外，也阻止了多酚氧化酶的作用，如此一來，葉綠素就比較不容易變成褐色。第二層保護層是橄欖油；葉綠素是脂溶性的，所以加了橄欖油會減少葉綠素接觸到氧氣的機會，沒了氧氣，多酚氧化酶就無法作用。把香草直接放在橄欖油裡絞碎，就能有此效果。這道酸辣醬的顏色，會比薄荷酸辣醬更翠綠。

可做 2 杯（380 克）

南瓜籽 1 杯（130 克）

香菜 1 把（75 克）

新鮮薄荷葉（壓實的）½ 杯（6 克）

現榨萊姆汁 ¼ 杯（60 毫升）

冷壓初榨橄欖油 ¼ 杯（60 毫升）

黑胡椒原粒 12 顆

大蒜 2 瓣，去皮

青辣椒（如塞拉諾）2 條

生薑 2.5 公分（1 吋），去皮

孜然 ½ 小匙

細海鹽

做法：

將南瓜籽、香菜、薄荷葉和萊姆汁放入果汁機或食物調理機中。用瞬速攪打（每次攪打數秒後，暫停一下，再繼續打幾秒），直到打成粗顆粒泥狀。倒入橄欖油、黑胡椒粒、大蒜、辣椒、生薑和孜然。用瞬速攪打（每次攪打數秒後，暫停一下，再繼續打幾秒），直到所有食材完全打碎為泥狀。試過味道後，加鹽調味。將打好的酸辣醬倒進密封容器中，表面再貼合一張保鮮膜，徹底阻隔空氣；冷藏最多可保存 1 週。

綠荳蔻太妃糖醬

這是我的萬用太妃糖醬。可以淋在蛋糕上，也可以淋在微酸又脆口的蘋果片上，但只要能夠用的地方，我都會派這個太妃糖醬上場。太妃糖濃郁的風味來自黑糖裡的糖蜜。

風味探討

+ 黑糖加熱後就會開始焦糖化。

+ 塔塔粉能夠藉由「轉化」蔗糖，讓它分裂成葡萄糖和果糖，來干擾糖晶的形成，避免糖「再結晶」（recrystallization）。

+ 綠荳蔻要等到最後，醬汁已經稍微降溫之後再加，這樣香料才不會燒焦。

可做 1½ 杯（360 毫升）

黑糖（壓實的）1 杯（200 克）

細海鹽 ¼ 小匙

塔塔粉 ⅛ 小匙

重乳脂鮮奶油 ½ 杯（120 毫升）

無鹽奶油 2 大匙，切成小丁

綠荳蔻粉 ½ 小匙（待續）

做法：

把糖、¼ 杯（60 毫升）清水、鹽和塔塔粉放入中型厚底醬汁鍋，以中大火加熱，邊煮邊攪拌。煮到糖完全溶解，且開始焦糖化，出現深琥珀色。移鍋離火，小心倒入重乳脂鮮奶油拌勻。接著放入奶油丁，攪拌到完全滑順。將做好的太妃糖醬倒入耐熱的廣口玻璃瓶中，讓它稍微放涼到手可以觸碰的溫度。倒入綠豆蔻粉拌勻，加蓋，自然放到涼透。冷藏最多可保存 1 個月。

自製椰棗糖漿

這篇食譜是寫給想自己做做看椰棗糖漿的人看的。

自製椰棗糖漿需要花點時間準備，且椰棗乾，雖然是軟的，但通常很難達到糖漿需要的正確質地。椰棗的果膠含量大約為其重量的 0.5% ～ 3.9%，這就是造成它韌度很強的原因。這個問題可以藉由加一點小蘇打粉、加熱和用高速果汁機攪打來解決。製作過程中，看著椰棗泥的顏色和質地慢慢轉變，會讓人入迷；它會從黏稠、太妃糖色的物質，變成滑順、紅棕色的糖漿。

濃縮糖蜜的時候，不要收的太乾；因為隨著溫度下降，還會再更濃稠，甚至是變硬。如果放涼之後，變得太硬，可

以加幾大匙滾水稀釋一下，或把廣口瓶放入一鍋冒小滾泡的水中，隔水加熱幾分鐘，直到糖漿稍微軟化。

可做略少於 1 杯（240 毫升）

帝王椰棗（Medjool dates）455 克（1 磅）

小蘇打粉 ½ 小匙

35℃（100 ℉）的溫過濾水 4 杯（960 毫升）

檸檬汁或米醋 1 小匙

細海鹽（可省略）

風味探討

+ 小蘇打粉可以溶解椰棗乾的果膠。

+ 加熱和刀片的外力作用有助於打碎椰棗，並增加椰棗的表面面積，讓小蘇打粉方便作用。

+ 一般來說，椰棗乾中都只含有極少量、對酸鹼值敏感的花青素（若和新鮮椰棗相比）。但即便如此，椰棗乾的顏色還是會隨著不同階段的加熱，酸鹼值的變化而改變。這有可能是椰棗乾裡頭殘餘的花青素或其他色素所造成的。小蘇打粉會提高酸鹼值，讓椰棗變成淺太妃糖棕色。當打好的椰棗泥開始加熱後，小蘇打粉會在 80℃（176 ℉）時分解，產生碳酸鈉。碳酸鈉的鹼性比小蘇打粉更強。在鹼性的環境下加熱椰棗泥，可以促進焦糖化和梅納反應，讓椰棗變成深咖啡色，最後變成深藍紫色。等加了酸（檸檬汁或醋）後，酸鹼值會下降，鍋中液體又會變成深酒紅色。建議使用過濾水，因為和自來水相比，過濾水含有比較少的溶解物質（dissolved substances），比較不會干擾小蘇打粉作用。煮的過程請留意椰棗糖漿如何散發出類似烤麵包的甜甜香氣。

做法：

把椰棗乾從中間切開，去掉果核。將切開的椰棗乾切碎，放入中碗裡。撒上小蘇打粉，並用叉子拌勻。

倒入溫水，並用叉子把椰棗乾壓成泥。讓椰棗泥加蓋靜置 30 分鐘；中途偶爾用叉子攪拌一下。

30 分鐘後，椰棗泥會膨脹，變成濃稠有黏性，像湯一樣的糊狀物。用刮刀把椰棗泥刮進果汁機或已經裝了刀片的食物調理機中。用瞬速攪打數秒，至整體呈現滑順的太妃糖棕色泥狀物。把打好的椰棗泥倒入深的中型醬汁鍋內，蓋子半掩，開中大火煮到滾沸。之後轉為小火，繼續煮 30 分鐘，中間偶爾開蓋攪拌一下，需煮到椰棗泥變得很

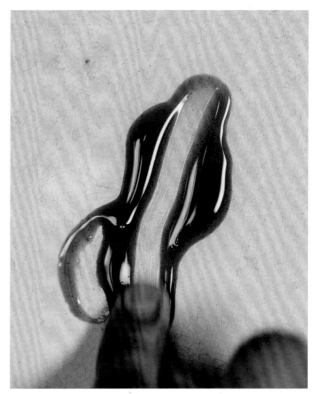

濃稠，且顏色轉為深紅棕色。記得刮起鍋底的椰棗泥，以免燒焦。倒入檸檬汁，整體混合均勻後，移鍋熄火。

在細目網篩內鋪幾層起司濾布，把網篩架在已經插入瓶子或中碗裡的漏斗上。分批過濾椰棗糖漿，盡量壓出液體，並將留在起司濾布上的果肉丟掉。您大約可以得到 2½ 杯（600 毫升）的液體。

把過濾好的液體倒入寬口徑的中型醬汁鍋，用中大火煮到滾沸。之後轉為中火，煮到鍋內液體量剩下 1 杯（240 毫升）左右；煮好的成品應為濃糖漿的質地，且可以巴在金屬湯匙背面或盤子上；當您在巴於湯匙背或盤子上的糖漿畫線時，應該要能留下一條清楚的軌跡，總共需要 25～30 分鐘。如果糖漿放涼後變得太硬，可以加幾大匙滾水稀釋。將煮好的糖漿倒入已經消毒過的乾淨廣口瓶內，拴緊蓋子，冷藏最多可保存 3～4 週。

風味反應

在廚房裡有各式各樣不同種類的風味反應會產生風味分子，其中有一些需要酶（酵素）的助力，有些則不用。

酶是一種蛋白質分子，功用和催化劑一樣，會在細胞內產生作用。它們的英文名稱通常都有後綴「-ase」，如蛋白酶（protease；一種可以分解蛋白質的酶）。舉例來說，蛋白酶存在於未煮過的水果，如木瓜、鳳梨、奇異果、百香果和芒果內；另外，酵母菌也會製造蛋白酶，可以用來軟化肉類和減少起司的苦味。蛋白酶可以讓肉變軟，並產生「肽」，讓肉類有更迷人的風味。

這本書裡所提過的所有感覺，都會受到「酶」反應的影響。有些酶因為可以把酸類轉化為糖類，所以會讓水果在變熟的過程中嚐起來更甜。脂酶（Lipases）是可以分解脂肪分子的酶，也會影響蛋糕體或麵包的質地。乳桿菌屬（lactobacilli）和酵母菌的酸味會因酶而變濃；可以想想酪奶、克菲爾發酵乳、發酵奶油、優格、辛奇（韓式泡菜）、醋和酸種麵包等例子。

此外，酶也和食物的褐變（browning）有關。當桃子切成片或薄荷葉經過搓揉後，組織裡的細胞會產生裂口，釋出一種稱為「多酚氧化酶」的酶，這種酶會利用四周環境中的氧氣，產生核色色素。有幾個方法能減少或避免這不討喜的褐變：無論哪種方法都是阻隔氧氣或殺死酶。

· 柑橘類水果的檸檬酸或抗壞血酸（ascorbic acid，即「維生素C」）可以暫時阻止褐變。您也可以利用醋和鳳梨汁等酸性食材的低酸鹼值。

· 藉由在水果表面裹一層糖漿或將其浸泡在冷水中，來阻隔空氣中的氧氣。但冷凍和冷藏的效果是短暫的，一旦食材回溫，又會開始產生核變。

· 熱能可以破壞酶，把食材放入100℃（212℉）的液體中汆燙，可以殺死酶的活動力。

相較之下，在製作紅茶、咖啡和可可時，反而是引頸企盼這種核變反應；例如，茶菁需經過搓揉，產生酶，才能在製程中讓茶葉變成褐色。

讓我們仔細來瞧瞧一些在廚房中最常發生，能夠產生風味的反應：

脂肪氧化：當脂肪接觸到空氣中的氧氣時，會經歷一些化學變化，這些變化也許是理想的，但也有可能是不受歡迎的。比如說，有時脂肪氧化能在禽肉和其他肉類中產生可口的風味。當紅肉在低溫下熟成好幾個月時，脂肪會和氧氣反應，產生美妙的滋味。牛肉肌肉紋理中的油花和磷脂（phospholipid）會產生「肉香」，在這當中蛋白質、糖類和維生素會促成甜、鹹、酸和苦等味道。

加熱烹煮也有助於脂肪氧化。豬肉若用低於100℃（212℉）的溫度烤，由脂質衍生的分子數量會增加，就能產生愛吃肉的人所鍾情的豬肉特有香氣。油炸時，脂肪的質地和風味會經歷數種改變，而氧化是這些反應中的其中一個關鍵成員。

溫度：食物加熱時，分子會獲得能量，開始震動得比較快，移動速度也會變快；香氣分子會蒸發，以更快的速度傳播到空氣中，而其他比較活躍的分子會撞擊另外一些分子，產生變化，影響食物的外貌和風味。烹煮時的溫度上升，會導致脂質氧化，產生香氣和味道分子；例如牛肉等肉類，經加熱後，維生素B1（即硫胺[Thiamine]）會製造出多種不同的風味分子，產生肉味。

熱能當然和焦糖化與梅納反應有關，這兩個反應都會產生一連串、複雜豐富的風味分子，也能在不使用酶的情況下，讓食物變成棕褐色。

焦糖化：糖經過加熱後，其結晶體會失去結構，化成液體，若繼續加熱，便會開始分解，變成褐色。這個過程就是焦糖化，而且隨著加熱的時間長短，會產生不同深淺的焦糖棕色，別具特色的苦甘味濃淡也會有所不同。當桌糖或蔗糖開始加熱後，會先分裂為兩個成分：葡萄糖和果糖（請參考第199頁「熱椏糖」），接著會形成三種棕色分子 —— 聚焦糖（caramelins）、亞焦糖（caramelens）和焦糖素

（caramelans），還有許多複雜的風味分子，會產生不同味道：硬奶油糖味（聯乙醯 [diacetyl]；另譯為「丁二酮」）、堅果味（呋喃 [furan]）、水果味（乙酸乙酯 [ethyl acetate]）和烤物焦香味（麥芽酚 [maltol]）。焦糖因為含有「乙酸」（acetic acid）也就是醋的主要成分，所以也是酸性，乙酸是焦糖裡其中一種因為化學反應而產生的酸（甲酸 [formic acid] 是另一個）。

顏色越深的焦糖，代表裡頭有越多糖已經被分解了；因此，甜度會降低，苦味會增加。糖在很大範圍的溫度下都能焦糖化，而且糖的結晶無需液化就能焦糖化。當桌糖（蔗糖）受熱時，固體的結晶會開始變成液態，但同時，有些糖結晶裡的糖分子也會開始分解，變成焦糖。焦糖化可能在結晶體分解前就已經發生，但溫度越低，要建立色素和焦糖風味分子的時間就越長。額外添加小蘇打粉等食材到糖裡，因為會提高酸鹼值，所以會加快焦糖化反應的速度。酸類則不會助長焦糖化。

梅納反應：胡蘿蔔在烤箱裡烤時，會產生許多複雜的風味分子；刷上蛋液的小麵包在烘烤時，會產生有光澤的棕色表皮；蛋糕在烤箱烘烤時，會獲得可口的金黃色表面，這些都是「梅納反應」造成的。「梅納反應」是由化學家路易斯・卡米拉・梅納（Louis-Camille Maillard）所發現的過程，雖和焦糖化相似，都與糖和熱能有關，但又有明顯不同。這裡多了新的成員：蛋白質裡的胺基酸。在梅納反應中，「還原糖」（reducing sugars）這種特殊形式的糖，如葡萄糖、果糖、麥芽糖和乳糖會和離胺酸（lysine）等蛋白質裡的胺基酸產生反應，並經歷一連串的改變，進而產生一組複雜的風味物質。

當蛋糕放入設定為180℃（350℉）的烤箱裡烘烤時，其組成分子會開始移動、相互碰面。當麵糊達到140℃（285℉）時，胺基酸會和還原糖產生化學反應，開始一連串的反應，能製造出多種香氣和味道分子，以及褐色色素「梅納汀」（melanoidin），賦予蛋糕風味和金黃色澤。

雖然焦糖化和梅納反應在烹調中，會同時發生在同一食物上，但它們並不一樣，不能混為一談。當糖單獨加熱，或和一點水一起加熱時，因為裡頭沒有蛋白質或胺基酸，所以之後產生的反應是「焦糖化」。但如果您倒了一點重乳脂鮮奶油到已經變成褐色的糖裡拌勻，做成焦糖醬，這就和梅納反應有關了，因為乳蛋白會提供必要的胺基酸。梅納反應有助於巧克力、咖啡、楓糖漿和茶的成色與風味建立，是一種幾乎在全球食品製造和加工業中，都會大加利用的功能。

我做「石榴罌粟籽烤雞翅」（食譜請參考第95頁）時，在雞皮表面加了點小蘇打粉；小蘇打粉是鹼性的，酸鹼值為9.0，所以能夠助長梅納反應，讓雞皮變成漂亮的褐色。同樣的邏輯也可以應用在製作貝果和德國鹼水麵包（pretzel）上，這兩者在放入烤箱前，常常會先在表面噴上或浸泡一下煮滾的鹼液（lye；氫氧化鈉）或小蘇打溶液（無論是鹼液或小蘇打溶液都是鹼性），這麼做有助於麵包形成深褐色表皮。酸類則沒辦法促成梅納反應。此外，梅納反應並不需要非常高的溫度；它在低於水沸點，甚至是室溫等低溫下也可以產生，前提是，要有足夠的糖和胺基酸。然而，梅納反應在風味與顏色上的成效，要在120℃℉（250℃℉）時，才會比較明顯。

梅納反應一定要有水，但少量即可。製作「印度酥油」時會產生梅納反應（食譜請參考第278頁），但同時也有可能會形成令人生厭的風味，加水有助於防止這種不樂見的情況發生。梅納反應是一個需兼具各方的過程：料理中若產生梅納反應，除了上述提過的因素外，溫度和時間也都會影響色素和風味的形成量。如果您用低溫烘烤蛋糕，雖然蛋糕表面最終還是會和用高溫烤一樣，變成金黃色，但上色所需時間就會比較長。

附錄

風味科學的基礎入門

烹飪在本質上是一門需要深思熟慮的科學途徑,從反覆試驗中找出答案,之後再加上我們人類的情感和靠著不斷練習來進步。我總是把做菜視為一項實驗,動機是希望得到樂趣和營養。

無論是杯中的飲用水,或早晨抹在烤麵包片上的奶油,抑或是您擠在沙拉上的萊姆汁或磨碎用來為米飯增色添香的番紅花,上述所有我們用的食材,以微觀的角度來看,都是由會影響我們處理食物方式的小分子所組成的,它們會影響我們所想、所看、所選、所煮、所聞和嘴裡嚐到的味道。在一包熱騰騰、剛炸好的炸魚薯條上淋一圈麥芽醋,能夠增加酸味,這是因為醋裡含有酸分子;烤過的地瓜嚐起來比生地瓜甜,乃因其中的澱粉已經轉化為帶甜味的糖分子;吃到生的塞拉諾辣椒,嘴裡所感覺到的猛烈辣度,來自於會觸發神經的分子;即使是綿滑、有絲絨般口感的優格,其風味和狀態,也是脂肪、蛋白質、糖類、酸類和水(還有其他分子)等多重複雜分子綜合作用之下的產物。

在我們和食物與環境互動時,我們其實是和造成食物與環境顏色、形狀、香氣和味道的分子,以及伴隨而來的聲音互動。我們的大腦會解讀這些交互作用,讓我們做出反應,之後我們就會做出帶著情感和想法的動作。廚房裡一個最簡單的動作,都可能和多種不同的感覺有關。

當我們在擀製做派用的酥皮時,會聞到麵粉和奶油散發出來的味道分子;看到脂肪和水把麵粉變成砂礫般的質地,接著我們會把它整形為柔軟的麵團,放在派盤上。把派放入烤箱,又會聞到穀類、脂肪和糖經烘烤溫熱後,所傳來的新香味,烤好的酥皮嚐起來層次分明又酥脆,微微的甜味裡又透著一絲絲的鹹味。如果您以前是向家人學做派皮的,那這個擀派皮的過程可能會勾起您的回憶,充滿濃濃鄉愁。以我的例子來說,我第一次做派皮是一個人住在宿舍裡的時候,而當時那個慘況在我之後做派皮時,都會立刻跳進我的腦海裡,讓我笑到不能自己。

而每個分子反過來說,也都是由更微小的粒子「原子」(atoms)所組成的。原子間不同的結合方式,能創造出自然界中無數種的分子。雖然我們不是每次都能覺察到,但其實在每次的烹飪過程中,我們都在與它們互動,以及利用它們的特性來煮出好吃的料理。

了解食材裡真正的成分,能讓我們更加洞悉它們的魅力:例如油脂為什麼在常溫下,可能是固體,也可能是液態,或為什麼澳洲青蘋果會同時又酸又甜等。知道食物裡的分子會有什麼表現,可以幫助我們開創掌控風味的新天地,也能精益求精。

讓我們仔細來研究一些廚房裡最常見的食材,就從「水」開始吧。

水

水是地球萬物生存和維持生命不可或缺的要素:全球地表面積超過 70% 都是水,而人體體重中大約有 60% 是水。當兩個氫原子和一個氧原子(此處原文有誤,應該是原子)結合在一起,就會形成一個水分子。水會以幾種形式出現:在海平面的室溫下,淡水是液態的;在冰點時,會是固體;在高溫時,又會轉換為氣體。這些狀態之所以形成,全都是因為分子的排列方式不同,端看它們是多麼鬆散還是緊密地聚集在一起。水被稱為是一個廣用溶劑(universal solvent),因為到目前為止,水能溶解的物質數目,比其他液體多很多。因此,在自然界中,幾乎不可能找到純水。您可以自行觀察看看。接幾滴自來水,並讓它在玻璃表面自然乾燥;依據水的品質,您可能會看到淡淡或明顯、厚厚一層的灰白粉末殘留。這些粉末是水在流出水龍頭前,所遇到且溶解在水中的多種礦物質和鹽類。

我以前常去印度北部「馬圖拉」(Mathura)拜訪我的祖父母,那裡肥皂的起泡程度不如我在孟買自己家裡用時;因為那裡用的是地下水,也就是俗稱的「硬水」。埋

在土壤和地底深處的岩石與礦藏中含有水分，這些水裡溶有大量的鹽類和礦物質，所以成為「硬水」。硬水裡的鈣和鎂離子會讓肥皂很難起泡，只能產生一些浮渣；長期下來，硬水也會在燒水壺、湯鍋和煎鍋底部留下一層鹽（醋等酸類有助於去除這些結晶）。用硬水來做菜，可能會影響食物的味道和質地，特別是影響起司的品質；它也會讓酵母菌在發酵和烘焙時無法正常發揮效用。

根據您的居住地，您所處的城鎮也許會有淨水系統，專責過濾掉大部分的礦物質和鹽類（以及其他如鉛等有害物質），讓水變成「軟水」。這也是我們大部分的人用來做菜的水。完全純淨的水中，除了水外，沒有其他物質。

在我以前工作的實驗室裡，一直都是使用「蒸餾水」，這是一種經過高度淨化的水，因為即使是極少量的化學物質或鹽類，都有可能出現在我們的計量中，影響實驗成果。蒸餾水的形成方式是把過濾水放在一個很大的容器裡煮沸，蒸氣會先蒸發到最頂端，之後再收集起來，分到不同容器裡冷卻（大部分的實驗室會重複操作這個程序兩次，讓水達到完全純淨，這種水稱為「雙蒸水」）。在大部分的情況下，我不建議在家用蒸餾水或雙蒸水。因為我們日常做飯，並不需要這麼高純度的水；而且如果您要這麼做，也許您也需和實驗室一樣，用蒸餾水洗所有烹飪器具，以確保它們完全不會接觸到任何由水帶來的物質。

過濾過的軟水對於酵母菌和其他物質是有益的。硬水中鈣和鎂裡的鹽分會影響一些蔬菜，如乾豆類等的烹煮。豆類含有一種稱為「果膠」的纖維，裡頭有鈣和鎂，會讓它們很難煮熟。使用不含鹽類的過濾水，可以減少烹煮時間（請參考第 292 頁「奶香黑豇豆豆糊湯」和第 144 頁「烤薯條」）。

水能夠溶解物質的能力，來自其不可思議，能夠把自己插在其他分子之間的本領。一個水分子有兩個氫原子，每個氫原子會透過「極性共價鍵」（polar covalent bonds）與一個氧原子連在一起。氫和氧對於共價電子（shared electrons）有不同的親和性（affinities），所以會造成些許的不平衡；氧原子附近有一個部分負電荷，而氫原子附近則有個部分正電荷。此外，在液態的水中，形成一個水分子的部分負電荷氫原子會和另一個水分子裡帶有微量正電荷的氧原子結合在一起，之後它們會形成一個弱氫鍵（weak hydrogen bond）。

當鹽和水混在一起時，因為水的共價鍵（covalent bonds）強很多，會把兩個原子往不同的方向拉，所以把鈉和氯抓住的較弱離子鍵便會分裂。帶正電的鈉會被水中帶負電的氧原子包圍，而帶負電的氯原子則會被水中的氫原子包圍。因此，水會把自己插入鈉和氯離子中間，而鹽就會溶解於水中。因為水把其他分子組成的鍵拉開的能力太強了，所以許多物質，如糖和醋（乙酸）加到水裡就會溶解。這就是大部分的味道分子如何溶解於人類唾液的水中，到達我們的味道受體。

可溶解於水的成分，如糖和蛋白中的蛋白質，具有「親水性」（hydrophilic）。無法溶解於水的成分，如橄欖油和奶油，則被認為有「疏水性」（hydrophobic）；具疏水性的東西會溶解於非極性溶劑（nonpolar solvents）裡，如油畫家用的松節油。非極性溶劑和水無法相容，會分為好幾層。當醋和油混合成油醋醬時，它們最後還是會分成兩層；油會浮到表面，而醋（水相）則會沈到底部。

水在許多與烹飪有關的事項中被用來作為基準。例如，為了要粗略檢查家中料理秤的準確性，我用了兩個以前在實驗室工作時學到的伎倆。首先，要先確認秤子放在平整的表面上（若家裡有木工用的水平儀，可以拿來用）。第二，買個 100 克（3.52 盎司）的小型標準金屬砝碼，然後確認秤子判讀重量是否無誤。另外，測量 100 毫升（3.4液量盎司）過濾或蒸餾過的純水，並秤它的重量。如果秤子是準的，上頭大約會是 100 克（3.52 盎司）。（請容許您的秤子有一點誤差，大部分家用的料理秤，即使是很高級的，精準度也通常不如實驗室用的）。

許多烹飪技巧都仰賴水不變的沸點（100℃ [212 ℉]）；我們用沸水來把蔬菜蒸軟，也用滾水來煮水煮蛋。您可以用下列的方法來測試烹飪溫度計的準確度：當水開始沸騰（大滾）時，在海平面上，您的溫度計指數應該要是100℃（212 ℉）。水在煮沸的過程中，會先出現一些含有汽化水（vaporized water）的微小氣泡，但這些氣泡並沒有足夠的能量可以到達水面脫逃。當水繼續受熱時，會接收到越來越多的能量，所以泡泡就能在固定不變的劇烈速率下，離開水面。

幾個和純水有關，且對料理也許有幫助的數據

沸點	在海平面上為 100℃（212 ℉）
冰點	在海平面上為 0℃（32 ℉）
重量	1 毫升（0.034 液量盎司）重 1 克（0.04 盎司）
純水的酸鹼值	25 ℉（77 ℉）時為 7.0

把洋蔥放入烤箱烤上色時（請參考第 64 頁的「案例研究」），您會開始注意到有些點會上色的比其他部分快；這是因為這些點比較乾，已經失去原有的水分。洋蔥片比較薄的尖端和接近烤箱最熱處的部分，也會受熱較快，最先失去水分。

若把水和其他物質比較，會發現有點不尋常：它需要相當大的能量才會變動一度（溫度）。水特有的熱能是自然界中最高者之一；需要 1 卡的熱能才能讓 1 克（0.035 盎司）的水升高 1℃（33.8 ℉）。這就是為什麼水在烹煮過程中，能夠吸收許多熱能。只要有過量的水存在，它就會盡其所能把所有熱能吸走，讓所有食材都維持在它們的沸點上（如熬煮高湯或煮湯時）；當水開始蒸發和減少時，其餘食材的溫度就會開始上升。

您的居住地也會影響水的沸點。在海拔高於 914.4 公尺（3000 英呎）處，氣壓會開始下降，水的沸點也會跟著下降。從海平面每上升 152.4 公尺（500 英呎），水的沸點就會下降 -17.2℃（1 ℉）。試著這樣想想：如果您用最大的力氣和壓力壓一塊柔軟的泡棉，它會被壓扁；當您開始把手放開，減輕壓力時，泡棉便會開始延展。

相同的道理：氣壓在高海拔的地區比較低，是因為那裡的空氣比較少，所以能施壓在水平面上的壓力就比在海平面上的小很多；因此，水在比較低的溫度就會滾沸。請注意一個重點，像這樣的溫度是不足以殺死有害的微生物和把食物煮到理想質地的。因此在高海拔製作罐頭或烹煮食物時，您需要煮久一點。另外，因為高海拔地區的濕度也比較低，所以您會注意到食物很快就會乾掉。壓力鍋等器具有助於減少這樣的問題，因為它能在密封的容器中，提供穩定的高壓。

鹽和糖會影響水滾沸（水裡有越多鹽或糖，沸點就越高）或結凍（水裡有越多鹽或糖，冰點就越低）的溫度；這個情況我們可以在冰淇淋和雪酪上看到。老式的冰淇淋機會有一個桶，裡頭裝了做為冰淇淋基底的蛋奶醬，之後這個桶會緊緊地插進另一個更大、裝有冰和鹽的桶中。鹽會降低水的冰點，讓蛋奶醬的溫度能夠降低到結凍變硬。這是有必要的，因為冰淇淋（雪酪）裡有會降低冰點的鹽、糖和其他物質，所以只有在冰桶裡的溫度真的夠低時，冰淇淋才會結冰。製作糖果用的糖或焦糖時，我們一開始會在大量的糖裡加少量的水，接著您會發現，在持續加熱的情況下，液體的溫度會上升到超過水的沸點。

我祖母在熬高湯時，會把肉和骨頭與大蒜、洋蔥、香草和香料一起放入一大鍋水中，細火慢熬。當水冒滾泡時，會引出食材中的不同分子，如蛋白質、糖類和鹽類，讓高湯滋味越來越豐足。誠如我們先前所見，有非常多的分子都能輕易溶解於水中，這是大自然中其他液體都做不到的，也讓水有的「廣用溶劑」這個恰如其分的綽號。味道中有很大一部分需要靠食物分子溶解於唾液裡的水，這樣才能揭曉關於藍莓甜味和醃鮭魚片上酸豆鹹味的資訊。

碳

如果您在湯匙裡裝一點糖，放在明火上加熱，糖會從白色結晶體轉變為深棕色的液體，最後會焚化，產生堅硬的黑色物質：碳。地球上的所有生物，從人類到全部的動植物，都是由碳基（carbon-based）分子組成的。碳就像是您學校裡人緣超級好，幾乎可以和所有人做朋友，而每個人也很樂意與他為友的風雲人物一樣。碳這種可以與其

他元素，甚至是碳本身「交朋友」或形成連結的特殊能力，可以產生各種長度的「鏈」（chains）和環（rings），這是一種稱為「串聯」（concatenation）的屬性。

一個單獨的碳原子必須形成四個連結才會穩定；這些連結可以是碳和碳之間，也可以是碳與其他元素，如氧、氫、氮和硫。這樣會形成構建有機生物體的各種不同分子組元；因此，除了水和一些礦物質，如鈣和鎂以外，幾乎所有我們吃的食物都屬於碳基。有機化學和生物科學是科學的分支，專門研究碳基分子；您會聽到人們用「有機」這個詞來形容某些食材，如烹飪用的酸類，如醋和檸檬汁，就被稱為「有機酸」（organic acids）。

我們的食物裡含有許多不同種類的碳基分子：穀物、水果和澱粉類蔬菜中的碳水化合物；酪梨、堅果、種籽、奶製品和肉中的油脂（統稱為脂質 [lipid]），或豆類、蛋類、乳製品、肉類和海鮮裡頭的蛋白質。我們會大量攝入碳水化合物、油脂和蛋白質等「主要營養素」（macronutrients；又稱「巨量營養素」），以維持人體運作。其他的物質，如硫、鐵、鈣和鈉等礦物質與維生素（如維生素 B 群和維生素 C[抗壞血酸 ascorbic acid]）則稱為「微量營養素」（micronutrients），它們也存在於食物中，但我們只需攝取少量就已足夠。

除了提供能量與維持人體日常機能運作和需求外，這些營養素在某種程度上，幾乎都和風味方程式有關。某些維生素和礦物質，如鎂（植物綠色色素「葉綠素」裡的成份）是負責食物的顏色；碳水化合物包含蜂蜜和楓糖漿等糖類，能為食物提供甜味；澱粉則與食物的質地有關，如馬鈴薯泥與蔬果裡的纖維。

蛋白質能造就許多種不同的味道，而麩胺酸鹽則和鮮味有關。油脂是炸食物時不可或缺的食材，也能讓優格等食物有豐醇絲滑的口感。我們感受沙拉入口的觸覺，及其形狀和顏色，或蛋糕的香氣與味道的方式，都和專職、類似感應器的細胞「受體」間交流有關；這些受體分布在人體的鼻子、嘴巴、眼睛、耳朵和皮膚表面，而且會透過化學物質與大腦溝通。我之前提過有機酸，另外還有「核酸」（nucleic acids）。這兩者在「酸味」和「鮮味」上，扮演重要的角色。醇類是另一群特殊的有機體，但我們只食用其中的「乙醇」（ethanol）。

碳水化合物與糖類

因為我非常愛吃甜食，所以我和碳水化合物之間有特殊的情感，無論是新鮮的當季水果或我最愛的冰淇淋。碳水化合物（或醣類 [saccharides]）是由糖類分子所組成的（易懂的名稱）。而糖類則是由碳（C）、氫（H）和氧（O）原子組成。碳水化合物包含簡單糖類（simple sugars）或比較複合式的糖類，如澱粉。任何由人體執行的行動都需要能量，誠如車子需要汽油（或電力），糖就是我們最主要的燃料來源。

糖類可以歸類為單醣（monosaccharides），裡面只有一個糖分子，如蜂蜜中的果糖；雙醣（disaccharides）是兩個單醣結合在一起，如奶類中的乳糖；另外還有多醣（polysaccharides），像是澱粉，多醣中有好幾個糖分子相連。把兩個或以上的糖分子連接在一起的鍵稱為「糖苷鍵」（glycosidic bond）。

我們都知道，糖類有甜味，但有些碳水化合物，像是澱粉，一定要靠唾液中的「澱粉酶」分解之後，我們才能嚐到它的味道。多醣，如植物中的澱粉或動物裡的「肝糖」（glycogen），則擔任能量商店的角色；只要身體沒力、能量不足的時候，它就會召集「存貨」。有些多醣能提供結構完整性，如植物裡的「纖維素」（cellulose）（是我們所吃的蔬果中的一種膳食纖維），纖維素在某些動物體內也找得到。例如，螃蟹等甲殼動物就會運用一種稱為「甲殼素」（chitin）的分子，來製造外層的硬殼。

糖類除了能提供甜點甜味以外，還有助於在焦糖化和梅納反應中建立風味複合物和色素，也能幫助質地的構建，如蛋糕的表層和冰淇淋柔軟的口感。由細菌和酵母菌所產生的糖類發酵，會產生酒精和醋。洋菜（Agar）是一種海藻類多醣體，大部分由半乳糖（galactose）分子組成，被用來當成食物的增稠劑和固化劑。蘋果和橘子等水果含有多醣果膠，有助於柑橘類果醬、其他水果果醬、果凍和派餡凝結，也可以當成乳化劑（請參考第 315 頁「黎巴嫩蒜蓉醬」）。

胺基酸的風味輪盤

在我們使用的 22 種胺基酸中,只有 20 個被人體 DNA 中的基因編碼。底下是它們的風味檔案。

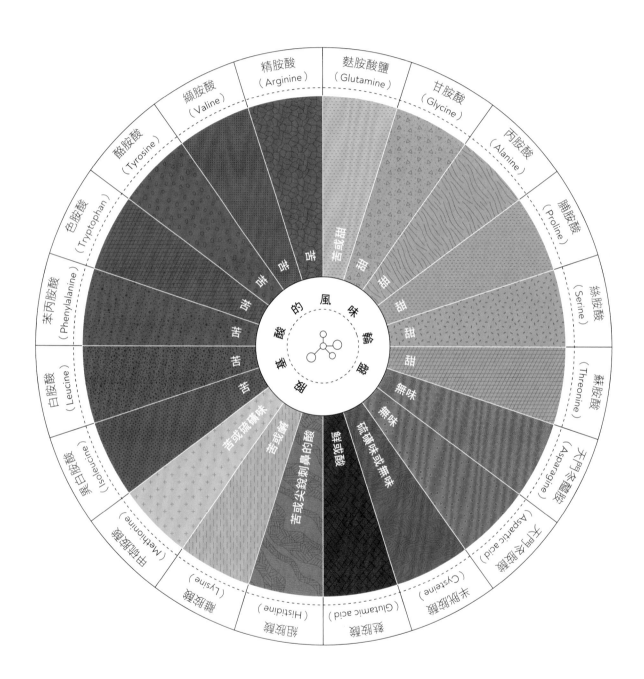

胺基酸、（胜）肽（Peptides）和蛋白質

到了冬天，我最想吃的就是一碗來自我奧蘭多家附近餐廳的現煮熱騰騰拉麵。每一匙都是驚奇的鮮鹹組合，再加上一絲絲甜味與叉燒片和拉麵所帶來的各種不同口感。這碗湯之所以這麼鮮，絕大部分要歸功於胺基酸。

胺基酸

胺基酸是構成蛋白質分子的基本單位。每個胺基酸都是由氮用胺基（-NH₂）的形式和羧酸基（carboxylic acid group；-COOH）（請參考第 331 頁「碳」）所組成。胺基酸存在的構型有兩種：L 型和 D 型，這兩種形式是根據胺基和羧酸基如何繞著中心的碳原子排列。在自然界中，以 L 型居多，但有些細菌能合成一些 D 型胺基酸。人類只能合成和使用 L 型的胺基酸。

自然界中的胺基酸數量，超過 500 種，但我們人類只使用 22 種。我們人體能合成的胺基酸稱為「非必需胺基酸」；10 種人體無法合成，必須由食物中攝取的胺基酸稱為「必需胺基酸」。胺基酸的另一種分類方式是根據出現在 R 基中的成分──R 基是任何透過碳或氫原子附著在其他分子上的化學基（以胺基酸「丙胺酸」為例，氫附著在胺基酸分子的一般結構上）。

根據 R 基中的成分，胺基酸可分為非極性（nonpolar）、極性、鹼性（它們的 R 基帶有一個正電荷）或酸性（因為多一個羧酸基，所以它們的 R 基帶有多個負電荷）。R 基的種類會影響蛋白質如何折疊（fold）和表現。非極性胺基酸不喜歡水（屬疏水性），極性胺基酸則喜歡水（屬親水性）。酸性和鹼性胺基酸的表現會依據環境中的酸鹼值而改變。

我們的味覺受體是由長得很像蛇的長鏈蛋白質組成，這條「蛇」有些部分的表面具有高比例的疏水性胺基酸，這些部分是嵌入在脂質（請參考第 335 頁「脂質」）內，是我們細胞膜的一部分，而含有比較多親水性胺基酸的表面則會暴露在細胞膜的側邊，和水接觸。含有「硫」（S）的胺基酸只有兩種：半胱胺酸（Cysteine）和甲硫胺酸（Methionine）。半胱胺酸是大蒜、洋蔥和其他蔥屬植物之風味和氣味複合物的起始材料；甲硫胺酸則是當我們的細胞在製造肽或蛋白質時，第一個會產生的胺基酸。

游離胺基酸（Free amino acids）有助於味道形成，尤其是在富含蛋白質的食物中，如肉類和起司。「麩胺酸鹽」這種胺基酸負責鮮味（請參考第 205 頁「鮮味是如何形成的」）。甘胺酸（Glycine）和丙胺酸（Alanine）會讓人覺得有「甜味」，而色胺酸（Tryptophan）和酪胺酸（Tyrosine）則有苦味。離胺酸（Lysine）是食物受熱發生梅納反應時的一個關鍵因子；在同時含有糖和蛋白質的食物中，離胺酸會和葡萄糖和果糖等「還原糖」（reducing sugar）產生化學反應，因而產生一組複雜的風味分子，或甚至是一些棕色分子，稱為「色素」，例如會讓蛋糕經烘烤後，表面呈現金黃色，或讓牛排在熱鍋裡煎封過後，表面變成棕色。

備註：必需胺基酸是我們人體不能合成的，所以必須從膳食中攝取。非必需胺基酸則是人體可以自行製造的。在某些情況下，如生病時，人體將無法合成某些非必需胺基酸，這些特定的胺基酸稱為「條件式非必需胺基酸」（conditional nonessential amino acids；也稱為「半非必需胺基酸」）。（這裡有點怪怪的，因為我查中英文資料，這類的胺基酸通常是稱為「條件式必需胺基酸」[conditional essential amino acids]。這種胺基酸原本是非必需胺基酸，但人體因疾病等原因，而無法自行合成，或合成量遠不及需求量，所以需要額外補充。）

肽

胺基酸之間靠著形成一條化學鍵「肽鍵」（peptide bond）來彼此連接。肽鍵介於胺基與羧酸基之間，會形成許多不同長度的鏈，這些鏈稱為「肽」。肽可以很短，如寡肽（oligopeptides）上頭只有 2 ～ 20 個胺基酸；也可以很長，如多肽（polypeptides）上頭有超過 20 個胺基酸。麩胱甘肽（Glutathione）是一種短的寡肽，由 3 個胺基酸組成：半胱胺酸、甘胺酸和麩胺酸鹽，可以強化鮮味與鹹味綜合之後的味道，也就是所謂的「厚味」（kokumi taste，請參考第 50 頁。）

蛋白質

蛋白質是大的分子，比肽長很多，由長的多肽或幾個靠著化學鍵（如介於含硫胺基酸間的雙硫鍵 [disulfide bonds]）彼此連接的多肽組成。以酶的形式存在的蛋白質，其功用是催化劑，能夠啟動生物反應：唾液中的「澱粉酶」可分解澱粉；酵母菌裡的「乙醇脫氫酶」（alcohol dehydrogenase）會從葡萄糖中製造酒精。有些蛋白質則能提供細胞和組織的結構完整性，如肌動蛋白（actin）和肌凝蛋白（myosin）能讓肉裡的肌肉組織有結實的質地。

案例分析：蛋白質變性與起司製造

　　印度家常起司（Paneer）是經典、無鹽的「印度版茅屋起司」，透過加熱牛奶並在其中放入酸類（請參考第 61 頁）而製成。牛奶中的蛋白質在形狀方面，會經歷劇烈的變化；它們會「變性」（denature），分離成大量白色碎粒和淺綠色的液體——乳清。在大部分的情況下，自製的印度家常起司都很適合撥成小塊放入沙拉中，也可以整形成一大塊再切，只是如果用刀切，這種柔軟的起司很容易散開。雖然這是一種最簡單的自製起司，我在家也常做出很美味的印度家常起司，但質地就是不如市售的結實，無法輕易切成適合烤肉串的完整片狀。

　　在做了許多研究後，我發現答案在於乳品的種類，以及它們之間的化學差異。牛奶中的鈣質含量比水牛奶的少，所以會影響印度家常起司的品質。要做出有硬實質地的印度家常起司，我需要增加奶液中的鈣質含量。因此，我用了食品級的氯化鈣，這是一種鈣裡的酸式鹽（acidic salt），可以造成低酸鹼值（以氫離子的形式），也有助於蛋白質變性。

　　印度常用的水牛奶，總鈣質含量為 0.19%，而在商業製造印度家常起司時，水牛奶的建議加熱溫度為 95℃～118℃（203 ℉～244.4 ℉）。而牛奶的總鈣質含量為 0.12%，在商業製造印度家常起司時，牛奶的建議加熱溫度為 80℃～85℃（176 ℉～185 ℉）。

印度家常起司

硬實版：在 1.9 公升（½ 加侖）的全脂牛奶中，加 ½ 小匙（2 克）的氯化鈣，並用中火加熱到 85℃（185 ℉）。移鍋離火，倒入 2 大匙現榨檸檬汁。在細目網篩上鋪起司濾布，將鍋內液體倒進網篩中，過濾出鍋中結塊的乳蛋白。用自來水沖洗幾次過濾出的乳蛋白，把濾布兜攏，用力擠乾所有水分，接著將濾布和裡頭的印度家常起司一起晾在碗上，於室溫下靜置 1 小時。自碗上取下濾布，拿重物（如荷蘭鍋）壓在布上 1 小時。從布上取下已經壓乾脫水的起司，並隨需求切整。做好的印度家常起司收進密封容器裡，冷藏最多可保存 3 天，冷凍則最多可放 3 週。此份量可做出 280 克（10 盎司）的印度家常起司。

柔嫩版：1.9 公升（½ 加侖）的全脂牛奶直接和 ½ 杯（120毫升）現榨檸檬汁混合（不加氯化鈣），其餘步驟相同。可做出 250 克（8¾ 盎司）的印度家常起司。

其他的蛋白質會形成人體體內受體，受體能透過相當複雜的通訊途徑，幫助我們感受光線、聲音、香氣、味道和疼痛。

當我們喝下一杯冰涼的檸檬水時，舌頭表面特定細胞的受體會把飲料裡的酸和糖結合在一起，告訴我們這杯飲料嚐起來有多酸和多甜；另一組不同的受體會覺察並感受到飲料冰涼的溫度。關於蛋白質的事實：當人體處於極度飢餓，已耗盡先前保留做為能量的碳水化合物與脂肪時，在萬不得已的情況下，就會開始消耗蛋白質（我們自己的肌肉組織）。

蛋白質很挑惕，所以即使它們的分子形狀只有很微小的改變，也會造成表現和功能的劇烈變動。溫度的變化、醋等酸類帶來的低酸鹼值、過多的鹽、紫外線和甚至是外力干擾，都會造成蛋白質改變形狀。這種變動，稱為「變性」（denaturation），和線圈或彈簧被外力拉了之後會延伸一樣。我們在烹飪的時候，會充分利用這個特性。做「蛋白霜」（meringue）時，蛋白和糖需快速攪打，讓蛋白質能受力而得到延展，形成輕盈、充滿空氣的質地（請參考第 196 頁「薄荷棉花糖」）。另一個變性的例子發生在我們輕輕將蛋液攪入熱高湯時（請參考第 255 頁「滿洲湯」）；雞蛋裡的蛋白質會迅速變性，形成「絲線」狀，讓湯有了獨特的質地。

您可能看過食譜裡要求用某些種類的新鮮水果來軟化肉類，如無花果、鳳梨、木瓜或芒果（甚至是乾燥的印度芒果粉，請參考第 159 頁「印度芒果粉香料煎雞肉沙拉」）。這些水果都含有蛋白酶，可以切斷肌肉組織內蛋白質裡的肽鍵，讓肉更可口好嚼。備註：只有生的水果有這種功用，因為這些酶遇熱就會受到破壞，所以請不要用罐頭鳳梨。

脂質（Lipids）

我喜歡把酥脆的薯條蘸著美乃滋吃，因為美乃滋綿滑的質地在風味與口感上能和薯條形成讓人興奮的鮮明對比。薯條和美乃滋的質地都歸功於油脂，油脂屬於一種特殊的主要營養素——脂質。脂質包含油脂、脂溶性維生素（如維生素 E）、一些色素（如 β- 胡蘿蔔素）、膽固醇，甚至是蠟。這裡，我們把重點放在脂肪和油。

我需要深入多談一點油的結構，因為它會影響油脂的行為表現，最終將影響我們的烹飪成果。例如，脂肪的分子結構將決定為什麼在室溫下，奶油是固體，而芝麻油是液態。

一種脂肪或油，稱為三酸甘油酯（Triglycerides），是由兩種分子組成：其一是三種脂肪酸，當中每一種都是長鏈的碳（C）和氫（H）原子附著在羧酸基（-COOH）上，羧酸基同時也是界定有機酸的化學基團；另一個分子是水溶性的醇類——甘油（glycerol，即「丙三醇」）。因為長鏈的脂肪酸不溶於水，所以這種脂肪酸具疏水性或稱具「親脂性」（lipophilic；喜歡油脂）。

讓我們來看一下脂肪酸。脂肪酸有各種不同的形狀和大小，會影響油脂的行為和屬性。如果脂肪酸鏈上的所有碳原子都被氫原子填滿了，就會形成飽和脂肪（saturated fat）。如果脂肪酸鏈上有一個或多個碳原子未被氫原子完全填滿，就會在鄰近的碳原子上形成「雙鍵」（double bonds），變成「不飽和脂肪」。飽和脂肪是穩定的，不會輕易與空氣、水，甚至是陽光互動作用。

相較之下，不飽和脂肪的反應稍微多一些，也比較不穩定；其所包含的雙鍵會讓它們容易酸敗。這就是為何富含不飽和脂肪酸的油品需要儲存在遠離陽光的地方，且需密封以避免接觸到空氣。穀物粉、堅果和種籽裡的油都很多，所以為了要延長它們的保存期限，避免變質，應該冷凍保存。脂肪在室溫下之所以是固體，乃因它們富含飽和脂肪酸，只含有少數甚至無不飽和脂肪酸；油在室溫下是液態，這是因為它們通常含有大量的不飽和脂肪酸。

如果脂肪酸鏈上只有一個不飽和鍵，則稱為「單（元）不飽和脂肪酸」（monounsaturated fatty acids；MUFAs）；若有一個以上的不飽和鍵，則稱為「多（元）不飽和脂肪酸」（polyunsaturated fatty acids；PUFAs）。這些不飽和雙鍵會在其他脂肪酸分子線性鏈上造成糾結，所以分子可能會在此處彎曲；如此一來，會讓油脂在室溫下變成液體，就像我們所看到的橄欖油和芝麻油一樣。當雙鍵兩頭的碳鏈都指向同一方向時，它們被稱為「順式不飽和脂肪酸」（cis-unsaturated fatty acids）；當兩個鏈指向相反方向時，則是「反式不飽和脂肪酸」（trans-unsaturated fatty acids）。我們身體裡主要都是順式不飽和脂肪酸，只有眼睛裡的視黃酸（retinoic acid）是人體內唯一的一個反式不飽和脂肪酸。

請注意有些不飽和脂肪酸的熔點若和第 337 頁表格中的飽和脂肪酸相比，是非常低的；比平均室溫（23℃ [73.4 ℉]）還低。大部分的油脂，包含我們烹飪用的種類，裡頭都混有各種不同比例的飽和脂肪酸與單元不飽和脂肪酸及多元不飽和脂肪酸。因此，許多植物性油脂，如橄欖、芥花和核桃油在室溫下是液態，因為它們含有高比例的不飽和脂肪酸。大部分的動物性油脂，如奶油和豬油，以及一些植物性油脂，如椰子油，被認為含有比較多的飽和脂肪酸，所以在室溫下是固體。像橄欖油或核桃油等在室溫下或低於室溫時仍保持液態的油脂，是製作油醋醬等沙拉醬的絕佳選擇，因為它們不會像奶油或印度酥油一樣，一遇到冰涼食材，就凝結和產生不討喜的結塊，所以能在舌頭上留下滑順如絲綢般的口感。

在觀察到飽和脂肪比較耐放，不似不飽和脂肪容易壞之後，科學家研發了一種稱為「氫化」（hydrogenation）的技術，來避免不飽和脂肪酸變質。這個技術的假定相當簡單：加氫來填滿脂肪酸鏈上的雙鍵，讓它變飽和。然而，在這個過程中，有些順式不飽和脂肪酸不會變飽和，相反地，它們反而變成反式。當您看到食品標籤上寫著「部分氫化油脂」（partially hydrogenated fats）時，這表示裡頭同時有順式和反式不飽和脂肪酸。由於它們在雙鍵周圍的結構，順式不飽和脂肪酸經壓縮後不容易壓實，所以會產生流動性。相比之下，反式脂肪則有比較僵硬的結構。反式不飽和脂肪酸（更常稱為「反式脂肪」）之所以被認為不健康的原因之一，是因為我們的細胞膜含有順式不飽和脂肪酸；如果反式脂肪酸取代了它們，細胞膜就會失去流動性而破裂。

就像胺基酸（請參考第 333 頁）依據人體是否可以自行合成或從食物中攝取，分為必需和非必需一樣，人體也可以合成飽和脂肪酸和一些單元不飽和脂肪酸。但是，人體缺乏某些特定的酶（請參考第 333 頁「蛋白質」），所以無法生成亞麻（linoleic）脂肪酸和 α - 亞麻（alpha-linolenic；ALA）脂肪酸所需的順式雙鍵。因此，必須從食物中攝取。

有些油脂帶有獨特的味道，所以油炸和調味時需慎選用油，否則會大大影響成品風味。橄欖油和芥末油會在食物上留下很明顯的味道，而其他的，如葡萄籽油，則被認為是中性油，沒有特殊味道。大部分的不飽和脂肪酸如果在水中乳化後，嚐起來會比較苦；有些甚至嚐起來很嗆。油炸時，不只是要了解油脂的熔點，另一個同樣很重要的是知道到達什麼溫度時，油脂會開始分解燒焦，此現象稱為「發煙點」（請參考下頁表格）。把油脂加熱到超過發煙點不只是很危險（可能導致火災），也會在食物上留下不好的味道，因為油脂分解成了一大堆化學物質。

油脂是重要的能量來源，比儲存在碳水化合物中的能量多出兩倍以上。事實上，一旦身體耗盡所有現成的糖時，就會開始消耗脂肪，以取得能量。脂肪和油同時都和舒服絲滑的質地有關，也會帶來不同種類的風味，如印度料理中所用的嗆鼻芥末油，和地中海及中東地區所使用的果香橄欖油。油脂的密度也比水稍小，是造成油會浮在油醋醬（以水為主）頂端的原因。（在室溫下 [25℃ /77 ℉]，水的密度是 1.0 克 / 立方公分 [62.24 磅 / 立方英呎]；油比較輕，密度約為 0.91 克 / 立方公分 [58.81 磅 / 立方英呎]）。

脂質不僅能提供一些令人空前滿足的口感體驗，如稠滑和酥脆，也有助於溶解幾種味道和香氣分子。肉中的脂質與雞骨高湯和豬肉經烹煮後，所形成的多種風味分子有關。脂質同時也會帶出多種由植物產生的色素，如胡蘿蔔和蛋黃裡的類胡蘿蔔素（carotenoids）（包含雞在內的動物，會從其以植物為主的膳食中攝取到類胡蘿蔔素，所以產出的蛋，蛋黃會是黃色。）

脂質同時還包含另一個重要的食物分子——磷脂（phospholipids）。磷脂是細胞膜的組成基石，就像衣夾一樣，兩端有疏水的脂肪酸分子，稱為「尾巴」（the tails），另外連著一個稱為「頭」（the head）的輕水性磷酸基（phosphate group）。大豆和蛋黃裡的卵磷脂，或許是最廣為人知的磷脂。卵磷脂因為含有兩個疏水的（親油的）尾巴，以及一個親水的頭，所以可以擔當中間人，穩妥地把脂肪和水分子抓在一起，形成乳濁液。這就是美乃滋成形技巧背後的基本原理。

核酸

在我們的細胞深處存在著稱為「核酸」的長鏈。這些長鏈的重要性非比尋常，因為它們能攜帶和傳送基因資訊並參與蛋白質的製造。（我們很快就會看到核酸如何造就風味。）就實質上來說，核酸是一個由許多單位元——核苷酸（nucleotides）組成的聚合物。

烹飪用油脂

常見烹飪用油脂的發煙點和物理及化學變化摘要

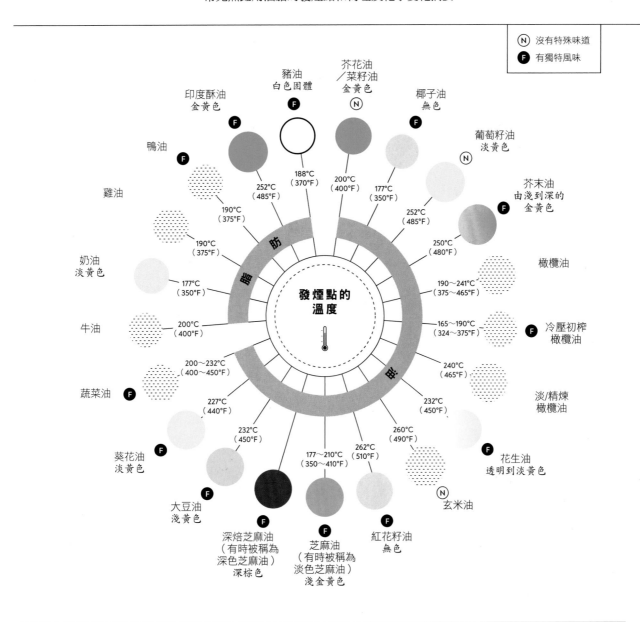

每個核苷酸都依附在一種糖（有 5 個碳原子，稱為「戊糖」[pentose]）、一個磷酸基和一個含氮鹼基（nitrogen base）上。

我們的細胞裡有兩種略有不同的核酸：脫氧核糖核酸（deoxyribonucleic acid；DNA）和核糖核酸（ribonucleic acid；RNA）。DNA 裡的糖稱為「脫氧核糖」（deoxyribose）和 RNA 裡的糖「核糖」（ribose）不同，前者缺乏「羥基」（hydroxyl group，也稱為「氫氧基」）（-OH）。為了要分辨這兩種核酸，把「d」寫入名字中，表示存在於 DNA 中的脫氧核糖，而名字裡若沒有「d」則代表存在於 RNA 中的「核糖」。含氮鹼基有五種：腺嘌呤（adenine）（A）、胞嘧啶（cytosine）（C）、胸腺嘧啶（thymine）（T）、鳥嘌呤（guanine）（G）和尿嘧啶（uracil）（U）；DNA 裡有 A、C、T 和 G，而 RNA 裡有 A、C、U 和 G。單一的核苷酸有時被稱為 RNA 裡的「腺苷酸」（adenylate）或「5'- 腺嘌呤核苷酸」（adenosine 5'-monophosphate）；或 DNA 中的「脫氧腺苷酸」（deoxyadenylate）或「脫氧 5'- 腺嘌呤核苷酸」（deoxyribose adenosine 5'-monophosphate）。

含氮鹼基非常重要，因為它們在 DNA 上的排列方式會決定我們的基因。RNA 和一組複雜的蛋白質機制會穿過 DNA 鏈（strands）來讀取和轉錄（transcribe）資訊，最終產生蛋白質。這些蛋白質之後會被送到人體細胞並組成我們的受體，如眼睛裡的光線感覺受體、鼻腔內的香氣受體、舌頭上的味道受體和覺察到食物重量和質地的感覺受體。其他的蛋白質，如酶，會幫助我們消化食物。核酸

除了能產生多種風味分子，如會影響風味的胺基酸、蛋白質和酶機制外，也會直接促成味道；做為味道分子，核酸在鮮味上具有舉足輕重的地位。

要了解核酸如何做為味道分子，讓我們以香菇為例來簡單看一下鮮味。游離麩胺酸鹽和 RNA 中的三個核苷酸：腺苷酸（adenylate；AMP）、鳥苷酸（guanylate；GMP）和肌苷酸（inosinate；IMP）都能產生鮮味。即使肌苷酸並不存在於核酸中，但它能夠促成 RNA 所需要的腺苷酸和鳥苷酸。在肉品工業中，肌苷酸被用來當成風味增強劑，讓我們能感受到更多鮮味，也能讓食物有肉香。在新鮮的香菇中，麩胺酸鹽和鳥苷酸的含量都非常低，但一旦曬乾之後，這兩者的量就會劇烈增加（請參考第 341 頁的表格）。當香菇在乾燥時，它的細胞會開始脫水，造成香菇菇體萎縮。名為「核糖核酸酶」（ribonucleases）的特定酶，會開始分解 RNA，釋出鳥苷酸，造成鮮味分子大量增加，讓乾香菇的鮮味比鮮香菇濃許多。這也是為何用乾香菇來增加菜餚風味，比較適合的原因。

腺苷酸、鳥苷酸和肌苷酸也可見於其他食材，如鰹節、鯷魚、干貝和魷魚。麩胺酸鹽和這三個核苷酸如果在同一菜餚中出現時，會產生加乘作用，讓整道菜充滿濃濃的鮮味（請參考第 213 頁「虎皮獅子唐辛子／帕德龍小青椒佐柴魚片」）。若您想讓料理有深厚濃郁的鮮味，請添加富含麩胺酸鹽和含有一或多種上述核苷酸的食材。麩胺酸鹽的總量看起來像是增加了，這是因為每個單位的香菇重量增加。

簡介風味背後的生物學

打開任何一本料理書，您都會發現食譜會提供說明，要求您想清楚及記下每一個步驟所發生的變化，以及您的感受。觀看一場料理秀時，您的心思會踏進興奮與驚奇的世界。到餐廳吃飯時，您的心神會馬上被環境、餐點，或許還有與您同桌的人迷住。生物學在料理與飲食中，扮演了不可或缺的角色，在所有與風味有關的討論中，知道事物為何和如何運作很重要。

我們能夠覺察平日所食和環境之間，在不同感官層面上的關係，這是人體最非凡的屬性之一，也是我們常常忘了

珍惜的部分。到了農夫市集，您會看到熙熙攘攘的熱鬧景象、聽到吵雜的聲音，並且感受到各種驚奇。竹簍中不同種類柳橙的顏色與味道、一堆堆上頭佈滿芝麻和罌粟籽的新鮮麵包、在小小的港式點心攤裡，炙熱的中華炒鍋裡正冒著爆炒青蔥與生薑的香氣。您的感覺會開始影響動作，兩者同時並迅速地運作，轉換外在環境的信號，並將它傳送到大腦，接著大腦便會解讀這些信號，告訴您如何反應。

這個複雜機制裡的不同部分和成分，形成了軀體神經系統（somatic nervous system）的一部分。

人體有特殊的感覺器官，上頭佈滿了微小的受體，可以偵測到環境裡的物理和化學變化，我們稱這些環境變化為「刺激」（stimuli），如聲音、光線和質地，以及食物裡的香氣和味道分子。這些受體細胞雖然體積很小，但威力相當大，馬上就能把環境與食物中的物理和化學刺激轉換成電化信號（electrochemical signals）。這些受體附著在貫穿全身的神經上，並直通大腦，就像是筆電鍵盤的金屬絲，穿過了筆電，把資訊傳給晶片。大腦處理了神經傳來的電化信號後，會向人體解釋「刺激」的內容，並啟動情感，所以我們馬上就會知道自己喜歡或不喜歡這個「刺激」。這個資訊的大部分也會以記憶的形式儲存於大腦中；如果我們再度碰到一個食物，就可能會激起回憶，但這種記憶也會訓練我們，遠離有害的刺激及愛惜有益的。

一些常見的烹飪用澱粉（依種類排列）以及它們的屬性

在液體處於「開始」變稠的溫度時，找出烹飪用澱粉，並把它加進正在使用的液體中。

常用烹飪澱粉	種類	稠化溫度（起始與結束的溫度）	直鏈澱粉（％）	一些應用
玉米澱粉	穀類	62℃～70℃（143.6℉～158℉）	28	增稠劑、炸物外層粉衣
米	短梗（蠟質型米）	55℃～65℃（131℉～149℉）	1	米澱粉可當增稠劑
	長梗（澱粉型米），如印度香米和泰國香米	60℃～80℃（140℉～176℉）	73.24	
	糯米（泰國糯米）		幾近0%	
燕麥	穀類	56℃～62℃（132.8℉～143.6℉）	27	增稠劑
麥	穀類	53℃～65℃（127.4℉～149℉）	26～31	麵粉可當增稠劑
葛根	根	63.94℃（147.1℉）	25.6～21.9	增稠劑
地瓜	根	60℃～75℃（140℉～167℉）	18	涼拌韓式冬粉「雜菜」
木薯（樹薯）	根	52℃～64℃（125.6℉～147.2℉）	17	增稠劑、珍奶裡的粉圓、布丁
馬鈴薯澱粉	塊莖	58℃～66℃（136.4℉～150.8℉）	23	增稠劑
山藥	塊莖	74℃～77℃（165.2℉～170.6℉）	22	磨成粉可當增稠劑
鷹嘴豆粉	豆類	65℃～70℃（149℉～158.4℉）	30	增稠劑
綠豆澱粉	豆類	71℃～74℃（159.8℉～165.2℉）	40	冬粉
豌豆	豆類	70℃（158.4℉）	30	增稠劑

備註：依據判斷直鏈澱粉與支鏈澱粉比例的方法，以及根部和穀類的來源及特定品種，有些數值會有所變動。
*Sago is sometimes used to refer to tapioca but can also refer to starch extracted from palms.

穀類澱粉與根部澱粉或蠟質澱粉的不同

	穀物澱粉	根部澱粉和蠟質澱粉
範例	麵粉、玉米澱粉、米粉	葛根、馬鈴薯、木薯
內容物	高比例直鏈澱粉	高比例支鏈澱粉
外觀	冷卻之後變成不透明	冷卻之後為透明有光澤
稠化溫度	接近水的沸點（100℃[212℉]）時，會開始稠化。冷卻之後會更濃稠，可以切成塊。	低溫（75℃[167℉]）時即會開始變濃稠，過度加熱會回水變稀。冷卻之後會稍微變稀。

與澱粉相關的問題解決方法

	需留意的現象	解決方法
變濃稠後繼續攪拌	變稀	在加入增稠劑前先加調味料，這樣可以盡量減少攪拌的次數。
再加熱	無法變稀	勾芡時，混用穀物和根部/蠟質澱粉。
冷凍和解凍後	回水	勾芡時，混用穀物和根部/蠟質澱粉。
暴露在空氣中	冷卻時表面會結皮	取一張烘焙紙或保鮮膜緊貼著醬汁表面，就可以避免結皮。

因為料理時往往會加入許多種不同的食材，所以會影響澱粉勾芡的效果（請參考下表「會影響澱粉勾芡效果的食材」）。
*本表改編自雪莉・蔻瑞荷（Shirley Corriher）的《烹調巧手》（CookWise）（William Morrow and Company, 1997）。

會影響澱粉勾芡效果的食材

問題食材	來源	會造成	解決方法
鹽類	桌鹽（氯化鈉）、小蘇打粉、泡打粉、（骨頭高湯裡的）骨頭、蔬果中的天然鹽份	氯化鈉，依據其份量，會稍微降低湯汁變稠的溫度。	因為幾乎所有的食材都含有某種鹽（包含自來水在內），所以這問題很難避免。可以的話，盡量在醬汁已經稠化到理想濃度後再加鹽。
糖類	天然的甜味劑，如桌糖（蔗糖）和食物裡的糖類，如乳糖	它們會鎖住水分，造成澱粉顆粒無法使用。會增加稠化溫度。	勾芡一開始，先不要加太多糖。等到醬汁變稠後，將剩餘的糖先加少量的水完全溶解後，再拌入醬汁。
酸類	酸類自然存在於水果或料理中會添加的食材內，如醋	酸類會破壞澱粉顆粒，降低它們增稠的能力。	酸類最好最後加，在醬汁已經達到理想稠度之後再加。
澱粉酶（一種特殊的蛋白質分子）	未煮過的水果、蔬菜、穀類、酵母菌、啤酒等發酵食品、蛋和動物組織	澱粉酶會撕裂澱粉分子，讓醬汁無法變稠。	把液體加熱至接近水的沸點，續煮1分鐘，可破壞澱粉酶的功能，避免這個問題發生。有些食譜可能會要求多加玉米澱粉到以蛋為主的卡士達醬中，以確保醬汁會變稠。加熱時需特別留意，讓醬汁加熱到85℃（185℉）1分鐘，讓醬汁可以巴在勺背上（法文術語為nappe）。當醬汁加熱到這個溫度時，雞蛋的蛋白質會改變形狀，程度剛好足以讓醬汁變稠，而澱粉酶的活動力也會被破壞。

常見食材中的鮮味物質含量百分比

ND＝未偵測到
空白處＝未測量

食材		麩胺酸鹽	IMP	GMP	AMP	茶胺酸
肉類＋禽類	牛肉	0.01	0.07	0.004	0.008	
	豬肉	0.009	0.2	0.002	0.009	
	陳年醃火腿	0.34				
	雞肉	0.022	0.201	0.005	0.013	
	蛋黃	0.05				
海鮮	鮪魚		0.286	ND	0.006	
	鱈場蟹		0.005	0.004	0.032	
	干貝		ND	ND	0.172	
	藍蟹	0.043				
	阿拉斯加帝王蟹	0.072				
	蝦	0.02				
	鯷魚	0.63 to 1.44				
	柴魚片		0.47 to 0.80			
	沙丁魚乾					
海藻	紫菜	1.383				
	昆布	1.608				
	海帶芽	0.009				
蔬菜＋水果	胡蘿蔔	0.04 to 0.08				
	高麗菜	0.05				
	番茄	0.246	ND	ND	0.021	
	大蒜	0.11				
	青豆仁	0.106	ND		0.002	
	洋蔥	0.02 to 0.05				
	鮮香菇	0.071	ND	0.016 to 0.045		
	乾香菇	1.06	ND	0.15		
	酪梨	0.018	ND			
魚露	中國	0.828				
	日本	1.383				
	越南	1.37				
醬油	中國	0.926				
	日本	0.782				
	韓國	1.262				
起司	艾曼塔（Emmenthaler）	0.308				
	帕米吉阿諾-瑞吉阿諾	1.68				
	切達	0.182				
乳品	牛奶	0.001				
發酵豆類	刺槐豆（Lotus Beans）	1.7				
	黃豆（豆豉）	0.476				
茶	綠茶	0.22 to 0.67				1.78
	大吉嶺紅茶					1.45
	阿薩姆紅茶					1.05

本表改編自Yamaguchi S., Ninomiya K. "Umami and food palatability." Journal of Nutrition 130, 4S（2000）。

柴魚片 　　　　　　　　　　紅糖 　　　　　　　　　　粗鹽

夏威夷黑鹽 　　　　　　　　石蜜 　　　　　　　　　印度黑鹽

馬爾頓鹽 　　　　　　　　細白砂糖 　　　　　　　醋中的酵母菌

參考文獻

專書

Achaya, K. T. A Historical Dictionary of Indian Food. Oxford: Oxford University Press, 2002.

Barham, Peter. The Science of Cooking. Berlin: Springer, 1950.

Belitz, H. D., W. Grosch, and P. Schieberle. Food Chemistry, 3rd ed. Translated by M. M. Burghagen. Berlin: Springer, 2004

Corriher, Shirley O. Bakewise. New York: Scribner, 2008.

The Culinary Institute of America. Baking and Pastry, 3rd ed. New York: John Wiley & Sons, 2016.

Davidson, Alan. The Oxford Companion to Food, 3rd ed. Edited by Tom Jaine. Oxford: Oxford University Press, 2014.

Editors at America's Test Kitchen. Cooks Illustrated: Cook's Science. Brookline, MA: America's Test Kitchen, 2016.

Friberg, Bo. The Professional Pastry Chef, 3rd ed. New York: John Wiley & Sons, 1995.

Grigson, Jane. Jane Grigson's Fruit Book. Lincoln, Nebraska: University of Nebraska Press, 2007.

Kapoor, Sybil. Sight, Sound, Touch, Taste, Sound: A New Way to Cook. London: Pavilion, 2018.

Kho, Kian Lam. Phoenix Claws and Jade Trees. New York: Clarkson Potter, 2015

Lawson, Nigella. How to Eat. New York: John Wiley & Sons, 2000.

Lett, Travis. Gjelina: Cooking From Venice, California. San Francisco: Chronicle Books, 2015.

Lopez-Alt, J. Kenji. The Food Lab. New York: W. W. Norton & Company, 2015.

McGee, Harold. On Food and Cooking, Rev. ed. New York: Scribner, 2004.

Migoya, Francis and The Culinary Institute of America. The Elements of Dessert. New York: John Wiley & Sons, 2012.

Nostrat, Samin. Salt, Fat, Acid, Heat. New York: Simon & Schuster, 2017.

Parks, Stella. Bravetart. New York: W. W. Norton & Company, 2017.

Roden, Claudia. Arabesque—A Taste of Morocco, Turkey, and Lebanon. New York: Alfred A. Knopf, 2006.

Roden, Claudia. A Book of Middle Eastern Food. New York: Alfred A. Knopf, 1972.

Spence, Charles. Gastrophysics: The Science of Eating. New York: Viking, 2017.

This, Hervé. Molecular Gastronomy: Exploring the Science of Flavor. Translated by Malcolm DeBevoise. New York: Columbia University Press, 2008.

前言

Ahn, Yong-Yeol, Sebastian E. Ahnert, James P. Bagrow and Albert-László Barabási. "Flavor network and the principles of food pairing." Scientific Reports 1, (January 2011). https://doi.org/10.1038/srep00196.

情感

Eskine, Kendall J., Natalie A. Kacinik, and Jesse J. Prinz. "A Bad Taste in the Mouth: Gustatory Disgust Influences Moral Judgment." Psychological Science 22, no. 3 (March2011):295–99.https://doi.org/10.1177/0956797611398497.

Katz, DB and BF Sadacca. "Taste." Neurobiology of Sensation and Reward, edited by JA Gottfried, Chapter 6. Boca Raton (FL): CRC Press/Taylor & Francis, 2011. https://www.ncbi.nlm.nih.gov/books/NBK92789/.

Noel, Corinna and Robin Dando. "The effect of emotional state on taste perception." Appetite 95 (December 2015): 89–95. https://doi.org/10.1016/j.appet.2015.06.003.

Wang, Qian Janice, Sheila Wang, and Charles Spence. "'Turn Up the Taste': Assessing the Role of Taste Intensity and Emotion in Mediating Crossmodal Correspondences between Basic Tastes and Pitch." Chemical Senses 14, No. 4 (May 2016): 345–356. https://doi.org/10.1093/chemse/bjw007.

Yamamoto, Takashi. "Central mechanisms of taste: Cognition, emotion and taste-elicited behaviors." Japanese Dental Science Review 44, No. 2 (October 2008): 91-99. https://doi.org/10.1016/j.jdsr.2008.07.003.

視覺

Gambino, Megan. "Do Our Brains Find Certain Shapes More Attractive Than Others?" Smithsonian Magazine, November 14, 2013. https://www.smithsonianmag.com/science-nature/do-our-brains-find-certain-shapes-more-attractive-than-others-180947692/.

Spence, Charles and Mary Kim Ngo. "Assessing the shape symbolism of the taste, flavour, and texture of foods and beverages." Flavour 1 (July 2012). https://doi.org/10.1186/2044-7248-1-12.

Spence, Charles. "On the psychological impact of food colour." Flavour 4 (April 2015). https://doi.org/10.1186/s13411-015-0031-3.

Spence, Charles, Qian Jance Wang, and Jozef Youssef. "Pairing flavours and the temporal order of tasting." Flavour 6 (March 2017). https://doi.org/10.1186/s13411-017-0053-0.

聽覺

BBC News. "Music to enhance taste of the sea." BBC News, April 17, 2007. http://news.bbc.co.uk/2/hi/uk_news/england/berkshire/6562519.stm.

Spence, Charles, Charles Michel, and Barry Smith. "Airplane noise and the taste of umami" Flavour 3, (February 2014). https://doi.org/10.1186/2044-7248-3-2.

口感

American Egg Board. "Coagulation/Thickening" Egg Functionality. Accessed January 6, 2020. https://www.aeb.org/food-manufacturers/egg-functionality/coagulation-thickening.

Ho, Thao and Athapol Noomhorm. "Physiochemical Properties of Sweet Potato and Mung Bean Starch and Their Blends for Noodle Production." Journal of Food Processing & Technology (2011).

Jeltema, Melissa, Jacqueline Beckley, and Jennifer Vahalik. "Model for understanding consumer textural food choice." Food Science & Nutrition 3, No. 3 (May 2015): 202-212. https://doi.org/10.1002/fsn3.205.

Nadia, Lula, M. Aman Wirakartakusumah, Nuri Andarwulan, Eko Hari Purnomo, Hiroshi Koaze, and Takahiro Noda. "Characterization of Physicochemical and Functional Properties of Starch from Five Yam (Dioscorea Alata) Cultivars in Indonesia." International Journal of Chemical Engineering and Applications 5, No. 6 (December 2014): 489–96. https://pdfs.semanticscholar.org/f5f5/c144eee8dbff570da8dce6018fe07d1323aa.pdf.

香氣

Aprotosoaie, Ana Clara, Simon Vlad Luca, and Anca Miron. "Flavor Chemistry of Cocoa and Cocoa Products—An Overview." Comprehensive Reviews in Food Science and Food Safety 15 (November 2015): 73-91. https://doi.org/10.1111/1541-4337.12180.

Baritaux, O., H. Richard, J. Touche, and M. Derbesy. "Effects of drying and storage of herbs and spices on the essential oil. Part I. Basil, ocimum basilicum L." Flavour and Fragrance Journal 7, No. 5 (October 1992): 267-271. https://doi.org/10.1002/ffj.2730070507.

Hammer, Michaela and Peter Schieberle. "Model Studies on the Key Aroma Compounds Formed by an Oxidative Degradation of ω-3 Fatty Acids Initiated by either Copper(II) Ions or Lipoxygenase." Journal of Agricultural and Food Chemistry 61, No. 46 (November 2013): 10891-10900. https://doi.org/10.1021/jf403827p

Tocmo, Restituto, Dong Liang, Yi Lin and Dejian Huang. "Chemical and biochemical mechanisms underlying the cardioprotective roles of dietary organopolysulfides" Frontiers in Nutrition 2, (February 2015). https://doi.org/10.3389/fnut.2015.00001.

味道

Achatz, Grant. "Grant Achatz: The Chef Who Lost His Sense of Taste." Interviewed by Terry Gross. Fresh Air, NPR, March 3, 2011. Audio. https://www.npr.org/2011/03/03/134195812/grant-achatz-the-chef-who-lost-his-sense-of-taste.

Bachmanov, Alexander A., Natalia P. Bosak, Cailu Lin, Ichiro Matsumoto, Makoto Ohmoto, Danielle R. Reed, and Theodore M. Nelson. "Genetics of Taste Receptors." Current Pharmaceutical Design 20, No 16 (2014): 2669 – 2683. https://doi.org/10.2174/13816128113199990566.

Beauchamp, GK and JA Mennella. "Flavor perception in human infants: development and functional significance." Digestion 83, Suppl (March 2011): 1-6. https://doi.org/10.1159/000323397.

Breslin, Paul A.S. "An evolutionary perspective on food and human taste." Current Biology 23, No. 9 (May 2013): 409-418. https://doi.org/10.1016/j.cub.2013.04.010.

Chamoun, Elie, David M. Mutch, Emma Allen-Vercoe, Andrea C. Buchholz, Alison M. Duncan, Lawrence L. Spriet, Jess Haines and David W. L. Ma on behalf of the Guelph Family Health Study. "A review of the associations between single nucleotide polymorphisms in taste receptors, eating behaviors, and health." Critical Reviews in Food Science and Nutrition 58, No. 2 (2018): 194-207. https://doi.org/10.1080/10408398.2016.1152229.

Keast, Russell S.J and Paul A.S Breslin. "An overview of binary taste–taste interactions." Food Quality and Preference 14, No. 2 (March 2003): 111-124. https://doi.org/10.1016/S0950-3293(02)00110-6.

Mojet, Jos, Johannes Heidema, and Elly Christ-Hazelhof,. "Effect of Concentration on Taste-Taste Interactions in Foods for Elderly and Young Subjects." Chemical Senses 29, No. 8 (October 2004): 671-81. https://doi.org/10.1093/chemse/bjh070

風味反應

食物中的酶

Raveendran, Sindhu, Binod Parameswaran, Sabeela Beevi Ummalyma, Amith Abraham, Anil Kuruvilla Mathew, Aravind Madhavan, Sharrel Rebello and Ashok Pandey. "Applications of Microbial Enzymes in Food Industry." Food Technology and Biotechnology 56, No. 1 (March 2018): 16-30. https://doi.org/10.17113/ftb.56.01.18.5491.

脂肪氧化

Stephen, N.M., R. Jeya Shakila, G. Jeyasekaran, and D. Sukumar. "Effect of different types of heat processing on chemical changes in tuna." Journal of Food Science and Technology 47, No. 2 (March 2010): 174-81. https://doi.org/10.1007/s13197-010-0024-2.

Sucan, Mathias K. and Deepthi K. Weerasinghe. "Process and Reaction Flavors: An Overview" ACS Symposium Series 905, (July 2005): 1-23. https://doi.org/10.1021/bk-2005-0905.ch001.

焦糖化與梅納反應

Ajandouz, E., Tchiakpe, L., Ore, F.D., Benajiba, A., and Puigserver, A. "Effects of pH on Caramelization and Maillard Reaction Kinetics in Fructose-Lysine Model Systems." Journal of Food Science 66 (2001): 926-31. https://doi.org/10.1111/j.1365-2621.2001.tb08213.x.

Jackson, Scott F., C.O. Chichester, and M.A. Joslyn. "The Browning of Ascorbic Acid." Journal of Food Science 25, No.4 (July 1960): 484-90.

https://doi.org/10.1111/j.1365-2621.1960.tb00358.x.

Van Boekel, MA. "Formation of flavor compounds in the Maillard Reaction." Biotechnology Advances 24, No. 2 (Mar-Apr2006): 230-33. https://doi.org/10.1016/j.biotechadv.2005.11.004.

溫度與味道

Lipscomb, Keri, James Rieck, and Paul Dawson. "Effect of temperature on the intensity of basic tastes: Sweet, Salty, and Sour." Journal of Food Research 5, No. 4 (2016). http://dx.doi.org/10.5539/jfr.v5n4p1.

清亮酸爽

Berger, Dan. "Acid, pH, wine and food." Napa Valley Register, January 30, 2015. https://napavalleyregister.com/wine/columnists/dan-berger/acid-ph-wine-and-food/article_f0637ece-f631-52b5-adb7-05cd3270f8d0.html.

Brandt, Laura M., Melissa A. Jeltema, Mary E. Zabik, and Brian D. Jeltema. "Effects of Cooking in Solutions of Varying pH on the Dietary Fiber Components of Vegetables." Journal of Food Science 49, No. 3 (May 1984): 900-904. https://doi.org/10.1111/j.1365-2621.1984.tb13237.x.

Krueger, D. A. "Composition of pomegranate juice." Journal of AOAC International 95, No. 1 (Jan–Feb 2001): 163-68. https://doi.org/10.5740/jaoacint.11-178.

Mazaheri Tehrani M, MA Hesarinejad, MA Razavi Seyed, R Mohammadian, and S Poorkian. "Comparing physicochemical properties and antioxidant potential of sumac from Iran and Turkey." MOJ Food Processing & Technology 5, No. 2 (2017): 288-94.
https://pdfs.semanticscholar.org/209d/1e69140050fa9641a5de5cf0719f75bfc408.pdf.

McGee, Harold. "For Old-Fashioned Flavor, Bake the Baking Soda." New York Times, September 14, 2010. https://www.nytimes.com/2010/09/15/dining/15curious.html.

苦

Cutraro, Jennifer. "Coffee's Bitter Mystery." Science Magazine, August 21, 2007. https://www.sciencemag.org/news/2007/08/coffees-bitter-mystery.

Drewnowski, Adam and Carmen Gomez-Carneros. "Bitter taste, phytonutrients, And the consumer: a review." American Journal of Clinical Nutrition 72, No. 6 (December 2000): 1424-1435. https://ucanr.edu/datastoreFiles/608-47.pdf.

John Martin's Brewery. "Where does the bitterness in beer come from?" Accessed on

January 7, 2020.
https://anthonymartin.be/en/news/where-does-the-bitterness-of-beer-come-from/#.

Keast, Russell, Thomas M. Canty, and Paul A.S. Breslin. "The Influence of Sodium Salts on Binary Mixtures of Bitter-tasting Compounds." Chemical Senses 29, No. 5 (2004):431-9.
https://doi.org/10.1093/chemse/bjh045.

鹹

Algers, Ann. "Low salt pig-meat products and novel formulations: Effect of salt content on chemical and physical properties and implications for organoleptic properties.", Accessed January 7, 2020. http://qpc.adm.slu.se/Low_salt_pig-meat_products/page_23.htm.

甜

Ajandouz, E.H., L.S. Tchiakpe, F. Dalle Ore, A. Benajiba, and A. Puigserver. "Effects of pH on Caramelization and Maillard Reaction Kinetics in Fructose-Lysine Model Systems." Journal of Food Science 66, No. 7 (September 2001): 926-31. https://doi.org/10.1111/j.1365-2621.2001.tb08213.x.

Beck, Tove K., Sidsel Jensen, Gitte K. Bjoern, and Ulla Kidmose. "The Masking Effect of Sucrose on Perception of Bitter Compounds in Brassica Vegetables." Journal of Sensory Studies 29, No. 3 (June 2014): 190-200. https://doi.org/10.1111/joss.12094.

DuBois, Grant E., D. Eric Walters, Susan S. Schiffman, Zoe S. Warwick, Barbara J. Booth, Suzanne D. Pecore, Kernon Gibes, B. Thomas Carr, and Linda M. Brands "Concentration–

Response Relationships of Sweeteners." ACS Symposium Series 450 (December 1991): 261-76. https://doi.org/10.1021/bk-1991-0450.ch020.

Shimizua, Seishi. "Caffeine dimerization: effects of sugar, salts, and water structure." Food & Function 5 (2015): 3228-3235. https://doi.org/10.1039/C5FO00610D.

鮮

Kurihara, Kenzo. " Umami the Fifth Basic Taste: History of Studies on Receptor Mechanisms and Role as a Food Flavor." BioMed Research International (June 9, 2015). http://dx.doi.org/10.1155/2015/189402

火辣

Block, Eric. "The Chemistry of Garlic and Onions." Scientific American 252, No. 3 (March 1985): 114-9. https://doi.org/10.1038/scientificamerican 0385-114.

Bosland, Paul W. and Stephanie J. Walker. "Measuring Chile Pepper Heat." New Mexico State University, Distributed February 2010. https://aces.nmsu.edu/pubs/_h/H237/welcome.html.

Cicerale, Sara, Xavier A. Conlan, Neil W. Barnett, Andrew J. Sinclair, and Russell S. J. Keast. "Influence of Heat on Biological Activity and Concentration of Oleocanthal– a Natural Anti-inflammatory Agent in Virgin Olive Oil." Journal of Agricultural and Food Chemistry 57, No. 4 (January 2009): 1326-1330. https://doi.org/10.1021/jf803154w.

Green, Barry G. "Heat as a Factor in the Perception of Taste, Smell, and Oral Sensation." Institute of Medicine (US) Committee on Military Nutrition Research, edited by BM Marriott. National Academies Press 9, (1993). https://www.ncbi.nlm.nih.gov/books/NBK236241/.

Lim, T. K. Edible Medicinal and Non-Medicinal Plants: Volume 4, Fruits. Berlin: Springer, 2012.
https://www.springer.com/gp/book/9789400740525.

脂腴油潤

Keast, R.S. and A. Costanzo. "Is fat the sixth taste primary? Evidence and implications." Flavour 4, (2015).
https://doi.org/10.1186/2044-7248-4-5.

Wiktorowska-Owczarek, Anna, Małgorzata Berezi ska, and Jerzy Z. Nowak. "PUFAs: Structures, Metabolism and Functions."

Advances in Clinical and Experimental Medicine 24, No. 6 (2015): 931-941. https://doi.org/10.17219/acem/31243.

Toschi, Tullia Gallina, Giovanni Lercker, and Lorenzo Cerretani. "The scientific truth on cooking with extra virgin olive oil." Teatro Naturale International (April 2010).
http://www.teatronaturale.com/technical-area/olive-and-oil/1769-the-scientific-truth-on-cooking-with-extra-virgin-olive-oil.htm.

Tangsuphoom, N., and J.N. Coupland. "Effect of pH and Ionic Strength on the Physicochemical Properties of Coconut Milk Emulsions." Journal of Food Science 73, No. 6 (August 2008): E274-E280. https://doi.org/10.1111/j.1750-3841.2008.00819.x.

風味科學的基礎入門

Bernard, Rudy A. and Bruce P. Halpern. "Taste Changes in Vitamin A Deficiency." Journal of General Physiology 52, No. 3 (September 1968): 444-464. https://doi.org/10.1085/jgp.52.3.444.

Henkin, R.I and J.D Hoetker. "Deficient dietary intake of vitamin E in patients with taste and smell dysfunctions: is vitamin E a cofactor in taste bud and olfactory epithelium apoptosis and in stem cell maturation and development?" Nutrition 19, No. 11–12 (November–December 2003): 1013-1021. https://doi.org/10.1016/j.nut.2003.08.006.

Tamura, Takayuki, Kiyoshi Taniguchi, Yumiko Suzuki, Toshiyuki Okubo, Ryoji Takata, and Tomonori Konno. "Iron Is an Essential Cause of Fishy Aftertaste Formation in Wine and Seafood Pairing." Journal of Agricultural and Food Chemistry 57, No. 18 (August 2009): 8550-8556. https://doi.org/10.1021/jf901656k.

致謝辭

這本書之所以能問世，全因人生旅途上，眾人的支持和鼓勵。這些年來，我在諸多實驗室工作過，也投下許多心力在廚房做料理，期間遇到了許多人，以不同的方式，驅使我成為追根就底的料理人，而他們也影響了這本書。

我要感謝許多在我為這本書做研究時，慷慨與我分享所知，以及指引我正確方向，讓我能找到答案的人。Alice Medrich、Amy Guittard、Andrew Janjigian、Arielle Johnson、Bee Wilson、Cenk Sönmezsoy、David Lebovitz、Edd Kimber、Elizabeth Vecchiarelli、Grant Achatz, Helen Goh、Helen Rosner、Jeff Yankellow、Kayoko Akabori、Kenji López-Alt、Kian Lam Kho、Lisa Vega、Melissa Clark、Nigella Lawson、Samin Nosrat、Stella Parks，和 Tucker Shaw——謝謝你們。

給 Diana Henry 和 John Birdsall，是你們提醒我萬事皆有可能，要相信自己。

感謝 Will Butler 和我分享個人經驗，幫助我了解失去視力會如何影響感覺，以及會如何改變烹飪的模式。

我非常感激我的朋友，他們每個人對於這本書的誕生都有非常特殊的參與，也給了不同的養分；Tina Antolini、Bryant Terry、Emma Bajaj、Charlotte Druckman、Perry Lucina、Ben Mims、Farideh Sadeghin、Khushbu Shah、Mayukh Sen、Michaele

Manigrasso、Qin Xu 和 Phi Tran—謝謝你們給的的能量和愛。

謝謝 Julie Sahni、Harold McGee、Shirley O. Corriher 和在 Cook's Illustrated 工作的相關人士，他們具啟發性的作品讓我能用很有意思的科學宅角度看食物。

我要給優秀的 Anna Jones 特別的歡呼與感謝，她的「風味地圖」（flavor map）是我這本書相關內容的靈感來源。

給這些年來形塑我寫作風格、給我機會和讓我有新機緣可以分享成果的各位編輯：Allan Jenkins、Anna Hezel, Brian Hart Hoffman、Brooke Bell, Christopher Kimball、Daniel Gritzer、Eric Kim, Emma Laperruque、Janine Ratcliffe、Josh Miller、Adam Bush、Joe Yonan、Kat Kinsman、Karen Barnes、Matt Rodbard、Kristen Miglore、Molly Tait-Hyland、Paolo Lucchesi、Sho Spaeth、Emily Weinstein 和 Tara Duggan——謝謝你們。

還要感謝我的試吃員大隊，他們很用心盡責地完成工作，試吃我的每一道菜：Abby Parsons、Abby Pressel、Abraham Scott、Akshay Mehta、Andrea David、Angie Lee、Anikah Shaokat、Anuradha Srinivasan、Ariadne Yulo、Becky Crowder、Ben Kantor、Calla-Marie Norman、Catherine Tierney、Chandra Ram、Cheryl M. Gomes、Christina C. Hanson、Clare Christoph、Constantinos Megalemos、Danielle Wayada、Deirdre de Wijze、Diella Lee、Donecia Collins、Eric Ritskes、Gene-Lyn Ngian、Ginny Bonifacino、Giverny Tattersfield、Gwen Krosnick、Harriet Arnold McEwen、Jacquelyn Scott、Jaime Woo、James Ekstrom、James Jones、Jasmine Lukuku、Jennifer Bigio、Jenny Louisa Esquivel、Jessica Jones、John Wilburn、Jordan Wellin、 Judson Kniffen、Kara Weinstein、Katie Brigham、Maren Ellingboe、Margaret Eby、 Matt Golowczynski、Matt Sartwell、Meleyna Nomura、Melissa de Castro、Monique Llamas、Myles Tucker、Neelesh Varde、Neyat Daniel、Nick Stanzione、Nicole Washington、Nina Fogel、Noé Suruy、Pippa Robe、Rachael Krishna、Ranchel Garg、 Renée Alvi、Robin Pridgen、Rukhsana Uddin、Safira Adam、Sally Dexter、Sarah Corrigan、Shailini Vijayan、Shantini

Gamage、Sharon Hern、Sheela Lal、Sreeparna Banerjee、Stacey Ballis、Steven Pungdumri、Suchi Modi、Sukesh Miryala、Susan Pinette、Susan R. Jensen、Tacia Coleman、Tiffany Chiu、Tiffany Langston、Tina Ujlaki、 Todd Emerson、Tom Beamont、Tom Natan 和 Vallery Lomas——謝謝你們，你們是最棒的。

既然這本書的重點放在風味的科學，如果我沒有感謝在美國和印度，教導我的教授，與從前受訓和工作之實驗室裡的同僚，那就太不周到了。是他們創造了這個讓人迫不及待想要去探索的世界，並鼓勵我去思考和詰問萬事萬物。我要謝謝在俄亥俄州辛辛那提大學醫學院和華府喬治城大學的教授和同學，在那裡我學會了設計實驗，產生觀點，和在找尋答案時，檢驗它們的有效性。當時，我從沒發現這個方法如此珍貴，最後甚至可以應用在料理上。

我對這本書抱有一個夢：希望能夠納入幾張用微觀層面看食物的照片。所以我要大大感謝 Dr. Steven Ruzin 和加利福尼亞大學柏克萊分校的「生物影像中心」（the Biological Imaging Facility），謝謝他們慷慨借我使用光學顯微鏡，讓我的夢想成真。

此外，我要深深感謝在 California Olive Ranch、Dandelion Chocolate、King Arthur Flour、the Guittard Chocolate Company、Miyabi USA、Oaktown Spice Shop、Staub USA、Yandilla 和 Market Hall Foods 工作的可愛人兒們，謝謝他們協助我做研究，幫忙找食材，以及提供一些出現在書裡的廚房用品。

這本書的概念其實已經深藏在我腦海中好多年，所以我要萬分感謝我的作家經紀人、擁護者、顧問和摯友 Maria Ribas，是她幫我把抽象的想法轉變成您現在手上拿的這本書。謝謝在 Stonesong 工作的整個團隊與 Alison Fargis，謝謝你們總是在我需要幫忙的時候，即時地伸出援手。

這本書有許多片段必須連在一起看，才能看得懂。謝謝 Chronicle Books 出版社成為我的夢幻團隊，聆聽我的想法（我很清楚，這些點子常常聽起來都有點瘋狂）。給我的編輯 Sarah Billingsley，謝謝妳在壓力下依舊展現優雅風度，也謝謝妳的全力付出，讓這本書的各個不同部分得以整合。感謝書籍設計師 Lizzie Vaughan 的耐

心和對細節的巧思；我對於她如何把這本書無縫地編在一起，完美呈現，感到驚奇不已。謝謝 Christina Loff、Cynthia Shannon 和 Joyce Lin 的熱忱、忠告和友誼，你們絕對是指引方向的恆星。還要特別感謝國際行銷與出版團隊：Cora Siedlecka、Sally Oliphant 和 Jennie Brockie，謝謝你們投入的愛，把我的書介紹到世界各地。給 Matteo Riva，謝謝你引人入勝的插圖，有趣地詮釋了這本書裡的科學，你的藝術付出讓這本書更完整。

還要感謝我的家庭，特別是我的母親和幾位阿姨：Anu Sharma、Zane Futardo 和 Joy Futardo，謝謝她們對這本書的所有協助與支持。

最後，要感謝我的丈夫麥可。我很樂意為你下廚，並與你一起分享人生各種歷險。還有，沒錯，你可以第一個拿到這本書！

尼克・夏馬

索引

尼克‧夏馬是名作家、攝影師以及部落格「A Brown Table」幕後的食譜發想者。「A Brown Table」擁有傲人的成就,曾獲得 Saveur、Parade、Better Homes & Gardens 等雜誌和「國際烹飪專家協會」（International Association of Culinary Professionals）「最佳部落格」的肯定。尼克現居於美國加州洛杉磯。

同場加映:*Season*

尼克‧夏馬的另一本著作《季節》,曾名列《紐約時報》（New York Times）、美國全國公共廣播電台（NPR）、《衛報》（Guardian）與 Bon Appétit 雜誌的「年度最佳書籍」,並入選為美國亞馬遜網站（Amazon）當月最佳書籍,在 2018 年進入有「美食界奧斯卡」美稱的「詹姆斯比爾德獎」（James Beard Award）決賽。

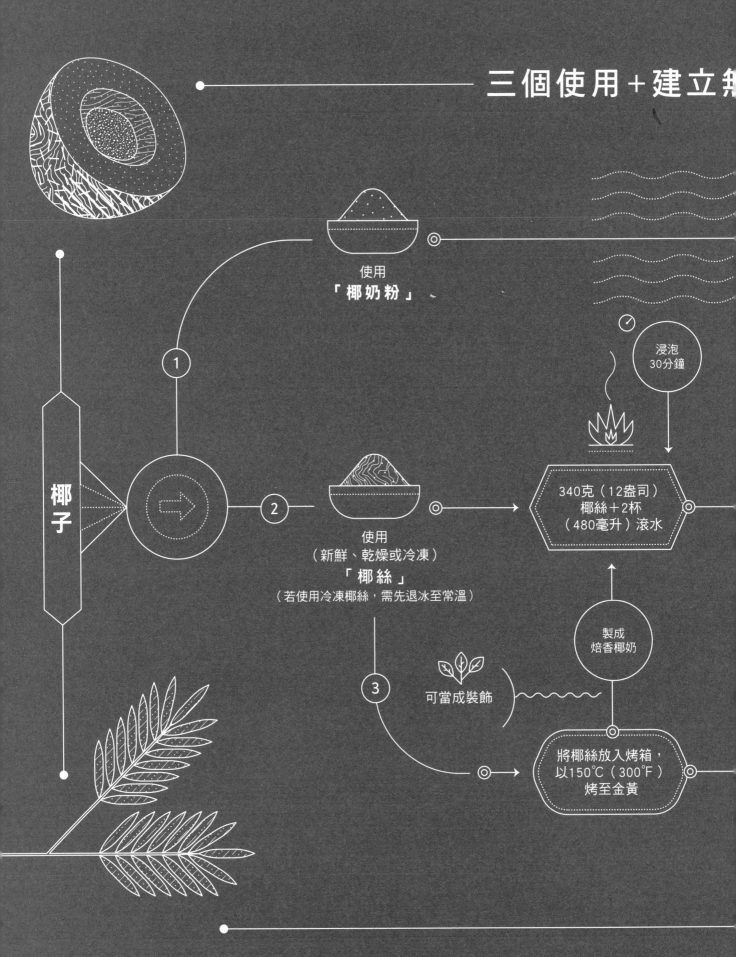

椰子

使用
「**椰奶粉**」

1

2
使用
（新鮮、乾燥或冷凍）
「**椰絲**」
（若使用冷凍椰絲，需先退冰至常溫）

3

可當成裝飾

浸泡
30分鐘

340克（12盎司）
椰絲＋2杯
（480毫升）滾水

製成
焙香椰奶

將椰絲放入烤箱，
以150℃（300℉）
烤至金黃